基于 MATLAB 的机器视觉和深度学习处理技术

王永琦　杨　洋　编著

东南大学出版社
SOUTHEAST UNIVERSITY PRESS
·南京·

图书在版编目(CIP)数据

基于MATLAB的机器视觉和深度学习处理技术 / 王永琦，杨洋编著. — 南京：东南大学出版社，2024.1

ISBN 978-7-5766-0530-3

Ⅰ. ①基… Ⅱ. ①王… ②杨… Ⅲ. ①Matlab软件-应用-计算机视觉 Ⅳ. ①TP302.7

中国版本图书馆CIP数据核字(2022)第243959号

基于MATLAB的机器视觉和深度学习处理技术

Jiyu MATLAB De Jiqi Shijue He Shendu Xuexi Chuli Jishu

编　　著　王永琦　杨　洋

责任编辑　史　静　**责任校对**　韩小亮　**封面设计**　顾晓阳　**责任印制**　周荣虎

出版发行　东南大学出版社

社　　址　南京市四牌楼2号(邮编:210096　电话:025-83793330)

出 版 人　白云飞

经　　销　全国各地新华书店

印　　刷　苏州市古得堡数码印刷有限公司

开　　本　787 mm×1092 mm　1/16

印　　张　14.5

字　　数　340千字

版　　次　2024年1月第1版

印　　次　2024年1月第1次印刷

书　　号　ISBN 978-7-5766-0530-3

定　　价　49.00元

本社图书若有印装质量问题，请直接与营销部联系，电话:025-83791830。

前　言

随着信息处理技术和计算机技术的飞速发展，数字图像处理技术已在工业检测、航天航空、地质探测、军事领域以及文化艺术领域等受到广泛的关注和应用，并取得了令人瞩目的成就。机器视觉，是使机器具有像人一样的视觉功能，从而实现各种检测、判断、识别、测量等功能。机器视觉系统通过图像采集单元将待检测目标转换成图像信号，并将信号传送给图像处理分析单元。图像处理分析单元的核心为图像处理分析软件，它包括图像增强与校正、图像分割、特征提取、图像识别与理解等方面。图像处理分析软件输出目标的质量判断、规格测量等分析结果。分析结果输出至图像界面，或通过电传单元传递给机械单元执行相应操作。本书内容涵盖了机器视觉技术中几乎所有的基本模块，并延伸到了深度学习的理论及应用方面。

本书紧扣读者需求，采用循序渐进的叙述方式，深入浅出地论述了现代机器视觉处理和深度学习的热点问题、关键问题以及应用实例。本书也分享了大量的程序源代码并附有详细的注释，有助于读者加深对机器视觉处理系统及深度学习领域的理解。

本书全面而细致地讲解了机器视觉和深度学习的理论知识及 MATLAB 编程实现过程，全书共有 11 章。第 1 章详细介绍了图像处理技术的基础知识，计算机视觉和机器视觉的工作机理等；第 2 章介绍了图像的各类变换，包括图像的小波变换、傅里叶变换和离散余弦变换等；第 3 章介绍了图像增强，包括频域增强、空域增强以及彩色增强等算法；第 4 章介绍了图像检测和分割，包括阈值分割、区域分割和分水岭分割算法；第 5 章介绍了形态学处理，包括膨胀与腐蚀、开操作与闭操作、击中与击不中变换以及形态学的应用；第 6 章介绍了图像压缩技术，包括无损压缩技术和有损压缩以及图像压缩编码器的实现过程；第 7 章对运动模糊、散焦模糊以及雾天模糊图像的复原、清晰化方法进行了详细介绍；第 8 章详细介绍了几种比较典型的神经网络类型及学习算法；第 9—11 章详细介绍了比较典型的深度神经网络模型及学习算法和实际案例。

本书力求内容丰富、图文并茂，旨在成为 MATLAB 在机器视觉处理和深度学习方面有价值的参考书。但是由于编者水平有限，错误和不足之处在所难免，敬请读者多提宝贵意见，以便继续完善。

前言

目　　录

第 1 章　机器视觉技术基础

图像的处理已经从可见光谱扩展到光谱的各个阶段，从可见光谱到不可见光谱，从静止图像发展到运动图像，从物体的外部延伸到物体的内部，以及人工智能化的图像处理等。本章主要介绍图像和视频处理技术的基础知识，以及如何通过 MATLAB 图像处理工具箱来完成图像和视频的读取、显示和处理。

1.1　数字图像处理的基本概念

1.1.1　数字图像的概念

从工程学角度讲，“图”是物体透射或反射光的分布；“像”是人的视觉系统所接收的图在大脑中形成的印象或认识。

随着计算机技术、认知心理学、神经网络、数学形态学、小波分析以及深度学习等技术的出现，图像处理技术也飞速发展。当前，图像处理技术的研究对象主要是数字图像。数字图像是模拟图像经过采样和量化，其数据在数值和空间上都离散化，从而形成的一个数字点阵。数字图像一般数据量很大，需要采用图像压缩技术以便能更有效地存储在数字介质上。

1）位图

一般来说，通过扫描输入和图像软件处理的图像都属于位图，与矢量图相比，位图更容易模拟照片的真实效果。位图具有以下几个特点：

(1) 可以记录每一个像素点的数据信息，精确记录图像的亮度变化，图像的色彩和层次变化比较丰富，图像清晰细腻，细节表现生动。

(2) 可以直接存储为标准的图像文件格式，在不同的软件之间进行文件交换比较容易实现。

(3) 像素点的总数不会随着图像尺寸的变化而变化，图像尺寸变大仅仅是像素点之间的距离增加了，但这会导致图像清晰度下降，图像的色彩饱和度也会有所减弱。

(4) 位图需要记录每一个像素的颜色和位置，导致文件所占的存储空间大，处理效率低，而且在对图像进行旋转和缩放时会产生一定的失真。

2）矢量图

矢量图是用数学方式的曲线以及曲线围成的色块制作的图像，它们在计算机内部表示成一系列的数值而不是像素点，图像各个部分是由对应的一组数学公式所描述的。矢量图具有以下特点：

(1) 改变数学公式的参数就能调整所对应图像的内容，而不会影响图像的品质，也就是说图像的缩放不会影响图像的清晰度、色彩饱和度以及层次性。

(2) 矢量图的内容主要以线条和色块为主，因此文件所占的存储空间相对较小。

(3) 矢量图可以通过软件轻松地转化为位图，而位图转化为矢量图就需要经过复杂而庞大的数据处理。

1.1.2 数字图像的表示

从理论上讲，图像是一个二维的连续函数，计算机在对图像进行处理时，必须对其进行空间和幅值的数字化，这就是图像的采样和量化过程。图像空间坐标的数字化称为图像采样，而幅值的数字化称为灰度级量化。

对一幅图像采样时，若每行的采样数为 M，每列的纵向采样数为 N，则图像大小为 $M\times N$ 个像素，$f(x,y)$ 表示点 (x,y) 处的灰度值，则图像矩阵表示如下：

$$f(x,y)=\begin{bmatrix} f(0,0) & f(0,1) & \cdots & f(0,N-1) \\ f(1,0) & f(1,1) & \cdots & f(1,N-1) \\ \vdots & \vdots & & \vdots \\ f(M-1,0) & f(M-1,1) & \cdots & f(M-1,N-1) \end{bmatrix} \tag{1.1}$$

离散灰度级数目 L 是 2 的 k 次幂，k 为整数，图像的动态范围（指灰度级的取值范围）为 $[0,L-1]$，那么图像存储所需的比特数为 $b=M\times N\times k$。在有些图像矩阵中，很多像素的值都是相同的，例如在一个纯黑背景上使用不同灰度勾勒的图像中，大多数像素的值都会是 0，这种矩阵称为稀疏矩阵。稀疏矩阵可以通过简单描述非零元素的值和位置来代替大量写入 0 元素，这样图像存储所需的比特数就会大大减少。

1.1.3 图像的空间分辨率和灰度级分辨率

1）空间分辨率

图像的空间分辨率(spatial resolution)是指图像中每单位长度所包含的像素或点的数目，常以像素/英寸(pixels per inch, ppi)为单位来表示，如 72 ppi 表示图像中每英寸包含 72 个像素或点。空间分辨率越高，图像将越清晰，图像文件所需的存储空间也越大，编辑和处理所需的时间也越长。像素越小，单位长度所包含的像素数据就越多，空间分辨率也就越高，但同样物理大小范围内所对应图像的尺寸也会越大，存储图像所需要的字节数也就越多。因而，在图像的放大缩小算法中，放大就是对图像的过采样，缩小是对图像的欠采样。

一般在没有必要对涉及像素的物理分辨率进行实际度量时，通常会称一幅大小为 $M\times N$ 的数字图像的空间分辨率为 $M\times N$ 像素。

图 1.1 给出同一幅图在不同空间分辨率下的不同效果。其中第一幅图为 256×256 像素、256 级灰度的原始图像，其余各图依次为保持灰度级数不变而将原始图像的空间分辨率在横纵两个方向逐次减半所得到的结果，即空间分辨率分别是 128×128、64×64、32×32 的图像。由图可见，随着空间分辨率的降低，图中各区城边缘处的棋盘模式越来越明显，并且全图的像素颗粒变得越来越粗，最后一张图中出现了相当明显的棋盘模式，且已无法辨认人脸了。

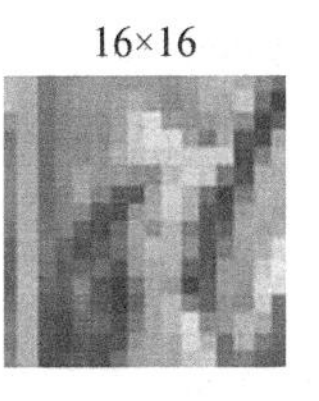

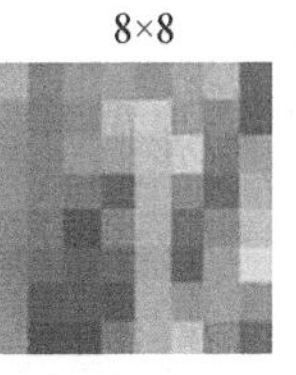

图 1.1　不同空间分辨率下的图像效果

2）*灰度级分辨率*

在数字图像处理中，灰度级分辨率（radiometric resolution）又称色阶，是指图像中可分辨的灰度级数目，即前面提到的灰度级数目。它与存储灰度级别所使用的数据类型有关。由于灰度级度量的是投射到传感器上光辐射值的强度，所以灰度级分辨率也称为辐射计量分辨率。

随着灰度级分辨率的降低，图像中包含的颜色数目减少，从而在颜色方面造成图像信息受损，这会使图像细节的表达受到一定影响，如图 1.2 所示。

图 1.2　不同灰度级分辨率下的图像效果

1.2　图像识别与机器视觉

1.2.1　图像识别

图像识别是以图像的主要特征为基础的，每个图像都有自己的特征，如字母 A 有个尖，P 有个圈，而 Y 的中心有个锐角等。对图像识别时眼动的研究表明，视线总是集中在图像的主要特征上，也就是集中在图像轮廓曲度最大或轮廓方向突然改变的地方，这些地方的信息量最大。此外，眼睛的扫描路线也总是依次从一个特征转到另一个特征上。由此可见，在图像识别过程中，知觉机制必须排除输入的多余信息，抽出关键的信息。同时，在大脑里必定有一个负责整合信息的机制，它能把分阶段获得的信息整理成一个完整的知觉映像。

随着数字图像处理技术的发展和实际应用的需求，许多问题不要求其输出结果是一幅完整的图像本身，而是将经过一定处理后的图像再进行分割和描述，提取出的有效的特征，根据这些特征对图像加以判别分类，这种技术就是图像的模式识别。模式识别包括两个阶段，即学习阶段和实现阶段，前者是对样本进行特征选择，寻找分类的规律；后者是根据分类规律对未知样本集进行分类和识别。人们提出了不同的图像识别模型，例如模板匹配模型，这种模型简单明了，也容易实际应用，但它强调图像必须与人脑中的模板完全一致才能加以识别，而事实上人不仅能识别与脑中的模板完全一致的图像，也能识别与脑中的模板不完全一致的图像。例如，人们不仅能识别某一个具体的字母 A，也能识别印刷体、手写体、方向不同、大小不同的各种字母 A。同时，人能识别的图像数量庞大，如果所识别的每一个图像在脑中都有一个相应的模板也是不可能的。

1.2.2 机器视觉

机器视觉就是用机器代替人眼来做测量和判断。机器视觉系统是指通过机器视觉产品(即图像摄取装置，分为 CMOS 和 CCD 两种)将被摄取目标转换成图像信号，传送给专用的图像处理系统，得到被摄目标的形态信息，再根据像素分布、亮度、颜色等信息，将图像信号转变成数字化信号；图像系统对这些信号进行各种运算来提取目标的特征，如面积、数量、位置、长度，再根据预设的允许度和其他条件输出结果，进而根据判别的结果来控制现场的设备动作。

机器视觉系统可提高生产的柔性和自动化程度。在一些不适合采用人工作业的危险工作环境或人工视觉难以满足要求的场合，常用机器视觉来替代人工视觉；同时在大批量工业生产过程中，用人工视觉检查产品质量的效率低且精度不高，而用机器视觉检测方法可以大大提高生产效率和生产的自动化程度。

1）机器视觉系统的基本构造

一个典型的机器视觉系统包括：光源、镜头、摄像机(包括 CCD 摄像机和 COMS 摄像机)、图像处理单元(或图像采集卡)、图像处理软件、控制机构、通信 / 输入输出单元等。

进一步地，机器视觉系统可再细分为：主端计算机(host computer)、影像撷取卡(frame grabber)与影像处理器、影像摄影机、CCT 镜头、显微镜头、照明设备、Halogen 光源、LED 光源、高周波荧光灯源、闪光灯源、其他特殊光源、影像显示器、LC 机构及控制系统、PLC(可编程逻辑控制器)、PC-Base 控制器、精密桌台、伺服运动机台。图 1.3 是典型机器视觉系统示意图。

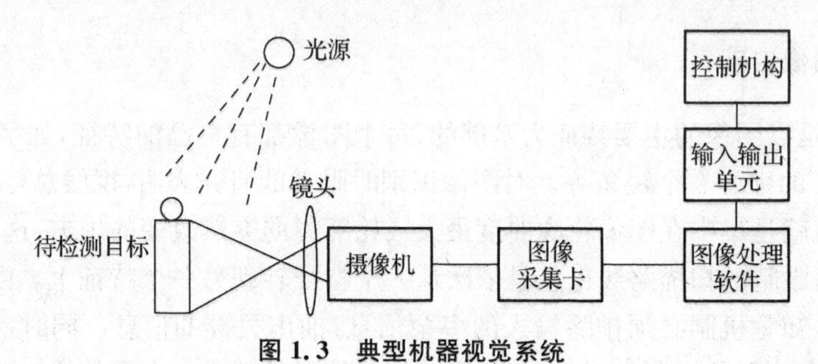

图 1.3 典型机器视觉系统

(1) 光源

光源是影响机器视觉系统输入的重要因素，它直接影响输入数据的质量和应用效果。由于没有通用的机器视觉照明设备，所以针对每个特定的应用实例，要选择相应的照明装置，以达到最佳效果。照明系统按其照射方法可分为：背向照明、前向照明、结构光照明和频闪光照明等。其中，背向照明是将被测物放在光源和摄像机之间，它的优点是能获得高对比度的图像，前向照明是使光源和摄像机位于被测物的同侧，这种方式便于安装；结构光照明是将光栅或线光源等投射到被测物上，根据它们产生的畸变，解调出被测物的三维信息；频闪光照明是将高频率的光脉冲照射到物体上，摄像机拍摄要求与光源同步。

(2) 镜头

选择镜头时应考虑:焦距、目标高度、影像高度、放大倍数、影像至目标的距离、中心点/节点、畸变等参数。

(3) 摄像机

摄像机按照不同标准可分为标准分辨率数字摄像机和模拟摄像机、线扫描 CCD 摄像机和面阵 CCD 摄像机、单色摄像机和彩色摄像机等。要根据不同的实际应用场合选不同的摄像机。

(4) 图像采集卡

图像采集卡虽然只是完整机器视觉系统的一个部件,但是它扮演着一个非常重要的角色。图像采集卡直接决定了摄像头的接口,如黑白、彩色、模拟、数字等。

(5) 图像处理软件

机器视觉系统最为关键的部分是图像处理算法软件,根据图像处理目的的不同,图像处理算法软件的功能包括摄像机标定、图像平滑、滤波、边缘锐化、特征提取、图像匹配、图像识别与理解等。

2) 应用领域

机器视觉的应用主要有检测和机器人视觉两个方面。

(1) 检测

又可分为高精度定量检测(例如显微照片的细胞分类、机械零部件的尺寸和位置测量)和不用量器的定性或半定量检测(例如产品的外观检查、装配线上的零部件识别定位、缺陷性检测与装配完全性检测)。

(2) 机器人视觉

用于指引机器人在大范围内的操作和行动,如从料斗送出的杂乱工件堆中拣取工件并按一定的方位放在传输带或其他设备上(即料斗拣取问题)。至于小范围内的操作和行动,还需要借助于触觉传感技术完成。

1.3　数字图像处理基础知识

1.3.1　数字图像处理的基本概念

数字图像是由一组具有一定空间位置关系的像素组成的,因而具有一些度量和拓扑性质,下面简单介绍像素之间的关系,包括邻接性、连通性、区域和边界等。根据标准的不同,相邻像素点的关系有 4 邻域和 8 邻域等,如图 1.4 所示。

	X	
X	P	X
	X	

(a) P 的 4 邻域 $N_4(P)$

X	X	X
X	P	X
X	X	X

(b) P 的 8 邻域 $N_8(P)$

图 1.4　像素点 P 的邻域关系

1）邻接性

在灰度图像中，假如灰度位数为 8 bit，那么灰度取值范围为[0，255]。为了方便讨论和分析，现只考虑二值图像，即灰度值只有 0 和 1 两种。定义 V 为所要讨论的像素的邻接性的灰度值集合。

① 4 邻接：如果像素点 Q 在集合 $N_4(P)$ 中，则具有 V 中灰度值的两个像素点 P 和 Q 是 4 邻接的。

② 8 邻接：如果像素点 Q 在集合 $N_8(P)$ 中，则具有 V 中灰度值的两个像素点 P 和 Q 是 8 邻接的。

图 1.5(a)和 1.5(b)分别是像素点 P 和 Q 的 4 邻接以及像素 8 邻接结构图。

0	Q	0
0	P	0
0	0	0

(a) 4 邻接

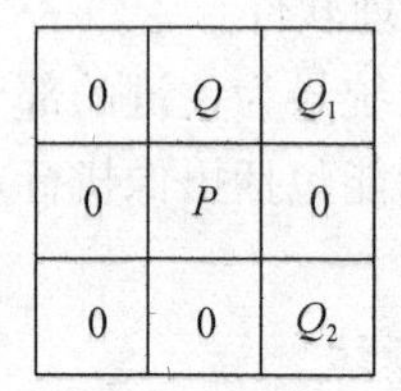

(b) 8 邻接

图 1.5　邻接结构图

2）连通性

连通性反映了两个像素点的空间关系，两个像素点连通的两个必要条件是：两个像素点的位置相邻以及两个像素点的灰度值满足特定的相似性准则（或者相等）。

(1) 通路

像素点 $P(x,y)$ 到像素点 $Q(s,t)$ 的一条通路由一系列坐标为 (x_0,y_0)，(x_1,y_1)，…，(x_i,y_i)，…，(x_n,y_n) 的独立像素点组成。其中，$(x,y)=(x_0,y_0)$，$(x_n,y_n)=(s,t)$，且 (x_i,y_i) 和 (x_{i-1},y_{i-1}) 在满足 $1\leqslant i\leqslant n$ 时是邻接的，n 为通路长度。通路种类有 4 通路、8 通路等。

(2) 连通

令 S 代表一幅图像中的像素点子集，如果在 S 中全部像素点之间存在一个通路，则称两个像素点 P 和 Q 在 S 中是连通的。此外，对于 S 中的任何像素点 P，S 中连通到该像素的像素集叫作 S 的连通分量。如果 S 中仅有一个连通分量，则集合 S 叫作连通集。

比如，在图 1.6 中，如果要从像素点 s 到像素点 t，则：

① 在 4 连通的条件下 s 不能到 t，因为中心像素点和右下角像素点不满足 4 邻接关系。

② 在 8 连通的条件下 s 可以到 t。

0	1	1 ↗ s
0	1	0
0	0	1 → t

图 1.6　连通性实例分析

3）区域和边界

令 R 是图像中的像素点子集，如果 R 是连通集，则称 R 为一个区域。一个区域 R 的边界（也称为边缘或轮廓）是区域中像素点的集合，该区域有一个或多个不在 R 中的邻点。一般“区域”是指一幅图像的子集，并且区域边界中的任何像素点（与图像边缘吻合）都作为区域边界部分全部包含于其中。

1.3.2　距离度量

距离是数学中的法则，用于在某些空间中测量沿曲线的距离和曲线间的角度，包含曲线所在空间的曲率信息。

对于像素点 P、Q 和 Z，令其坐标分别为 (x,y)、(s,t) 和 (u,v)，如果：

① $D(P,Q) \geqslant 0$，当且仅当 $P=Q$ 时有 $D(P,Q)=0$；

② $D(P,Q)=D(Q,P)$；

③ $D(P,Z) \leqslant D(P,Q)+D(Q,Z)$，

则函数 D 称为距离函数或者度量。

常见的距离度量有欧氏距离、街区距离、棋盘距离。

1）欧氏距离

欧氏距离(Euclid Distance)也称欧几里得距离，它是在 m 维空间中两个点之间的真实距离。在二维空间中的欧氏距离就是两点之间的直线距离。P 和 Q 间的欧氏距离定义如式(1.2)所示：

$$D_e(P,Q)=[(x-s)^2+(y-t)^2]^{1/2} \tag{1.2}$$

即距点 $P(x,y)$ 的欧氏距离小于或等于某一值 r 的像素点形成一个中心在点 $P(x,y)$ 且半径为 r 的圆。

2）街区距离

P 和 Q 间的街区距离（又称 D_4 距离）定义如式(1.3)所示：

$$D_4(P,Q)=|x-s|+|y-t| \tag{1.3}$$

即距点 $P(x,y)$ 的 D_4 距离小于或等于某一值 r 的像素点形成一个中心在点 $P(x,y)$ 的菱形。例如：距点 $P(x,y)$ 的 D_4 距离小于或等于 2 的像素点形成下列固定距离的轮廓：

```
    2
  2 1 2
2 1 0 1 2
  2 1 2
    2
```

可见具有 $D_4=1$ 的像素点是 $P(x,y)$ 的 4 邻域。

3）棋盘距离

P 和 Q 间的棋盘距离（又称 D_8 距离）定义如式(1.4)所示：

$$D_8(P,Q)=\max(|x-s|,|y-t|) \tag{1.4}$$

在这种情况下，距 (x,y) 的 D_8 距离小于或等于某一值 r 的像素点形成一个中心在点 $P(x,y)$ 的方形。例如：距点 $P(x,y)$（中心点）的 D_8 距离小于或等于 2 的像素点形成下列固定距离的轮廓：

```
2 2 2 2 2
2 1 1 1 2
2 1 0 1 2
2 1 1 1 2
2 2 2 2 2
```

可见具有 $D_8=1$ 的像素点是关于 $P(x,y)$的 8 邻域。

1.4 图像的读写与显示

MATLAB 图像处理工具箱主要支持以下 4 种图像类型：索引图像、灰度图像、二值图像、RGB 图像。本节主要介绍这 4 类图像（支持 BMP、GIF、HDF、SPEG、PCX、PNG、TIFF、XWD、CUR、ICO 等格式）在 MATLAB 中是如何存储和显示的。

1.4.1 MATLAB 中的图像类型

1）二值图像

二值图像（binary image）指图像上的每一个像素点只有两种可能的取值或灰度等级状态，通常用黑白图像来表示。在 MATLAB 中，二值图像用一个由 0 和 1 组成的二维矩阵表示。二值图像可以保存为双精度浮点型（double）或者无符号 8 位整型（uint8）的数组，显然，使用无符号 8 位整型数组存储更节省空间。图 1.7 是一个二值图像及其结构。

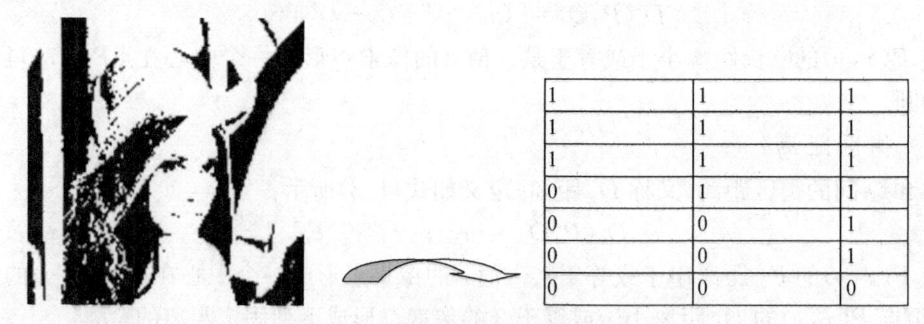

1	1	1
1	1	1
1	1	1
0	1	1
0	0	1
0	0	1
0	0	0

图 1.7　二值图像及其结构示例

2）灰度图像

灰度图像是每个像素点只有一个采样颜色的图像。这类图像通常显示为从最暗黑色到最亮白色的灰度，尽管理论上这个采样可以是任何颜色的不同深浅，甚至可以是不同亮度上的不同颜色。灰度图像在黑色与白色之间还有许多级的颜色深度，它的像素值可以是无符号整型（uint8 和 uint16），其值域分别是[0,255]和[0,65 535]。每个像素值代表不同的亮度或灰度级，图像由白到黑，则像素值由大变小。图 1.8 显示了一个灰度图像及其结构。

83	80	78	73
104	92	85	79
128	117	103	93
137	135	124	109
140	141	137	127
141	144	142	138
139	145	150	149
139	146	153	154
138	145	151	156

图 1.8　灰度图像及其结构示例

3）RGB 图像

RGB 色彩模式是工业界的一种颜色标准，是通过对红(R)、绿(G)、蓝(B)三个颜色通道的变化以及它们相互之间的叠加来得到各式各样的颜色。RGB 即代表红、绿、蓝三个通道的颜色，这个标准几乎包括了人类视力所能感知的所有颜色，是目前运用最广的颜色系统之一。例如，颜色分量为[255,255,255]的像素显示为白色，颜色分量为[255,0,0]的像素则显示为红色，而颜色分量为[0,0,0]的像素显示为黑色。按照惯例，形成一幅 RGB 图像的三个图像常称为红色、绿色或蓝色分量图像。RGB 图像的像素值可以是 double、unit 8 或者 unit 16 类型的，其值域分别是[0,1]、[0,255]或[0,65 535]。图 1.9 显示了一个 RGB 图像及其结构。

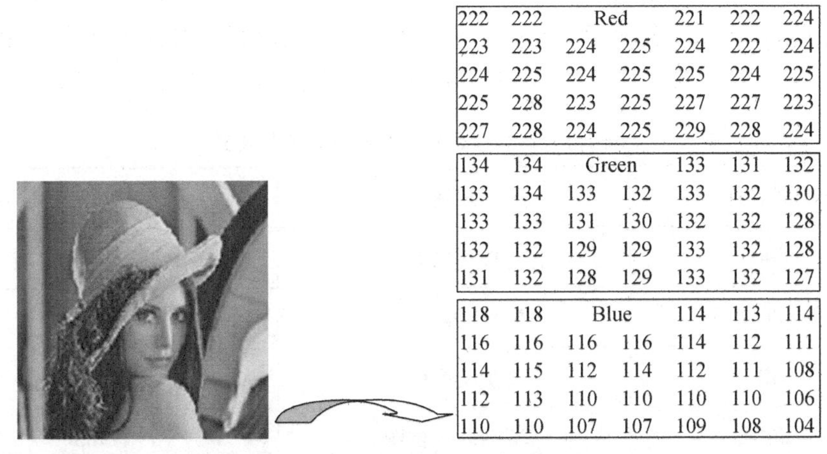

222	222	Red		221	222	224
223	223	224	225	224	222	224
224	225	224	225	225	224	225
225	228	223	225	227	227	223
227	228	224	225	229	228	224

134	134	Green		133	131	132
133	134	133	132	133	132	130
133	133	131	130	132	132	128
132	132	129	129	133	132	128
131	132	128	129	133	132	127

118	118	Blue		114	113	114
116	116	116	116	114	112	111
114	115	112	114	112	111	108
112	113	110	110	110	110	106
110	110	107	107	109	108	104

图 1.9　RGB 图像及其结构示例

4）索引图像

索引图像是一种把像素值直接作为 RGB 色图下标的图像。索引图像把像素值直接映射为色图数值。一个索引图像包含一个数据矩阵 data 和一个色图矩阵 map，数据矩阵可以是 uint8、uint16 或 double 类型的，而色图矩阵则总是一个 $m\times3$ 的 double 类型的矩阵。

图 1.10 显示了一个索引图像及其结构，其中索引值是 double 类型的，数值 9 指向色图矩阵中的第 9 行。

68	36
9	36
9	36

1	0.2667	0.0157	0.1412
2	0.6471	0.3725	0.3647
3	0.9137	0.6078	0.4471
4	0.5255	0.1333	0.2275
5	0.7333	0.4863	0.4627
6	0.6784	0.2431	0.2627
7	0.9255	0.7216	0.5059
8	0.7647	0.3569	0.3529
9	0.3961	0.1412	0.1843
10	0.8627	0.4941	0.4118

图 1.10　索引图像及其结构示例

1.4.2 图像的读取与显示

MATLAB 的图像处理工具箱提供了一些函数用来读取与显示图像文件,极大地方便了用户对图像的处理和操作,下面详细地给读者介绍这几个函数的操作方法。

1)图像文件的读取

imread 函数可以将自定义位置的图像载入 MATLAB 环境中,该函数的调用格式为

```
A= imread(filename,fmt)
```

其中,A 表示图像文件数据矩阵,若是灰度图像则 A 为一个二维矩阵,若是彩色图像则 A 是一个三维矩阵;filename 表示指定的待读入的图像文件的路径和文件名;fmt 表示该图像文件的标准扩展名,即文件的格式。MATLAB 支持的图像文件格式列在表 1.1 中。

表 1.1 imread 函数支持的图像文件格式

格式名称	描述	扩展名
TIFF	标记图像文件格式	.tif,.tiff
JPEG	联合图像专家组	.jpg,.jpeg
GIF	图形交换格式	.gif
BMP	Windows 位图	.bmp
PNG	可移植网络图形	.png
XWD	X Window 转储	.xwd
PBM	可移植位图	.pbm
HDF	分层数据格式	.hdf

MATLAB 在读取索引图像时,函数会返回图像文件的颜色索引表,图像的颜色索引数据被归一化到 0 到 1 的范围内,其调用格式为:

```
[A , MAP]= imread(filename,fmt)
```

2)图像文件的写入

MATLAB 提供了 imwrite 函数将指定的图像数据存储到文件中,其基本调用格式为

```
imwrite(A, filename, fmt)
```

上述指令表示 imwrite 函数将图像数据 A 写入扩展名为 fmt 的图像文件 filename 中。MATLAB 会根据不同的文件类型将图像保存为不同的数据类型。默认情况下,图像存储的数据类型是 uint8。例如,将数据 A 保存为 JPEG 格式且名为 tiger 的文件:

```
imwrite(A,'tiger','jpg')
```

上例中 filename 不包含图像文件的路径信息，所以 imwrite 函数将文件保存到当前的工作目录中。

3）图像文件的显示

MATLAB 中的 imshow 函数用来显示图像，该函数的基本调用格式为

```
① imshow(A, G)
② imshow(A, [low  high])
```

其中，A 表示图像数据；第一种格式中的 G 表示显示该图像的灰度级数，若 G 省略，则默认的灰度级数是 256；第二种格式将数值小于等于 low 的值都显示为黑色，大于或等于 high 的值都显示为白色，介于 low 和 high 之间的值以默认的灰度级数显示。例如，下面的命令将 E 盘“image”目录下的“rice. png”图像文件读出并显示，如图 1. 11 所示：

```
a= imread('E:\image\rice.png');
imshow(a)
axis off
```

从图 1. 11 中可以看到该图像的动态范围比较小，可以用下列语句修正其显示结果，改进后的图像如图 1. 12 所示，可见图像对比度的改进还是比较明显的。

```
imshow(a,[ ])
```

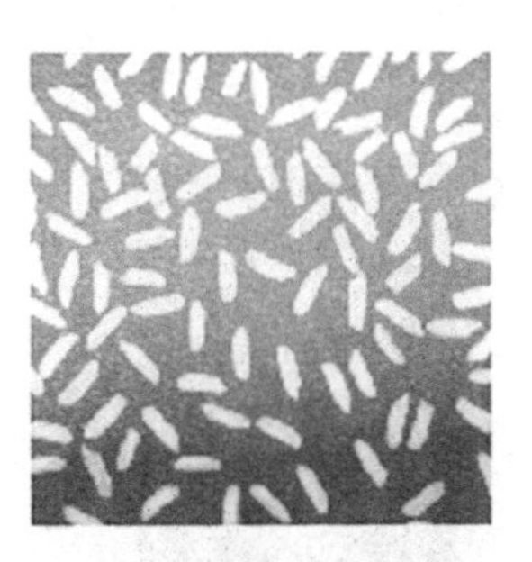

图 1. 11　读取并显示图像

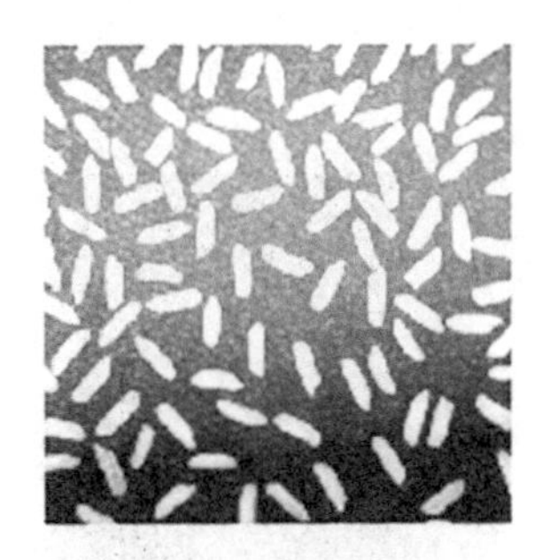

图 1. 12　改进后的图像

1. 4. 3　图像类型转换

前面简单介绍了各种图像类型，如索引图像、灰度图像、二值图像等，对各种图像类型加以区分以及掌握它们之间的相互转换是图像处理的基础。MATLAB 提供了一系列函数，用于对不同图像类型进行转换，下面详细介绍一些常用的图像类型转换函数。

1）dither 函数

抖动（dither）是一种故意造成的噪声，用以随机化量化误差，阻止大幅度拉升图像时导致的诸如色带这样的问题。抖动利用人眼的“天生积分器”特性，得到更多的“感觉上”的灰色。比如人眼会把一个区域的颜色认为是灰色的，增加和减少黑色/白色像素会增加

灰度值。

dither 函数可以把 RGB 图像转换成索引图像或把灰度图像转换成二值图像，其基本调用格式为

```
① X= dither(RGB, map)
② X= dither(RGB, map, Qm, Qe)
④ X= dither( I )
```

其中，第一种调用方法将真彩色图像 RGB 按指定的色图 map 抖动成索引图像 X，这里色图不能超过 65 535 种颜色；第二种调用方法根据指定变换参数将真彩色图像 RGB 转换成索引图像 X，参数 Qm 和 Qe 分别定义了色图 map 的每个颜色轴量化的比特位和颜色空间计算误差的量化比特，Qm 和 Qe 的默认值分别是 5 和 8，如果 Qm>Qe，则无法执行抖动操作；第三种调用方法实现了灰度图像到二值图像的转换。

【例 1.1】 使用 dither 函数将灰度图像转换为二值图像，结果如图 1.13 所示。

```
% 清空环境变量
clc
clear all
% 载入图像
a= imread('Saturn.bmp');
% 转换为二值图像
BW= dither(a);
subplot(2,2,1); imshow(a)
subplot(2,2,2); imshow(BW)
axis off
```

(a)原始灰度图像

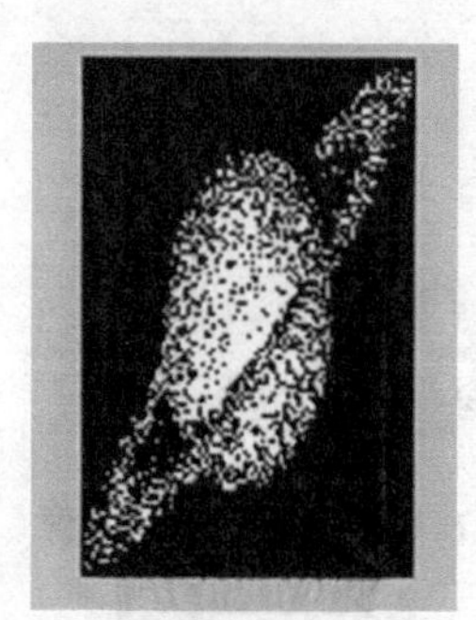

(b)转换后的二值图像

图 1.13 灰度图像转换为二值图像

2) gray2ind 函数

使用 gray2ind 函数可以将载入的 RGB 图像转换为索引图像，其常用的调用格式为

```
①[X,map]= gray2ind (I, n)
②[X,map]= gray2ind (BW, n)
```

其中，第一种调用方法按指定的灰度级数 n 和色图 map，将灰度图像 I 转换成索引图像 X，n 的取值范围为 1～65 536，默认值为 64；第二种调用方法将二值图像 BW 转换为索引图像 X， n指定了色图的颜色种类，如果没有指定n，则默认值为2。

【例1.2】 使用gray2ind函数将灰度图像转换为索引图像，其中灰度级数设置为8，结果如图1.14所示。

```
% 清空环境变量
clc
clear all
a= imread('Saturn.bmp'); % 载入图像
[X,map]= gray2ind (a, 256); % 灰度图像转换为索引图像
subplot(2,2,1);
imshow(a)
subplot(2,2,2)
imshow(X,map)
subplot(2,2,2);
imshow(BW)
axis off
```

(a)原始灰度图像

(b)转换后的索引图像

图1.14　灰度图像转换为索引图像

3）im2bw函数

im2bw函数使用阈值(threshold)变换法把灰度图像、索引图像和RGB图像转换成二值图像，其基本调用格式为

```
① BW = im2bw (I, level)
② BW =  im2bw (X, map, level)
③ BW =  im2bw (RGB, level)
```

其中，第一种调用方法将灰度图像I转换为二值图像，输出图像BW将输入图像中亮度值大于level的像素的值替换为1（白色），其他像素的值替换为0(黑色)，参数level的取值范围为[0,1]；第二种调用方法将带色图map的索引图像转换为二值图像；第三种调用方法将RGB图像转换为二值图像。graythresh函数能用来自动计算参数level的值，如果不指定level，则默认值为0.5。

【例1.3】 使用im2bw函数将RGB图像转换为二值图像，其中阈值level设置为0.6，结果如图1.15所示。

```
% 清空环境变量
clc
clear all
a= imread('lena.jpg');                  % 载入图像
BW =  im2bw(a, 0.6);                    % RGB图像转换为二值图像
subplot(2,2,1);
imshow(a)
subplot(2,2,2)
dimshow(BW)
axis off
```

(a)原始RGB图像

(b)转换后的二值图像

图 1.15　RGB 图像转换为二值图像

4）ind2gray 函数

ind2gray 函数的功能是将索引图像转换为灰度图像，其基本调用格式为

```
I = ind2gray (X, map)
```

该函数将具有色图 map 的索引图像 X 转换为灰度图像 I，去掉了图像的色度和饱和度，仅仅保留了它的亮度信息。函数的输入参数是 double 型或 uint8 型的数据，输出参数是 double 型的数据。

【例 1.4】 将索引图像转换为灰度图像，结果如图 1.16 所示。

```
% 清空环境变量
clc
clear all
load wmandril;                          % 载入图像
I =  ind2gray (X,map);                  % 索引图像转换为灰度图像
subplot(2,2,1);
imshow(X,[ ])
subplot(2,2,2)
imshow(I)
axis off
```

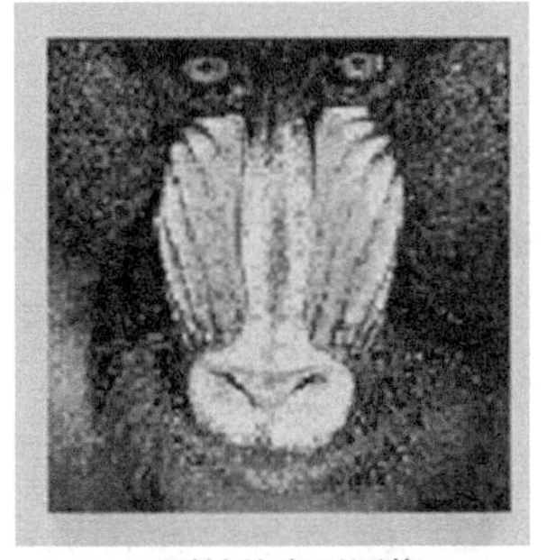
(a)原始的索引图像

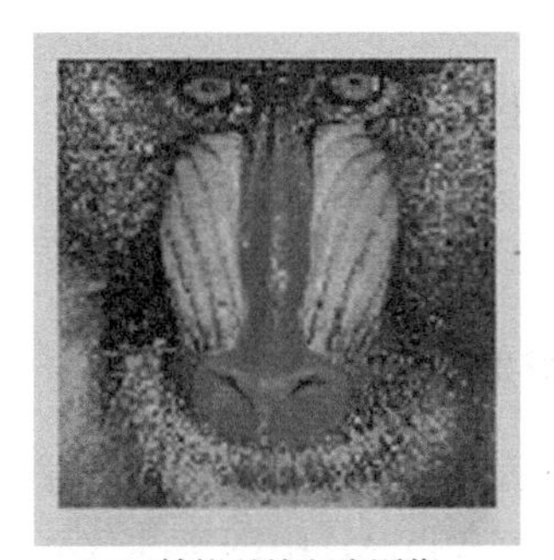
(b)转换后的灰度图像

图 1.16　索引图像转换为灰度图像示例

5）rgb2gray 函数

rgb2gray 函数是在消除图像色调和饱和度信息的同时保留亮度，实现将 RGB 图像转换为灰度图像，即实现灰度化处理的功能，其基本调用格式为

① I= rgb2gray(RGB)
② Newmap= rgb2gray(map)

其中，第一种调用方法将真彩色图像 RBG 转换成灰度图像 I；第二种调用方法将彩色色图 map 转换成灰度色图 Newmap。

【例 1.5】 将 RBG 图像转换为灰度图像，结果如图 1.17 所示。

```
% 清空环境变量
clc
clear all
RGB= imread('lena.jpg');                 % 载入图像
I= rgb2gray(RGB);                        % RBG 图像转换为灰度图像
subplot(2,2,1);
imshow(RGB)
subplot(2,2,2)
imshow(I)
axis off
```

(a)原始RGB图像

(b)转换后的灰度图像

图 1.17　RGB 图像转换为灰度图像示例

1.5 图像的运算

图像的运算是以像素的幅度值为运算单元的运算,包括点运算、代数运算、几何运算等。

1.5.1 图像的代数运算

图像的代数运算是指将两幅或多幅输入图像通过对应像素之间的加、减、乘、除运算得到输出图像。在 MATLAB 中图像的数据类型是 uint8 型,当进行代数运算时有可能产生溢出,所以应当在进行代数运算之前首先将数据类型转换成 double 型,从而保证结果的准确性。

1)图像的加法运算

imadd 函数可实现两幅图像叠加或者一幅图像和常数叠加,其基本调用格式为

```
Z= imadd (X, Y)
```

其中,图像 X 和 Y 的大小必须相同,返回值 Z 表示两者相加的结果。若相加的结果超过图像数据类型支持的最大值,则该函数将数据截取为数据类型所支持的最大值,这种截取效果称为“饱和”。为了避免出现饱和现象,在进行加法运算前,最好将图像的数据类型转换为一种取值范围较宽的数据类型。

图像的加法运算一般用于对同一场景的多幅图像求平均,以便有效地降低具有叠加性质的随机噪声。

【例 1.6】 将两幅图像叠加,结果如图 1.18 所示。

```
X= imread('lena.bmp');                  % 载入第一幅图像
Y= imread('rice.png');                  % 载入第二幅图像
Z= imadd(X,Y);                          % 将两幅图像叠加,结果返回给 Z
subplot(2,3,1); imshow(X)
subplot(2,3,2); imshow(Y)
subplot(2,3,3); imshow(Z)
axis off
```

(a)第一幅图像

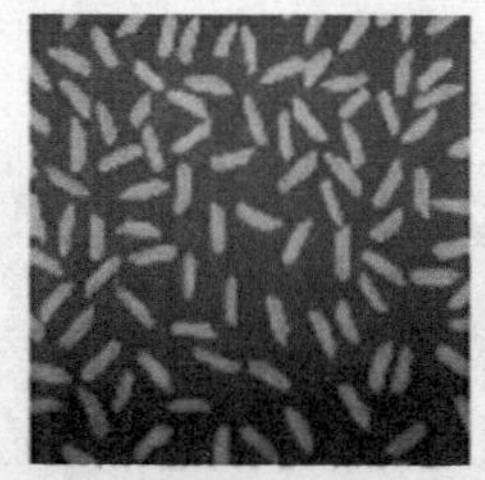
(b)第二幅图像

(c)叠加后的图像

图 1.18 图像的加法运算示例

2)图像的减法运算

图像减法也称为差分方法,是一种常用于检测图像变化及运动物体的图像处理方法。

imsubtract 函数可实现图像的减法运算，其基本调用格式为

```
Z= imsubtract(X, Y)
```

其中，图像 X 和 Y 的大小必须相同，Y 也可以是一个常数，返回值 Z 表示两者相减的结果。注意：如果两幅图像都是 uint8 或 unit16 型的，而减法运算结果是负数，那么 imsubtract 函数会自动将该负值截取为 0。

图像减法运算常用于去除图像中不需要的加性图案，或者用于检测同一场景的运动图像序列中两两图像之间的变化，以检测物体的运动。需要注意的是，在利用图像减法处理图像时需要考虑背景的更新机制，尽量补偿由于天气、光照等因素对图像显示效果造成的影响。

【例 1.7】 消除图像中的背景，结果如图 1.19 所示。

```
X= imread('lena.bmp');                        % 载入原始图像
background= imopen(X,strel('disk',70));       % 获得背景图像
Z= imsubtract(X,background);                  % 去除背景
subplot(2,3,1); imshow(X)
subplot(2,3,2); imshow(background)
subplot(2,3,3); imshow(Z)
axis off
```

(a)原始图像

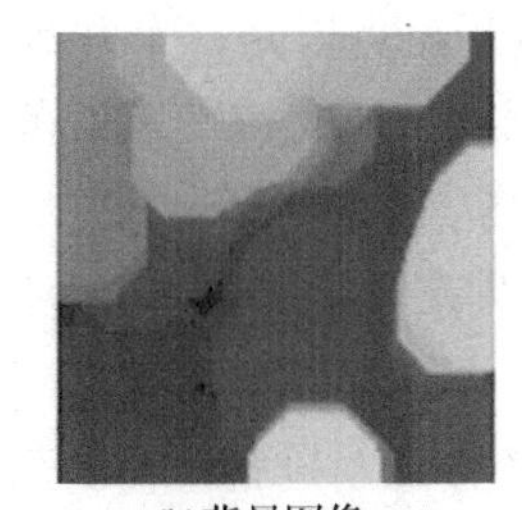
(b)背景图像

(c)去除背景后的图像

图 1.19　图像的减法运算示例

3）图像乘法运算

immultiply 函数可实现图像之间或者图像和常数之间的乘法运算，其基本调用格式为

```
Z= immultiply(X, Y)
```

其中，图像 X 和 Y 的大小必须相同，Y 也可以是一个常数。对图像进行乘法运算主要可以实现两个功能：一是屏蔽图像的某些部分，这可以利用掩模操作来实现；二是将一幅图像乘以一个常数因子，如果该常数因子大于 1，则图像亮度增强，如果该常数因子小于 1，则图像亮度减弱。

【例 1.8】 分别取缩放因子为 2 和 0.5，对图像进行缩放处理，结果如图 1.20 所示。

```
clc
clear all
close all
X= imread('lena.jpg');                  % 载入原始图像
```

```
Y= immultiply(X,2);                    % 缩放因子取 2
Z= immultiply(X,0.5);                  % 缩放因子取 0.5
subplot(2,3,1); imshow(X)
subplot(2,3,2); imshow(Y)
subplot(2,3,3); imshow(Z)
axis off
```

(a)原始图像　　(b)缩放因子取2后的图像　　(c)缩放因子取0.5后的图像

图 1.20　图像分别乘以不同缩放因子后的效果

4）图像除法运算

imdivide 函数可实现图像之间或者图像和常数之间的除法运算，其基本调用格式为

```
Z= imdivide(X, Y)
```

其中，图像 X 和 Y 的大小必须相同，Y 也可以是一个常数。值得注意的是，如果 X 和 Y 是整型数组，运算结果可能超出图像数据类型所支持的取值范围，此时 imdivide 函数自动将数据截断在数据类型所支持的取值范围内。

图像除法可以用来纠正由于照明或传感器的非均匀性造成的图像灰度阴影，也可用于产生比率图像。

【例 1.9】 将原始图像与背景图像进行除法运算，结果如图 1.21 所示。

```
X= imread('lena.bmp');                          % 载入原始图像
background= imopen(X,strel('disk',70));         % 获得背景图像
Z= imdivide(X,background);                      % 原始图像和背景图像相除
subplot(2,3,1); imshow(X)
subplot(2,3,2); imshow(background)
subplot(2,3,3); imshow(Z,[ ])
axis off
```

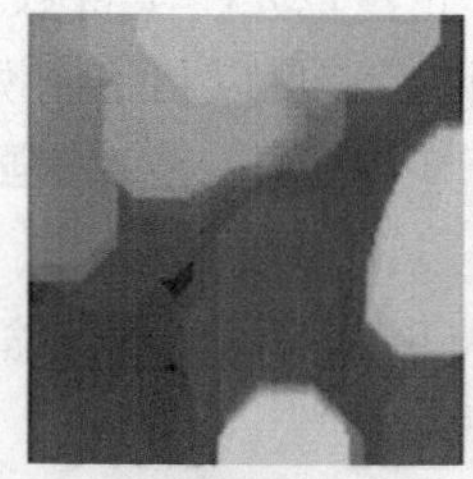

(a)原始图像　　(b)背景图像　　(c)原始图像和背景图像相除的结果

图 1.21　图像的除法运算示例

1.5.2　图像的几何运算

几何运算又称几何变换,图像的几何变换是计算机图像处理领域中的一个重要组成部分。图像几何变换主要包括图像的缩放、图像的旋转、图像的移动、图像的裁剪等。MATLAB 图像处理工具箱提供了一些函数用于实现上述操作。

1）图像的缩放

图像缩放是指在保持原有图像形状的基础上对图像的大小进行放大或缩小。MATLAB 提供了 imresize 函数,它可通过插值算法实现图像大小的调整。MATLAB 支持三种插值算法:最近邻插值法、双线性插值法和双立方插值法。imresize 函数的调用格式为

```
① B= imresize (A, m, method)
② B= imresize (A, [rows,nols], method)
③ B= imresize (..., method, h)
```

其中,m 表示图像 A 被放大或缩小的倍数,若 $m>1$ 则图像被放大,若 $m<1$ 则图像被缩小;[rows, nols]表示图像 A 被调整后的尺寸;method 表示指定的插值算法,可以设为 nearest(最近邻插值法)、bilinear(双线性插值法)和 bicubic(双立方插值法)。默认的插值算法是最近邻插值法,该插值算法的计算量比较小。

【例 1.10】 采用上述三种插值算法,先将图像缩小为原来的 1/5,再放大 5 倍,显示缩放结果并比较三种插值算法的运行时间,如图 1.22 所示。

```
OriginalImage1= imread('NBA.bmp');                    % 载入原始图像
OriginalImage= imresize(OriginalImage1,0.2);          % 将图像缩小为原始图像的 1/5
tic
NearImage= imresize (OriginalImage,5,'nearest');      % 用最近邻插值法将图像放大 5 倍
Toc
tic
BiliImage= imresize (OriginalImage,5,'bilinear');     % 用双线性插值法将图像放大 5 倍
toc
tic
BicuImage= imresize (OriginalImage,5,'bicubic');      % 用双立方插值法将图像放大 5 倍
toc
subplot(2,2,1); imshow(OriginalImage)
subplot(2,2,2); imshow(NearImage)
subplot(2,2,3); imshow(BiliImage)
subplot(2,2,4); imshow(BicuImage)
axis off
```

(a)原始图像

(b)采用最近邻插值法调整大小后的图像

(c)采用双线性插值法调整大小后的图像

(d)采用双立方插值法调整大小后的图像

图 1.22 采用三种插值算法调整图像大小示例

三种插值算法的运行时间如下：

```
Elapsed time is 0.022467 seconds.        % 采用最近邻插值法的运行时间
Elapsed time is 0.014368 seconds.        % 采用双线性插值法的运行时间
Elapsed time is 0.009666 seconds.        % 采用双立方插值法的运行时间
```

实验结果很明显，最近邻插值法的画面质量最差，其运行时间也最长；双立方插值法的运行时间最短，其所需时间仅是最近邻插值法的 0.43 倍。

2）图像的旋转

图像的旋转一般是以图像的中心为原点，将图像上的所有像素都旋转一个相同的角度。图像旋转变换后，图像的大小会改变。MATLAB 提供了 imrotate 函数来实现图像的旋转。旋转之后各像素的坐标会发生变化，不一定正好落在整数坐标处，因此要对旋转后的图像进行插值处理。imrotate 函数可以指定前面介绍的三种插值算法中的任意一种，默认插值算法为最近邻插值法。imrotate 函数的调用格式为

```
① B= imrotate (A, angle, method)
② B= imrotate (A, angle, method,'crop')
```

其中，method 表示插值算法，可设为 nearest、bilinear 或者 bicubic，默认值为 nearest；angle 表示旋转的角度；crop 表示对旋转后的图像进行裁剪。

【例 1.11】 将图像旋转 10°，比较执行裁剪操作和未执行裁剪操作的效果，结果如图 1.23所示。

```
OriginalImage= imread('rice.png');        % 载入原始图像
RoateImage1= imrotate (OriginalImage,10); % 图像旋转 10°，但不执行裁剪操作
RoateImage2= imrotate (OriginalImage,10,'crop');
                                          % 图像旋转 10°，并按窗口大小裁剪图像
subplot(2,3,1); imshow(OriginalImage)
subplot(2,3,2); imshow(RoateImage1)
subplot(2,3,3); imshow(RoateImage2)
axis off
```

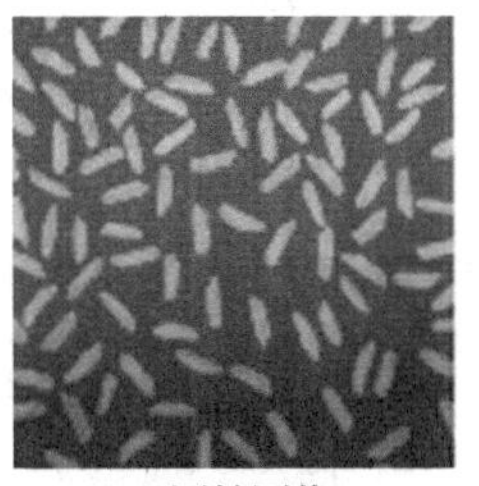
(a)原始图像

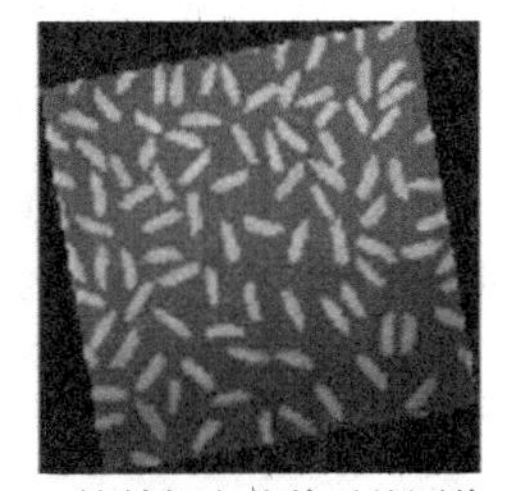
(b)旋转但未裁剪后的图像

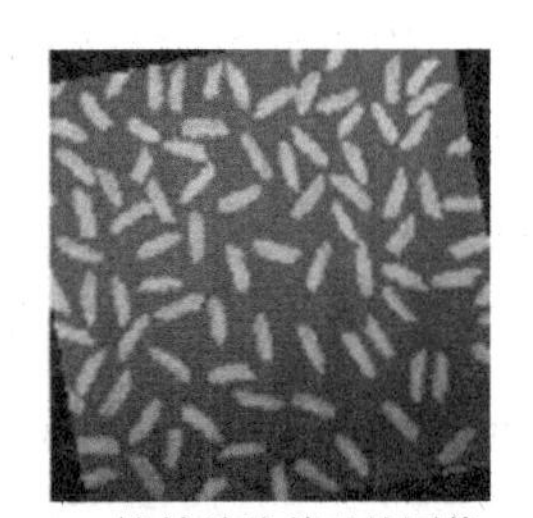
(c)旋转并裁剪后的图像

图 1.23　图像旋转操作示例

3) 图像的裁剪

MATLAB 提供了 imcrop 函数来实现对图像的裁剪处理,其调用格式为

```
① B= imcrop (I,rect)
② B= imcrop (X, map,rect)
③ B= imcrop (RGB,rect)
```

其中,参数 I、X、RGB 分别表示灰度图像、索引图像、RGB 图像的数据矩阵;map 表示索引图像的色图;B 表示对应的输出矩阵;rect 为可选参数,格式为[Xmin, Ymin, Width, Height],例如[20, 20, 40, 40],则裁剪后图像的左上角像素为原图像位置在(20,20)的像素,而裁剪后图像的右下角像素为原图像位置在(60,60)的像素。

【例 1.12】 对图像进行裁剪,裁剪窗口尺寸为[30,50,100,120],结果如图 1.24 所示。

```
OriginalImage= imread('couple.bmp');                % 载入原始图像
CropImage= imcrop (OriginalImage,[30,50,200,120]);   % 按指定大小裁剪图像
subplot(2,3,1); imshow(OriginalImage)
subplot(2,3,2); imshow(CropImage)
axis off
```

(a)原始图像

(b)裁剪后的图像

图 1.24　图像裁剪操作示例

4) 图像的二维空间变换

MATLAB 提供了 imtransform 函数来实现图像的二维空间变换,包括仿射变换和透视投影变换等操作,其调用格式为

```
① B= imtransform (A, tform)
② B= imtransform (A, tform, INTERP)
```

其中,A 表示要变换的图像;INTERP 表示变换的插值类型,可以指定为前面介绍的三种插值算法中的任意一种;tform 表示由 makeform 函数返回的结构体,它包含了执行变换需要

的所有参数。用户可以定义很多类型的空间变换，包括仿射变换(affine transformations)，如平移(translation)、缩放(scaling)、旋转(rotation)、剪切(shearing)等，投影变换(projective transformations)，以及自定义变换(custom transformations)。

【例 1.13】 对图像进行水平和垂直镜像变换，显示该图像变换后的结果，如图 1.25 所示。

```
OriginalImage= imread('lena.bmp');                                    % 载入原始图像
tform= maketform('projective',[ 0.8 0 0;-0.2 0.8 -0.003;3.5 1.5 1.5]);
                                                                      % 进行镜像变换
[ProImage,xdata,ydata] = imtransform(OriginalImage,tform);
subplot(2,2,1);imshow(OriginalImage)
subplot(2,2,2);imshow(ProImage)
axis off
```

(a)原始图像

(b)水平镜像变换后的图像

(c)垂直镜像变换后的图像

图 1.25　图像镜像变换操作示例

【例 1.14】 对图像进行仿射变换，产生错位变换效果，参数矩阵设置为：[1 0 0;0.5 2 0;0 0 1]，结果如图 1.26 所示。

```
clc
clear all
close all
X= imread('lena.jpg');                  % 载入原始图像
tform1= maketform('affine',[1 0 0;-0.5 2 0;0 0 1]);
J1= imtransform(X,tform1);
subplot(2,3,1);imshow(X)
subplot(2,3,3);imshow(J1)
axis off
```

(a)原始图像

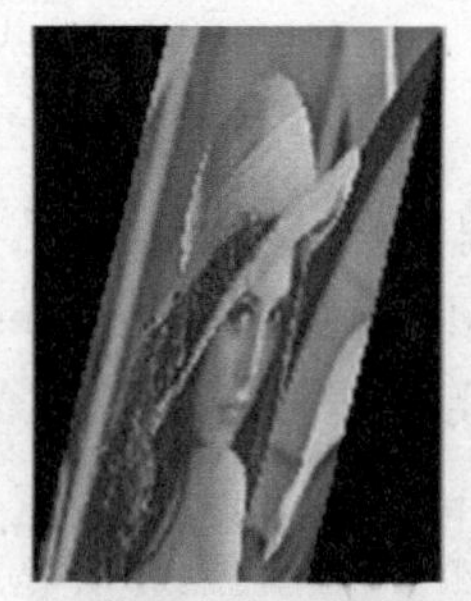
(b)仿射变换后的图像

图 1.26　图像仿射变换操作示例

1.5.3　图像的点运算

点运算是图像处理中的一项基础而又重要的操作，一般用于根据特定的要求来规划图像的显示。点运算是指输出图像的每个像素的灰度值仅仅取决于输入图像中相对应像素的灰度值。由于点运算的结果改变了图像像素的灰度值，因此可能会改变整幅图像的灰度统计分布，而这种改变也会在图像的灰度直方图上反映出来。

1）灰度变换

灰度变换是指根据某种目标条件按一定变换关系逐点改变原图像中每一个像素的灰度值的方法，其目的是改善画质，使图像的显示效果更加清晰。图像的灰度变换是图像增强处理技术中的一种非常基础、直接的空间域图像处理方法。

设输入图像为 $A(x,y)$，输出图像为 $B(x,y)$，则灰度变换可表示为

$$B(x,y)=f[A(x,y)] \tag{1.5}$$

可见灰度变换完全由灰度映射函数 f 决定，f 可以是线性函数或非线性函数。

(1) 线性灰度变换

假定原始图像 $f(x,y)$ 的灰度变换范围为 $[a,b]$，希望变换后的图像 $g(x,y)$ 的灰度变换扩展为 $[c,d]$，则采用下述线性变换来实现：

$$g(x,y)=\frac{d-c}{b-a}[f(x,y)-a]+c \tag{1.6}$$

式(1.6)的关系可以用图1.27表示。

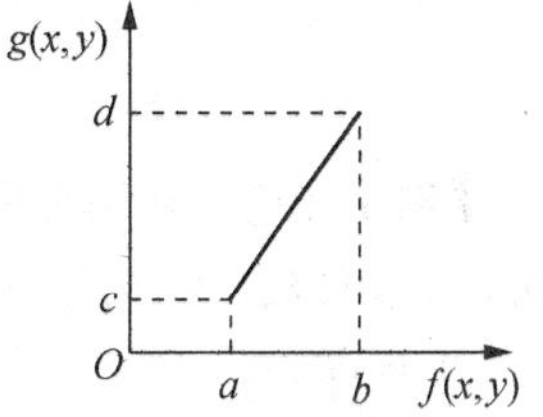

图1.27　线性灰度变换示意图

MATLAB 提供了 imadjust 函数来实现线性灰度变换，其调用格式为

```
Z= imadjust(X,[ low_in  high_in ],[ low_out  high_out ])
```

其中，输入图像 X 可以是 uint8、uint16 或 double 类型的，输出图像 Z 与输入图像 X 有着相同的数据类型。low_in、high_in、low_out 和 high_out 分别对应着式(1.6)中的 a、b、c 和 d，这 4 个参数的取值范围都是[0,1]。值得注意的是，如果 X 是 uint8 类型的图像，则 imadjust 函数将乘以 255 来确定实际的灰度范围；若 X 是 uint16 类型的图像，则 imadjust 函数将乘以 65 535。

【例1.15】 利用线性灰度变换，将图像的灰度值在[0.3,0.5]的区域拉伸到[0,255]，达到增强该区域图像对比度的目的，结果如图1.28所示。

```
OriginalImage= imread('pepper.png');        % 载入原始图像
EnhanceImage= imadjust(OriginalImage,[0.3  0.5],[0  1]);
                                   % 把灰度值在 255*[0.3  0.5]的区域拉伸到[0  255]
subplot(2,2,1);imshow(OriginalImage)
subplot(2,2,2);imshow(EnhanceImage)
axis off
```

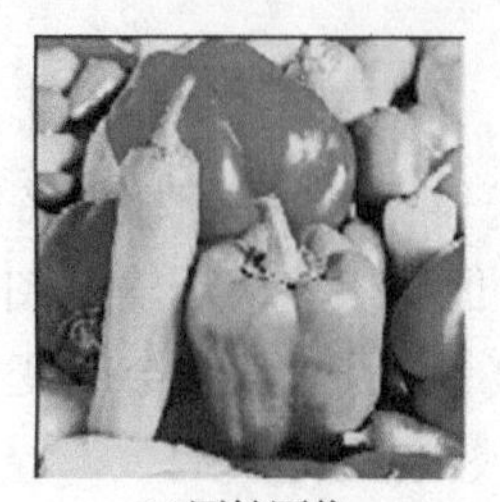
(a)原始图像

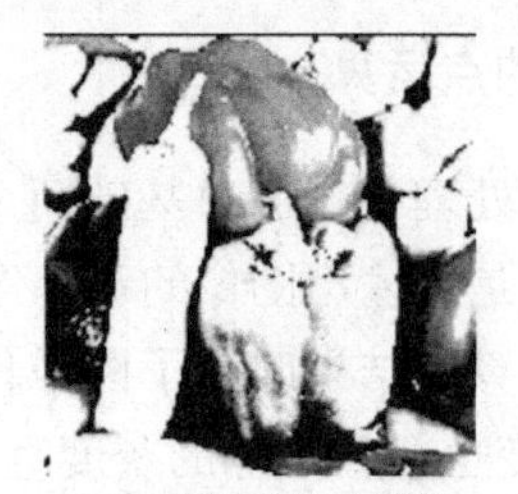
(b)灰度拉伸后的图像

图 1.28　图像线性灰度变换示例

(2) 分段线性灰度变换

分段线性变换指的是将待处理图像的灰度分割为若干区间，对这些区间分别进行线性变换，在整个灰度域内变换则为分段线性的。该算法更加灵活，而且可以突出感兴趣的目标所在的灰度区间，相对抑制那些不感兴趣的灰度区间。式(1.7)是一个分段线性灰度变换函数，它是常用的三段线性灰度变换函数，如图 1.29 所示。

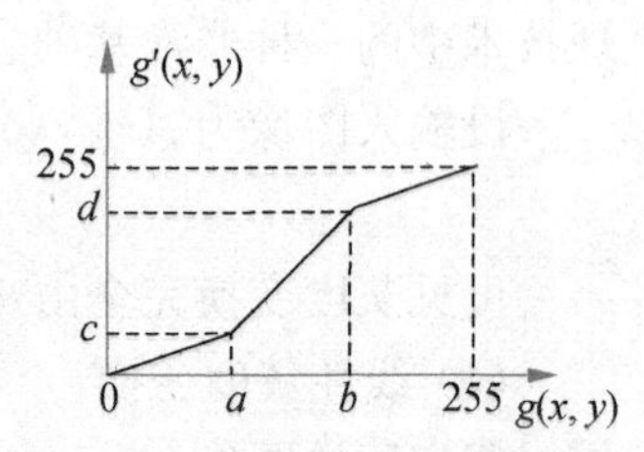

图 1.29　分段线性灰度变换示意图

$$g'(x,y)=\begin{cases}\dfrac{c}{a}g(x,y)\\[2ex]\dfrac{d-c}{b-a}[g(x,y)-a]+c\\[2ex]\dfrac{255-d}{255-b}[g(x,y)-b]+d\end{cases}\qquad(1.7)$$

【例 1.16】 利用分段线性灰度变换，将图像的灰度分割为三段：[0,0.3]、[0.3,0.5]、[0.5,1]，参数 c 取 0.2，d 取 0.6，并显示其变换结果。

主程序：

```
OriginalImage= imread('pepper.png');                          % 载入原始图像
EnhanceImage= imadjust_sec(OriginalImage,0.3,0.5,0.2,0.6);
                                                               % 调用分段线性灰度变换函数
subplot(2,2,1);imshow(OriginalImage)
subplot(2,2,2);imshow(EnhanceImage)
axis off
```

分段线性灰度变换子程序：

```
function B= imadjust_sec(A,a,b,c,d)
% 输入参数
% A:待处理的图像
% a,b,c,d:分段函数的 4 个参数
% 输出参数
% B:double 型二维图像数据，存储变换后的图像
[Height,Width]= size(A);
A1= im2double(A);
for i= 1:Height;
    for j= 1:Width;
```

```
            if(A1(i,j)< a)
                B(i,j)= c*A1(i,j)/a;
            end
            if(A1(i,j)> = a&&A1(i,j)< b)
                B(i,j)= (d- c) * (A1(i,j)- a)/(b- a)+ c;
            end
            if(A1(i,j)> = b)
                B(i,j)= (1- d) * (A1(i,j)- b)/(1- b)+ d;
            end
        end
    end
```

上述程序执行后的结果如图 1.30 所示。

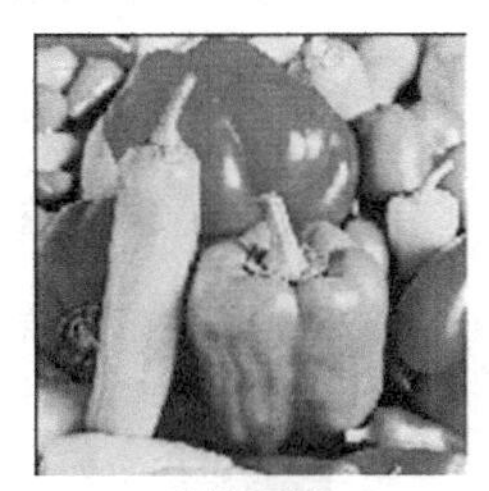
(a)原始图像

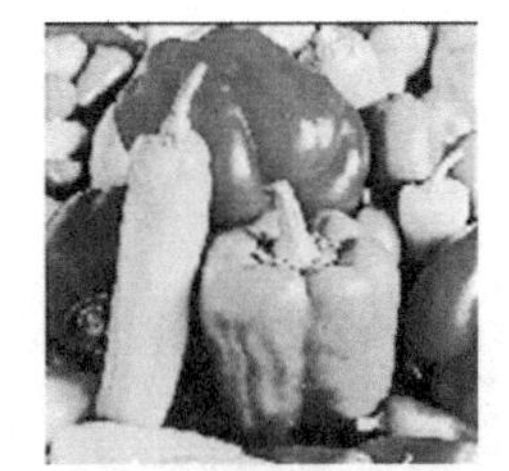
(b)分段线性灰度变换后的图像

图 1.30　图像分段线性灰度变换示例

2）直方图变换

(1) 直方图定义

灰度直方图反映的是一幅图像中每种灰度级像素出现的频率，以灰度级为横坐标，以灰度级的频率为纵坐标，绘制频率同灰度级关系的图就是灰度直方图。从概率的观点来理解，图像中各灰度级与其出现概率的统计关系可以表示为

$$p_r(r_k)=\frac{n_k}{n},k=0,1,2,\cdots,L-1 \tag{1.8}$$

式中：n 为一幅图像的像素总数；n_k 为第 k 级灰度的像素数；r_k 表示第 k 个灰度等级；$p_r(r_k)$ 表示该灰度出现的相对频率，这 L 个频率值 $p_r(r_k)$ 组成的一维向量 $hist[0,\cdots,L-1]$ 即图像的直方图。

图像和直方图不是一一对应的关系，即对于灰度分布密度相同的不同图像，它们的直方图可以是相同的。如图 1.31 所示，火柴摆放的位置不同，但是其灰度直方图却是基本一致的。

(a)图像1

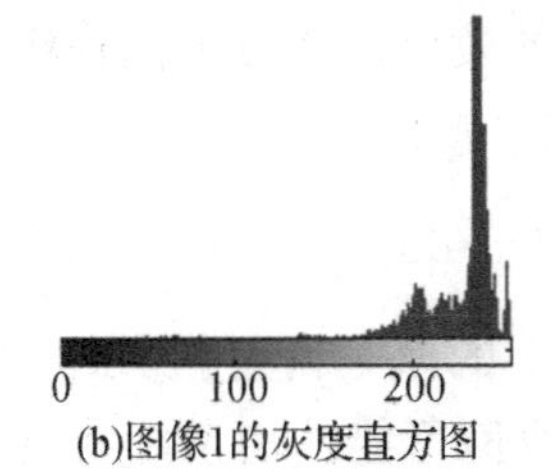

(b)图像1的灰度直方图

(c)图像2

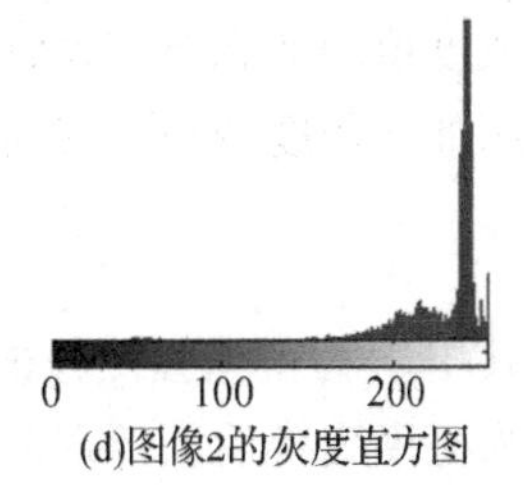

(d)图像2的灰度直方图

图 1.31　物体的灰度直方图对比

另外，直方图可以表示物体灰度的分布情况，而这种灰度分布的情况并不会随着物体的旋转或者外界的光照变化而变化，所以在一定程度上，利用物体的直方图可以有效地识别物体，这也是 mean-shift 跟踪算法的设计思想。

imhist 函数可用于提取图像中的直方图信息，其调用格式为

```
H= imhist(X, n)
```

其中，X 为灰度输入图像；n 为指定直方图的灰度级数量，默认值为 256。

【例 1.17】 计算图像 boat.png 的直方图，灰度级数量采用默认值，结果如图 1.32 所示。

```
OriginalImage= imread('boat.png');                          % 载入原始图像
subplot(2,2,1);imshow(OriginalImage)
subplot(2,2,2);imhist(OriginalImage);                       % 计算并显示图像的直方图
axis on
```

(a)原始图像

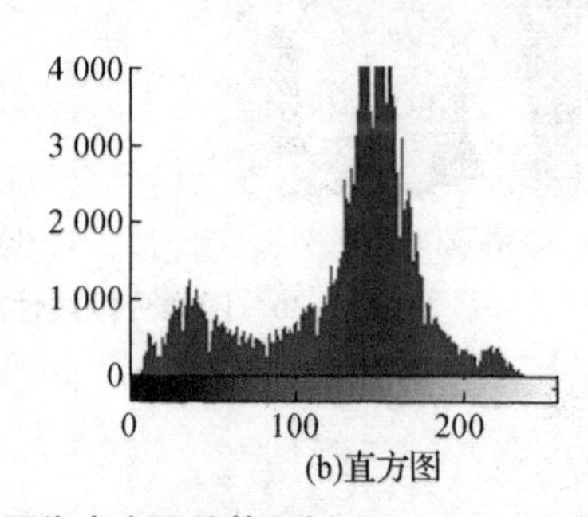

(b)直方图

图 1.32　图像直方图计算示例

(2) 直方图均衡化

直方图均衡化是图像处理领域中利用图像直方图对对比度进行调整的方法，其需要完成的任务可以用图 1.33 说明。

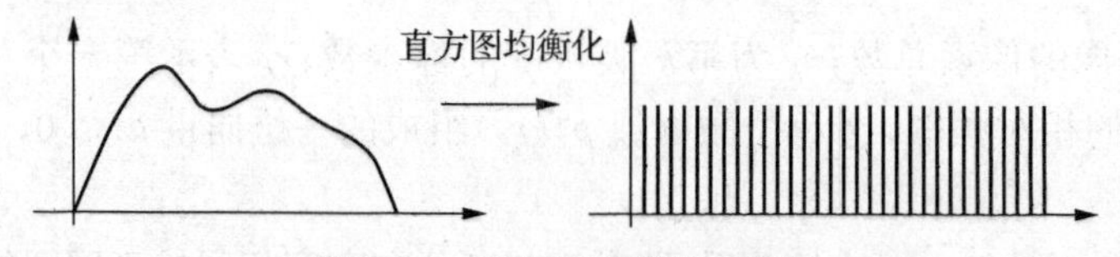

图 1.33　直方图均衡化示意图

直方图均衡化的基本思想是把原始图像的直方图变换为均匀分布的形式，增加了像素灰度值的动态范围，从而达到增强图像整体对比度的效果。在直方图连续的情况下，可以使用如下灰度变换公式实现如图 1.33 所示的直方图均衡化：

$$s = f(r) = \int_0^r p_r(w)\mathrm{d}w \tag{1.9}$$

其中，r 为待增强图像的某个灰度值，$p_r(w)$ 为变量 r 的概率密度函数，f 为亮度变换函数，s 为亮度变换后新的灰度值。对于有着 L 种灰度值取值可能的离散随机变量 r 来说，原始图像灰度值 r_k 出现的概率可近似用式(1.8)计算。直方图均衡化的变换函数的离散形式可以表示为

$$s_k = T(r_k) = \sum_{j=0}^{k} p_r(r_j) = \sum_{j=0}^{k} \frac{n_j}{n}, k = 0,1,2,\cdots,L-1 \tag{1.10}$$

采用式(1.10)所示变换函数进行直方图均衡化后的图像灰度级能跨越更大的范围。

histeq 函数可以实现直方图均衡化处理，其调用格式为

```
H=histeq(X,n)
```

其中，X 为输入图像矩阵，其数据类型为 double 或 uint8；n 为均衡化后直方图的灰度等级数，其默认值为 64；H 为直方图均衡化后的图像矩阵。histeq 函数寻求的是能够让处理后的直方图与平坦直方图进行最接近的亮度变换。

【例 1.18】 对例 1.17 中的图像做直方图均衡化处理，灰度级分别设置为 256、64、32 和 8，显示其均衡化后的灰度直方图，结果如图 1.34 所示。

```
OriginalImage=imread('boat.png');          % 载入原始图像
J1=histeq(OriginalImage,256);              % 256 级灰度直方图均衡化处理
J2=histeq(OriginalImage,64);               % 64 级灰度直方图均衡化处理
J3=histeq(OriginalImage,32);               % 32 级灰度直方图均衡化处理
J4=histeq(OriginalImage,8);                % 8 级灰度直方图均衡化处理
subplot(2,2,1);imshow(J1)                  % 显示均衡化直方图
subplot(2,2,2); imshow (J2));
subplot(2,2,3); imshow (J3)
subplot(2,2,4); imshow (J4);
axis on
```

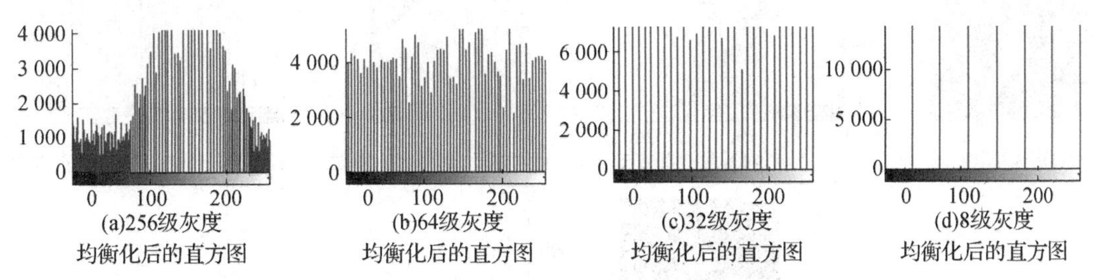

图 1.34　图像的直方图均衡化处理示例

从图 1.34 可以看出，随着参数 n 的减小，处理后的直方图越来越平坦。

(3) 直方图规定化

所谓直方图规定化，就是通过一个灰度映射函数，将原始灰度直方图改造成所希望的直方图。直方图规定化用于产生处理后有特殊直方图的图像。理想情况下，直方图均衡化实现了图像灰度的均衡分布，对提高图像对比度和亮度具有明显的作用。但在实际应用中，有时并不需要图像的直方图整体均匀分布，而希望直方图与规定要求的直方图一致，这就需要进行直方图规定化处理。它可以人为地改变原始图像直方图的形状，使其成为某个特定的形状，即增强特定灰度级分布范围内的图像。

histeq 函数通过改变一幅亮度图像的灰度值或者一幅索引图像的灰度值来添加图像的对照度，以达到输出图像的直方图近似于规定的直方图的目的。histeq 函数的调用格式为

```
Z= histeq(X,hgram)
```

其中,X 为输入图像,hgram 为指定直方图规定化后的灰度级数(若 hgram 为向量,且长度小于等于 X 的灰度级数,则此时为直方图规定化映射,映射灰度区间为 hgram),Z 为规定化后的输出图像。

【例 1.19】 对图像 pout.tif 采用直方图规定化以增强图像的明暗对比度,结果如图 1.35 所示。

```
OriginalImage= imread('pout.tif');                  % 载入原始图像
subplot(2,2,1);imshow(OriginalImage);
subplot(2,2,2);imhist(OriginalImage);               % 显示原始图像的直方图
HistImage= histeq(OriginalImage);                   % 对原始图像做直方图均衡化处理
figure
subplot(2,2,1);imshow(HistImage);                   % 显示均衡化后的图像及其直方图
subplot(2,2,2);imhist(HistImage);
hgram= ones(1,256);
hgram(1) = 256;
HistImage1= histeq(OriginalImage,hgram);  % 对原始图像做直方图规定化处理
figure
subplot(2,2,1);imshow(HistImage1);                  % 显示直方图规定化后的图像及其直方图
subplot(2,2,2);imhist(HistImage1);
axis on
```

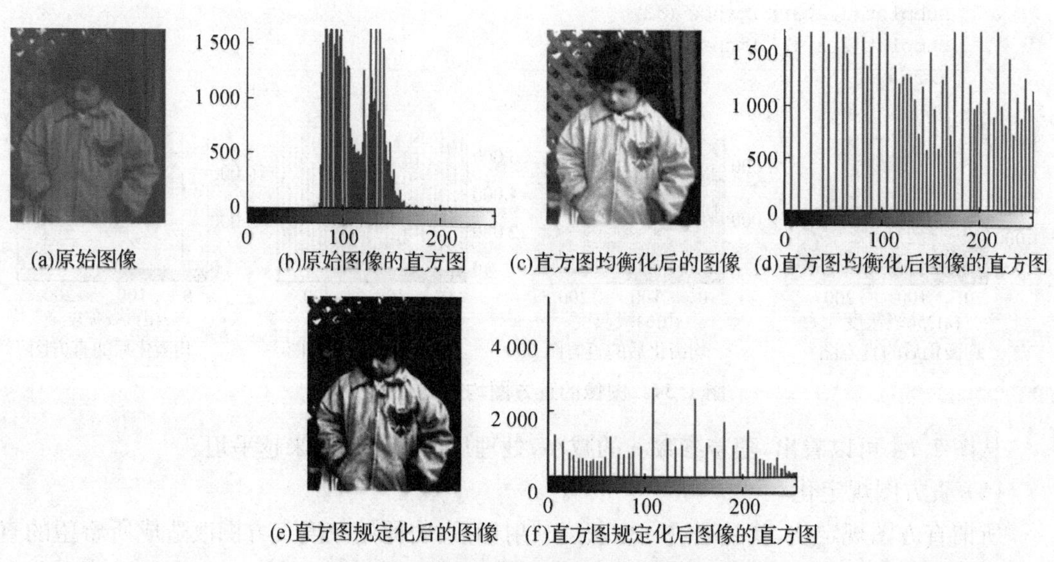

图 1.35 图像的直方图规定化处理示例

由图 1.35 可见,直方图均衡化虽然对原始图像的直方图有拉伸的作用,使得图像中人物和周围环境的对比度有所增强,但是整幅图像的灰度全部偏向亮区域,导致亮区域的对比度有很大降低。观察直方图均衡化后的直方图可以看出,由于待处理图像的直方图在低灰度处有很强的冲击,导致其直方图的离散性较大,所以均衡化后并不能得到理想中的灰度范围在[0,255]区间内的平坦直方图。为了避免出现这样的状况,可采用直方图规定化处理,在最低灰度值处设立一个较高冲击,将直方图拉向暗区域,这样图像的整体对比度将得到明显的改善。

1.6　邻域与块运算

1.6.1　图像的邻域运算

邻域运算是指当输出图像中每个像素是由对应的输入像素及其一个邻域内的像素共同决定时的图像运算。通常邻域是远比图像尺寸小的一规则形状，如 2×2、3×3、4×4 的正方形或用来近似表示圆及椭圆等形状的多边形。信号与系统分析中的卷积运算在实际的图像处理中都表现为邻域运算。邻域运算与点运算一起构成了最基本、最重要的图像处理工具。由于邻域运算能将像素周围邻域内的像素状况反映在处理结果中，因而便于实现多种复杂的图像处理。邻域运算充分利用了图像相邻像素间的颜色关系，对图像进行平滑、增强、边缘提取、滤波和恢复等操作，图像的腐蚀与膨胀也可以看作邻域运算的一种。

邻域运算包括滑动邻域运算和分离邻域运算。在 MATLAB 中，滑动邻域是一个像素集，其中包含的元素由中心像素的位置决定。滑动邻域运算一次只处理一个图像像素。当像素从图像矩阵的一个位置移动到另一个位置时，滑动邻域也以相同的方向运动，如图 1.36 所示，图中黑点表示中心像素。对于 m×n 的滑动邻域来说，中心像素的位置是：floor([(m+1)/2,(n+1)/2])。其中，floor 表示对其参数的每一个分量向下就近取整，因此对于 2×2 的滑动邻域，其中心像素就是(1,1)。图 1.36 中 2×3 的滑动邻域的中心像素就是(1, 2)。

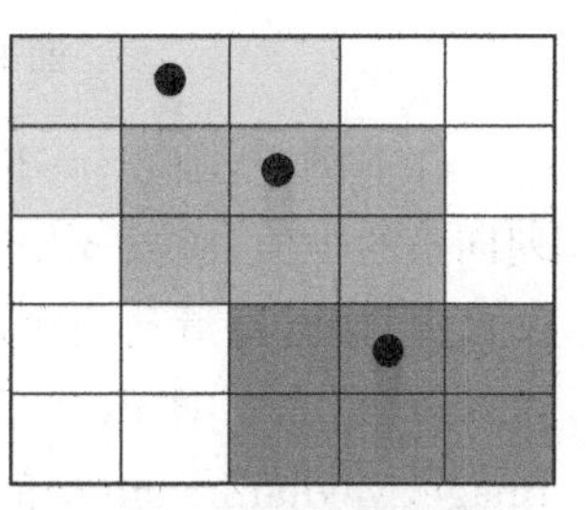

图 1.36　滑动邻域示意图

实现滑动邻域运算的步骤如下：

(1) 选择一个单独的像素。

(2) 确定该像素的滑动邻域。

(3) 对邻域中的像素值应用一个函数求值，该函数将返回标量计算结果。

(4) 将计算结果作为输出图像中对应像素的值。

(5) 对输入图像的每个像素都重复以上步骤。

MATLAB 工具箱提供了一个通用的滑动邻域运算函数 nlfilter，它可以实现滑动邻域的移动操作，并把待处理图像、邻域大小和一个处理函数(返回值为标量)作为参数，返回与输入图像大小相同的图像作为输出结果。nlfilter 函数的调用格式为

```
① B= nlfilter (A, [m  n], fun)
② B= nlfilter (A, 'indexed',...)
```

第一种调用方法表示对图像 A 的每一个滑动窗口尺寸为 m×n 的滑块应用 fun 函数，fun 函数必须接受尺寸为 m×n 的块作为输入，并返回一个标量 y。fun 函数可以是各种滤波算子，也可以是任意定义的运算。第二种调用方法中 indexed 为可选参数，若指定，则将图像作为索引图像处理。

【例 1.20】　对图像 couple. bmp 采用 nlfilter 函数进行中值平滑邻域处理，窗口尺寸为

3×3,结果如图1.37所示。

```
OriginalImage= imread('couple.bmp');                    % 载入原始图像
fun= @ (x)median(x(:));                                 % 设定处理函数
MedianImage= nlfilter(OriginalImage,[3 3],fun);         % 进行中值平滑邻域处理
subplot(2,2,1);imshow(OriginalImage);
subplot(2,2,2);imshow(MedianImage);
```

(a)原始图像

(b)中值平滑邻域处理后的图像

图1.37　采用nlfilter函数进行中值平滑邻域处理示例

在本例中,函数median(x(:))把数组x的所有列排成一列,变成一个列向量,然后求该列向量的中值;函数nlfilter(OriginalImage,[3 3],fun)使用滑动窗口尺寸为[3 3]的滑块在图像上滑动,每滑动一次,就以滑块遮住部分作为参数OriginalImage来调用函数fun,也就是计算该[3 3]图像块的中值,最后得到一个大小与OriginalImage一样的矩阵MedianImage,MedianImage中的每个元素都是OriginalImage中[3 3]图像块的中值。

【例1.21】 对图像couple.bmp采用nlfilter函数进行均值平滑邻域处理,窗口尺寸为3×3,结果如图1.38所示。

```
OriginalImage= imread('couple.bmp');                 % 载入原始图像
fun= @ (x) mean(mean((x(:))));                       % 设定处理函数
MedianImage= nlfilter(OriginalImage,[3 3],fun);      % 进行均值平滑邻域处理
subplot(2,2,1);imshow(OriginalImage);
subplot(2,2,2);imshow(MedianImage,[ ]);
```

(a)原始图像

(b)均值平滑邻域处理后的图像

图1.38　采用nlfilter函数均值平滑邻域处理示例

例1.21将例1.20中的操作函数做了修改,把求中值操作改为求[3 3]滑块的均值。与max函数一样,当x是矩阵时,mean函数求矩阵每列的平均值,得到一个均值行向量,所以两次调用mean函数,即使用mean(mean(x(:)))来求[3 3]滑块的均值。需要特别注意的是,在调用nlfilter函数时,如果使用[3 3]大小的滑块,需要在图像边界外添加一行与一列,

默认情况下添加的元素为0。

1.6.2　图像的块运算

在很多图像处理过程中，常常对图像采用块运算而不是同时处理整幅图像，这种方法通用且有效，尤其是在图像滤波和图像形态学操作中，图像块运算有很重要的应用。相比全图像运算，图像块运算至少有以下三个优点：

(1) 节省运算时占用的存储空间。

(2) 降低计算复杂性，提高处理速度。

(3) 充分考虑图像的局部特性。

如果一幅图像不能被分成整数个矩形块，则在超出图像区域以外的像素位置以0填充，使图像能被分成整数个矩形块，这一点与滑块邻域运算的做法一样。如图1.39所示就是一幅15×30的图像被4×8的矩阵分割的情形，经过填0以后图像矩阵的大小为16×32。

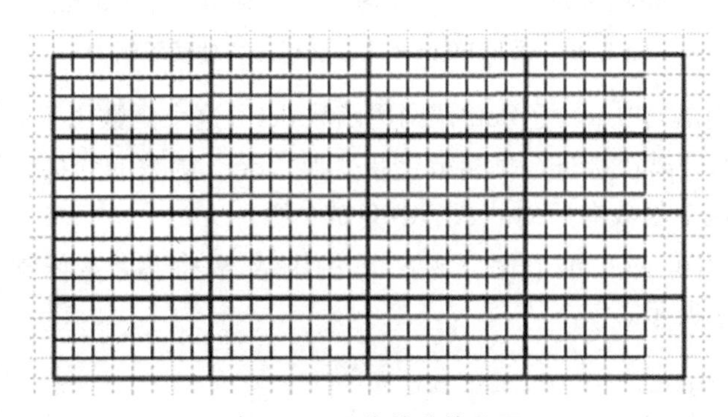

图1.39　图像的分块处理

MATLAB提供了4种常用的图像块运算函数，下面分别简单介绍。

1) blkproc 函数

blkproc函数执行分块操作，它从图像中提取出每个块，然后将它们传递给其他函数进行处理，最后blkproc函数将处理后的各块组装起来形成输出图像，其调用格式为

```
① B = blkproc(A,[m n],fun, parameter1, parameter2, ...)
② B = blkproc(A,[m n],[mborder nborder],fun,...)
③ B = blkproc(A,'indexed',...)
```

其中各个参数的含义如下：

(1) [m n]：以m×n为分块单位，对图像进行处理(如8×8像素)。

(2) fun：应用此函数分别对每个m×n块的像素进行处理。

(3) parameter1，parameter2：要传给fun函数的参数。

(4) [mborder nborder]：对每个m×n块的上下边界进行mborder个单位的扩充，对其左右边界进行nborder个单位的扩充，扩充的像素值为0，fun函数对整个扩充后的分块进行处理。

(5) indexed：表明是对索引图像进行块运算。

【例1.22】　把图像woman.png分成8×8的块后进行局部标准差处理，结果如图1.40

所示。

```
OriginalImage= imread('woman.png');                 % 载入原始图像
fun= @ dct2;                                        % 设定处理函数
dctblockImage= blkproc(OriginalImage,[8 8],fun);
subplot(2,2,1);imshow(OriginalImage);
subplot(2,2,2);imagesc(dctblockImage)
```

(a)原始图像

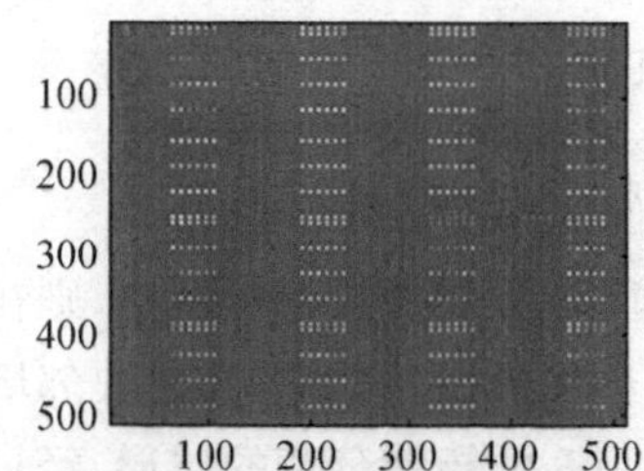

(b)图像分块后的局部标准差处理结果

图 1.40 采用 blkproc 函数进行分块处理示例①

例 1.22 中,使用语句"fun=@dct2;"调用函数 dct2,这个函数用于计算矩阵的离散余弦变换,对每个[8 8]的分离块都进行了离散余弦变换。dct2 函数的变换已经不是空间域的变换,而是频域变换,这个函数在后面的章节中会做介绍。

【例 1.23】 把图像 woman.png 分成 8×8 的块,然后将其元素设置为图像块元素的标准差,结果如图 1.41 所示。

```
OriginalImage= imread('woman.png');                 % 载入原始图像
fun= @ (x) std2(x) * ones(size(x));                 % 设定处理函数
dctblockImage= blkproc(OriginalImage,[8 8],fun);
subplot(2,2,1);imshow(OriginalImage);
subplot(2,2,2);imagesc(dctblockImage)
axis off
```

(a)原始图像

(b)分块处理结果

图 1.41 采用 blkproc 函数进行分块处理示例②

2) bestblk 函数

MATLAB 提供的另一种块运算函数 bestblk 可以实现图像块的尺寸选择功能。当用户定义图像块,而图像块的尺寸又不能明显看出时,可以利用 bestblk 函数选择合适的图像块尺寸,其基本调用格式为

① siz = bestblk ([m n], k)

```
② [mb, nb]= bestblk ([m n], k)
```

其中各个参数的含义为：

(1) [m, n]：待处理图像块的尺寸。

(2) k：图像块的长度和宽度的最大值。

(3) siz：返回划分后的图像块尺寸。

(4) [mb, nb]：返回划分后的图像块的行数和列数。

【例 1.24】 bestblk 函数的使用举例。

```
sizeblock= bestblk([256 512],64)
```

运行结果如下：

```
sizeblock =
    64    64
```

3) im2col 函数

MATLAB 提供的 im2col 函数可以将图像块排列成向量，然后进行处理，处理完后再将向量恢复成图像块形式，这样可以极大提高图像处理的速度。im2col 函数的调用格式如下：

```
① B = im2col ( A,[m n], block_type)
② B =  im2col (A,'indexed',...)
```

其中各个参数的含义如下：

(1) A：待处理的图像。

(2) [m n]：图像以 m×n 为分块单位，将每一块转换成一列，重新组合成图像 B。

(3) block_type：指定排列的方式，若为 distinct，图像块不重叠；若为 sliding，图像块滑动。

(4) indexed：表明是对索引图像进行块运算。

【例 1.25】 将图像块排列成向量。

```
A= reshape(uint8(1:25),[5 5])        % 调整矩阵形状
B= im2col(A,[2 5])                   % 调整图像块到列,滑动方式是 sliding
C= im2col(A,[2 5], 'distinct')       % 调整图像块到列,滑动方式是 distinct
```

运行结果如下：

```
A=
    1   2   3   4   5
    6   7   8   9  10
   11  12  13  14  15
   16  17  18  19  20
   21  22  23  24  25

B=
    1   6  11  16
    6  11  16  21
    2   7  12  17
    7  12  17  22
    3   8  13  18
    8  13  18  23
    4   9  14  19
    9  14  19  24
    5  10  15  20
   10  15  20  25

C=
    1  11  21
    6  16   0
    2  12  22
    7  17   0
    3  13  23
    8  18   0
    4  14  24
    9  19   0
    5  15  25
   10  20   0
```

4）col2im 函数

MATLAB 提供的 col2im 函数可以将向量重新排列成图像块，其调用格式如下：

```
① A = col2im (B,[m n],[mm, nn],'distinct')
② A = col2im (B,[m n],[mm, nn],'sliding')
```

该函数将图像 B 的每一列重新排成[m n]的图像块，生成尺寸为[mm, nn]的矩阵 A，滑动方式可以为 distinct 或 sliding，默认情况下为 sliding。

【例 1.26】 将例 1.25 中的向量重新排列生成图像。

```
A= reshape(uint8(1:25),[5 5])             % 调整矩阵形状
B= im2col(A,[2 5],'distinct')             % 调整图像块到列，滑动方式是 distinct
C= col2im(B,[2 5],[5 5],'distinct')       % 将列向量恢复成图像块，滑动方式为 distinct
```

运行结果如下：

```
A=
    1   2   3   4   5
    6   7   8   9  10
   11  12  13  14  15
   16  17  18  19  20
   21  22  23  24  25

B=
    1  11  21
    6  16   0
    2  12  22
    7  17   0
    3  13  23
    8  18   0
    4  14  24
    9  19   0
    5  15  25
   10  20   0

C=
    1   2   3   4   5
    6   7   8   9  10
   11  12  13  14  15
   16  17  18  19  20
   21  22  23  24  25
```

1.7　小结

本章介绍了数字图像处理、图像识别与机器视觉的基础知识，MATLAB 图像处理工具箱支持的基本图像类型，以及图像类型之间的相互转换。图像间的算术运算是一类有意义的图像增强技术，如在遥感图像中运用图像减法运算，可以提升图像之间的反射率差异，从而突出图像某些部分的差别。图像的点运算可用于改变图像的灰度范围分布，甚至可以克服图像数字化设备的局限性。利用图像的几何运算可以很方便地对图像大小和几何关系进行调整。图像的邻域和块运算使得图像的并行处理成为可能，由于计算机硬件的并行处理能力日渐强大，可以预见，图像的邻域和块运算将会大幅度提高图像处理的效率。

第 2 章　图像变换

图像变换是许多图像处理和分析技术的基础，是指把图像从一个空间变换到另一个空间。从图像空间到其他空间的变换称为正变换，从其他空间到图像空间的变换称为反变换（也称逆变换）。本章主要介绍傅里叶变换、小波变换、离散余弦变换和 Radon 图像变换。图像变换广泛应用于图像滤波、图像压缩、特征提取和图像识别等领域。MATLAB 工具箱提供了很多图像变换函数，读者可以通过本章的学习，加深对各种图像变换的理解。

2.1　二维离散傅里叶变换

二维离散傅里叶变换（Discrete Fourier Transform，DFT）是一种数字变换方法，一般用于将图像从空间域转至频域，这样容易了解到图像的各空间频率成分，从而便于对图像进行相应的处理。二维离散傅里叶变换的应用十分广泛，如图像特征提取、图像边缘检测、图像压缩、图像恢复和纹理分析等。

2.1.1　二维离散傅里叶变换的原理

从数学意义上看，二维离散傅里叶变换是将一个图像转换为一系列周期函数。从物理效果上看，二维离散傅里叶变换是将图像从空间域转换到频域。换句话说二维离散傅里叶变换是将图像的灰度分布函数转换为图像的频率分布函数。实际上对图像进行二维离散傅里叶变换得到的频谱图就是图像梯度的分布图，傅里叶频谱图上的明暗不一的亮点表示某一点与邻域差异的强弱，即梯度的大小（该点的频率大小）。

二维离散傅里叶变换的定义方法如下：设 $f(x,y)$ 为离散输入数据，$F(u,v)$ 为离散傅里叶变换，则正变换为

$$F(u,v)=\frac{1}{MN}\sum_{x=0}^{M-1}\sum_{y=0}^{N-1}f(x,y)\mathrm{e}^{-\mathrm{j}2\pi vy/N}\mathrm{e}^{-\mathrm{j}2\pi ux/M}\tag{2.1}$$

其中，M 和 N 分别为图像的高度和宽度；变量 u 和 v 确定二维离散傅里叶变换权函数的频率，u 的取值范围为 0 到 $M-1$，v 的取值范围为 0 到 $N-1$。

二维离散傅里叶逆变换定义如下：

$$f(x,y)=\sum_{u=0}^{M-1}\sum_{v=0}^{N-1}F(u,v)\mathrm{e}^{\mathrm{j}2\pi vy/N}\mathrm{e}^{\mathrm{j}2\pi ux/M}\tag{2.2}$$

其中，x 的取值范围为 0 到 $M-1$，y 的取值范围为 0 到 $N-1$。在式(2.2)中，$F(u,v)$有时也被称为傅里叶系数。

在图像处理中，二维离散傅里叶变换坐标轴的意义是频率，越靠近原点，频率越低，对应于图像中像素值变化速度比较慢的部分；越远离原点，频率越高，对应于图像中像素值变化速度比较快的部分。一般来说，变换结果靠近原点周围比较亮，远离原点比较暗，也就是说

这种图像中低频部分的分量多，高频部分的分量少。

2.1.2 二维离散傅里叶变换的性质

二维离散傅里叶变换的很多性质对于图像分析具有非常重要的作用，常用的性质有线性性质、尺度变换性质、可分离性质、周期性质、共轭对称性质、平移性质、旋转不变性质、卷积定理等。

1）线性性质

若 $f_1(x,y)$，$f_2(x,y)$ 的二维离散傅里叶变换为 $F_1(u,v)$，$F_2(u,v)$，则 $af_1(x,y)+bf_2(x,y)$ 的二维离散傅里叶变换为 $aF_1(u,v)+bF_2(u,v)$，其中 a、b 为常数。

2）尺度变换性质

若 $f(x,y)$的二维离散傅里叶变换为 $F(u,v)$，a、b 为常数，则 $af(x,y)$的二维离散傅里叶变换为 $aF(u,v)$；$f(ax,by)$的二维离散傅里叶变换为$\frac{1}{|ab|}F\left(\frac{u}{a},\frac{v}{b}\right)$。这说明空间比例尺展宽，则其频域比例尺被压缩。

3）可分离性

二维离散傅里叶变换的可分离性的基本思想是二维离散傅里叶变换可分离为两次一维离散傅里叶变换。因此可以通过计算两次一维的快速傅里叶变换来得到二维快速傅里叶变换。根据快速傅里叶变换的计算要求，图像的行数、列数均须为 2 的 n 次方，如果不满足这一条件，那么在进行快速傅里叶变换之前先要对图像进行补零。对于一个 M 行 N 列的二维图像 $f(x,y)$，先按行对变量 y 做一次长度为 N 的一维离散傅里叶变换，再将计算结果按列对变量 x 做一次长度为 M 的傅里叶变换就可以得到该图像的二维离散傅里叶变换结果。

4）共轭对称性质

二维离散傅里叶变换与一维离散傅里叶变换类似，也具有共轭对称性。共轭对称性可表示为：

$$F(u,v)=F^*(-u,-v) \tag{2.3}$$

假设将二维离散傅里叶变换后的频域图像等分为 4 块，如下所示，二维离散傅里叶变换的频域图像是关于中心点对称的，则 1、4 和 2、3 都是关于中心点对称的。因此，在实际应用中，只要知道一半的变换结果即可。变换后，频域图像的中心区域为图像的低频分量，对应图像的模糊均值信息；远离中心区域的为图像的高频分量，对应图像的边缘细节信息。

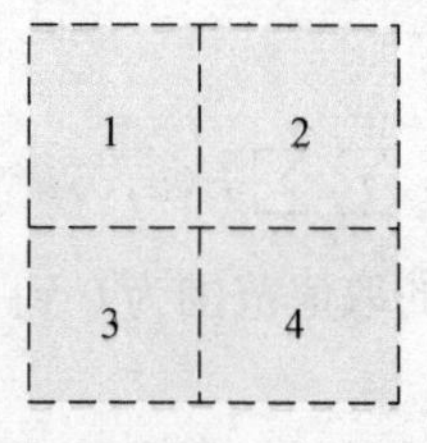

5）平移性质

二维离散傅立叶变换有如下平移性质：

$$f(x,y)e^{j2\pi(u_0x+v_0y)}\Leftrightarrow F(u-u_0,v-v_0) \tag{2.4}$$

式(2.4)表明,在频域中,图像原点平移到(u_0,v_0)时,其对应的原函数要乘以一个正的指数项系数;在空域中,图像原点平移到(x_0,y_0)时,其对应的二维离散傅里叶变换 $F(u,v)$ 要乘以一个负的指数项系数。在数字图像处理中,把中心移到 $u_0=v_0=N/2$(假设 $M=N$)的位置上,从而将$f(x,y)$的二维离散傅里叶变换的原点移动到相应 $M\times N$ 频率方阵的中心,这个过程称为图像中心化。频谱图像的中心化能够使频域图像更加直观并且在频域中的处理更加方便。

6) 旋转不变性质

若 $f(x,y)\Leftrightarrow F(u,v)$,且 $f(x,y)$和 $F(u,v)$的极坐标形式分别为 $f(r,\theta)$和 $F(\rho,\varphi)$,则无论在连续的还是离散的傅里叶变换对中均有

$$f(r,\theta+\theta_0)\Leftrightarrow F(\rho,\varphi+\theta_0) \tag{2.5}$$

也就是说,如果 $f(x,y)$被旋转了 θ_0,则 $F(u,v)$也被旋转了同样的角度;如果 $F(u,v)$被旋转了 θ_0,那么 $f(x,y)$也被旋转了同样的角度。

7) 卷积性质

两幅图像的卷积等于其离散傅里叶变换的乘积,假设两个二维函数 $f(x,y)$和 $g(x,y)$的离散傅里叶变换分别为 $F(u,v)$和 $G(u,v)$,则根据卷积性质,有

$$f(x,y)*g(x,y)\Leftrightarrow F(u,v)\cdot G(u,v) \tag{2.6}$$

需要注意的是,这里我们对图像所做的二维离散傅里叶变换都是集中在其能量谱中,几乎不关注其相位谱,事实上,对图像而言,其相位谱的重要性远大于其能量谱。

2.1.3 MATLAB 中的二维傅里叶变换函数

数字图像本质上是数组,MATLAB 提供的 fft2、iff2 等函数可对图像进行二维离散傅里叶变换;另一个与二维离散傅里叶变换密切相关的函数是 fftshift 函数,它利用频谱的周期性,将输出图像进行平移操作,从而使零频被移动到图像的中间。

1) fft2 函数

fft2 函数用于数字图像的二维离散傅里叶变换,它只能处理大小为 2 的幂次的矩阵,其基本调用格式如下:

```
① Y= fft2(X)
② Y= fft2(X,m,n)
```

其中,X 是待变换的矩阵;m 和 n 表示将 X 的行数和列数规整到指定的尺寸,如果 m 和 n 大于 X 的维数,则补 0;返回值 Y 为二维离散傅里叶变换后的频域图像。

2) ifft2 函数

ifft2 函数实现二维离散傅里叶逆变换,其基本调用格式如下:

```
① Y= ifft2(X)
② Y= ifft2(X,m,n)
```

其中,X 是要计算逆变换的频谱,返回的是原始图像 Y,m 和 n 的意义与 fft2 函数中相同。

3）fftshift 函数

在 fft2 函数输出的频谱分析数据中，是按照原始计算所得的顺序来排列频谱的，没有以零频为中心来排列，因此造成了零频在频谱矩阵的角上，显示幅度谱图像时表现为 4 个亮度较高的角。MATLAB 提供的 fftshift 函数可以将零频移动到图像的中间，这更有利于观察频谱，其调用格式如下：

```
Z= fftshift(X)
```

其中，X 为输入的频域图像矩阵，它表示的频域图像的低频部分在 4 个角落；返回值 Z 为输出的频域图像矩阵，其低频部分在中心。fftshift 函数实现的中心平移操作如图 2.1 所示。

图 2.1　中心平移操作示意图

与二维离散傅里叶变换后的平移操作相同，在进行二维离散傅里叶逆变换之前需要调用 ifftshift 函数将频域中心恢复，其调用格式如下：

```
Z= ifftshift(X)
```

其中，X 为输入的频域图像矩阵，它表示的频域图像的低频部分在中心；函数返回值 Z 为输出的频域图像矩阵，其低频部分在 4 个角落。

【例 2.1】 用 MATLAB 构造一幅黑白二值图像，在 256×256 的黑色背景中心产生一个 8×16 的白色矩形块，然后对该图像进行二维离散傅里叶变换，并将零频系数移动到中心位置。

```
% 清空环境变量
clc
clear all
TimeSignal= zeros(256,256);               % 产生一个全零的 256×256 的矩阵(黑色背景)
TimeSignal(124:132,120:136)= 1;           % 在黑色背景中心产生一个 8×16 的白色矩形块
TimeSignal= im2double(TimeSignal);        % 快速傅里叶变换要求输入数据为 double 型,所
                                          % 以需要进行数据类型转换
Spesignal= fft2(TimeSignal);              % 进行二维离散傅里叶变换
Amsignal= log(abs(Spesignal));            % 对傅里叶变换取绝对值,取对数
Amshiftsignal= fftshift(Amsignal);        % 将二维离散傅里叶变换的零频由左上角移到频谱
                                          % 中心
subplot(2,3,1)
imshow(TimeSignal);                       % 显示原图
subplot(2,3,2)
imshow(Amsignal);                         % 显示其傅里叶谱图像
subplot(2,3,3)
mshow(Amshiftsignal);                     % 显示进行零频调整后的谱图像
```

程序运行的结果如图 2.2 所示。

(a)原始图像

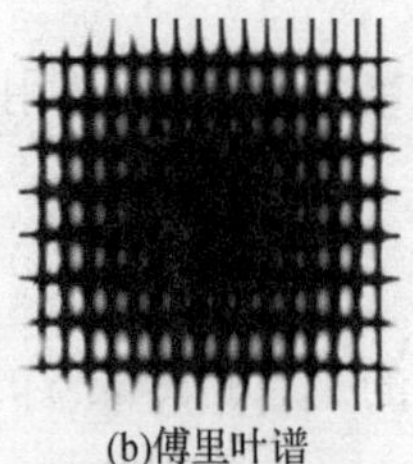
(b)傅里叶谱

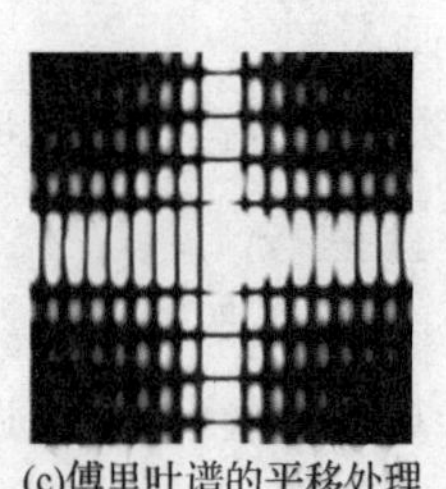
(c)傅里叶谱的平移处理

图 2.2　图像的二维离散傅里叶变换示例

上例中显示的傅里叶谱是取对数后的结果。如果直接显示傅里叶变换幅度谱，由于数值较小，在图像中很难看到元素值的差别，取对数的目的实际上是将元素值差别放大。

【例 2.2】 利用二维离散傅里叶变换定位图像中字母 a 的位置。

```
% 清空环境变量
clc
clear all
OriginalImage= imread('text.jpg');                    % 载入原始图像
OriginalImage= im2bw(OriginalImage,0.6);              % 转换为二值图像
ModelImage= imcrop(OriginalImage);                    % 利用 imcrop 函数的交互功能得到
                                                      % 匹配模板图像
% 计算模板图像和原始图像的相关性
Result= real(ifft2(fft2(OriginalImage).* fft2(rot90(ModelImage,2),
size(OriginalImage,1),size(OriginalImage,2))));
thresh= max(Result(:))- 2.5;                          % 域值设定
figure;imshow(OriginalImage);
figure
imshow(ModelImage)
figure
imshow(Result,[])
figure
imshow(Result> thresh)
```

程序运行结果如图 2.3 所示。

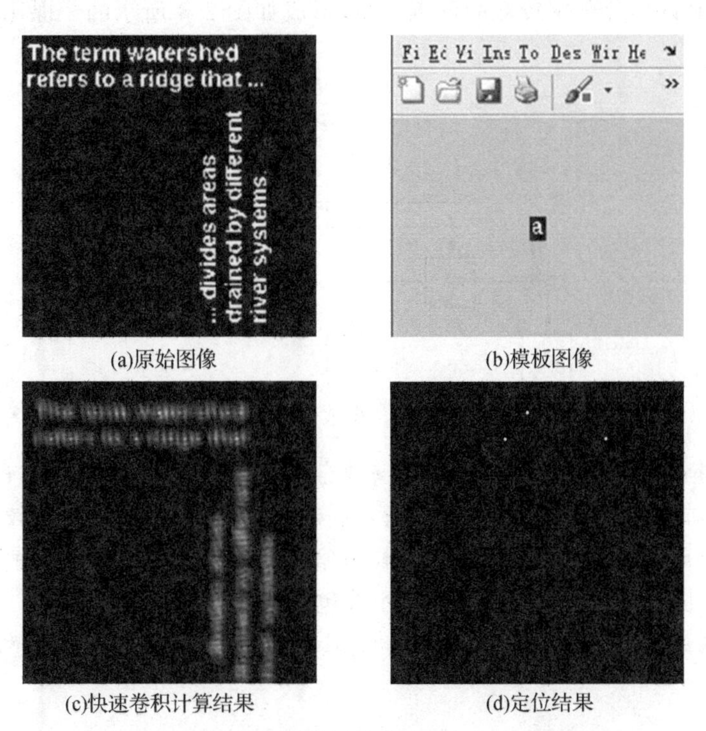

(a)原始图像　(b)模板图像

(c)快速卷积计算结果　(d)定位结果

图 2.3　利用二维离散用傅里叶变换定位对象示例

图 2.3(c)中白色的亮度代表了字母的相关程度,亮度越高说明相关性越高。为了观察到图像中与模板匹配区域的位置,可以找到最大的像素值,设置一个比此最大值稍小的阈值,再将快速卷积计算结果使用该阈值进行黑白二值化,则所求的位置就是字母 a 所在的位置,如图 2.3(d)所示。

2.2 二维离散小波变换

二维离散小波变换是在二维离散傅里叶变换的基础上发展起来的,但二维离散小波变换与二维离散傅里叶变换存在着极大的不同。与二维离散傅里叶变换相比,二维离散小波变换是空间和频率的局部变换,因而能有效地从信号中提取信息,通过伸缩和平移等运算,可对函数或信号进行多尺度的细化分析,从而解决了二维离散傅里叶变换不能解决的许多困难问题。

2.2.1 二维离散小波变换的原理

二维离散小波变换是将图像分解成低频图像与对角细节图像,二维离散小波重构则是基于分解的结果得到原始图像。二维离散小波变换可以表示成由低通滤波器和高通滤波器组成的一棵树。原始信号通过这样的一对滤波器进行的分解叫作一级分解。信号的分解过程可以迭代,即可以进行多级分解。如果对信号的高频分量不再分解,而对低频分量进行连续分解,就会得到许多分辨率较低的低频分量,形成如图 2.4 所示的一棵比较大的树,称为小波分解树。

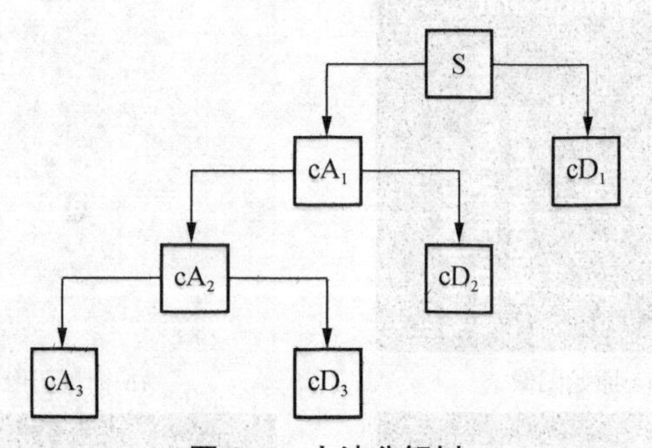

图 2.4 小波分解树

小波分解树表示只对信号的低频分量进行连续分解。如果不仅对信号的低频分量进行连续分解,而且对高频分量也进行连续分解,这样不但可得到许多分辨率较低的低频分量,还可得到许多分辨率较低的高频分量。这样分解得到的树叫作小波包分解树,它是一棵完整的二进制树。图 2.5 表示的是一棵三级小波包分解树。

把分解的系数还原成原始信号的过程叫作小波重构,数学上称为逆离散小波变换。

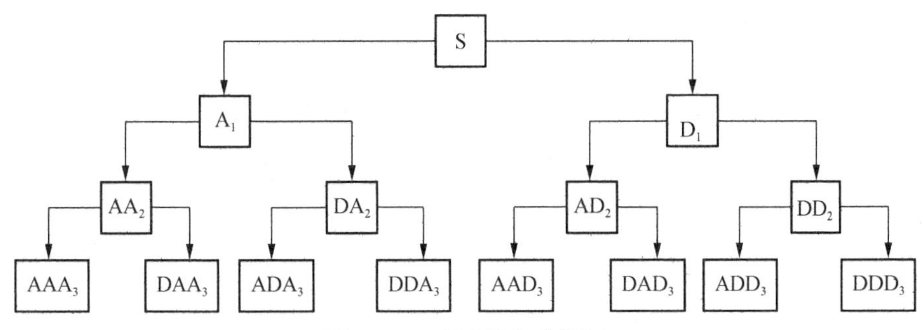

图 2.5　三级小波包分解树

2.2.2　MATLAB 中的二维离散小波变换函数

MATLAB 中的二维离散小波变换函数可实现三大功能：分解与重构/恢复信号、系数重构、系数提取。

1）分解与重构/恢复信号

（1）一级分解与重构原始信号函数有 dwt2 和 idwt2 函数，它们的调用格式如下：

```
① [cA, cH, cV, cD]= dwt2 (X,'wname')
② X=  idwt2(cA, cH, cV, cD, 'wname')
```

dwt2 函数的参数 X 为二维图像矩阵，'wname'为指定的小波基函数，MATLAB 支持的小波基函数如表 2.1 所示。dwt2 函数返回低频图像 cA、水平细节图像 cH、垂直细节图像 cV 和对角细节图像矩阵 cD，返回的 4 个矩阵的数据类型均为 double 型。idwt2 函数各参数的含义与 dwt2 函数的一样。

表 2.1　MATLAB 支持的小波基函数

小波基	小波基含义	小波基函数名称
'haar'	Haar 小波	'haar'
'db'	Daubechies 小波	'db1', 'db2', 'db3',…, 'db45'
'sym'	Symlets 小波	'sym2', 'sym3',…, 'sym45'
'coif'	Coiflets 小波	'coif1', 'coif2', …,'coif5'
'bior'	Biorthogonal 小波	'bior1. 1', 'bior1. 3', 'bior1. 5', 'bior2. 2', 'bior2. 4', 'bior2. 6','bior2. 8', 'bior3. 1', 'bior3. 3', 'bior3. 5', 'bior3. 7', 'bior3. 9', 'bior4. 4', 'bior5. 5', 'bior6. 8'
'rbio'	Reverse Biorthogonal 小波	'rbio1. 1', 'rbio1. 3', 'rbio1. 5', 'rbio2. 2', 'rbio2. 4', 'rbio2. 6', 'rbio2. 8', 'rbio3. 1', 'rbio3. 3', 'rbio3. 5', 'rbio3. 7', 'rbio3. 9', 'rbio4. 4', 'rbio5. 5', 'rbio6. 8'
'dmey'	Discrete Meyer 小波	'dmey'

【例 2.3】　对图像进行单尺度二维离散小波分解，然后将低频系数置 0，再重构图像。

```
% 清空环境变量
clc
clear all
OriginalImage= imread('rice.png');           % 载入原始图像
subplot(2,3,1)
imshow(OriginalImage);                       % 显示原始图像
[cA,cH,cV,cD]= dwt2(OriginalImage,'db1');
                                             % 进行小波基分解,小波基函数选择'db1'
Cofdwt= [cA cH;cV cD];
subplot(2,3,2)
imshow(Cofdwt,[]);                           % 显示分解后的图像
cA(:)= 0;                                    % 将低频系数置 0
synimage= idwt2(cA,cH,cV,cD,'db1');          % 进行小波重构
subplot(2,3,3)
imshow(synimage);
```

程序运行结果如图 2.6 所示。

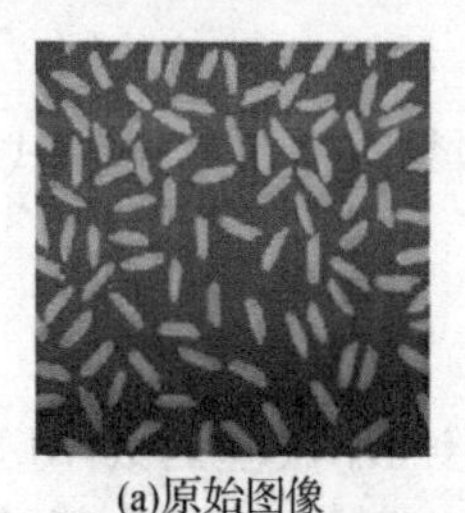
(a)原始图像

(b)分解图像

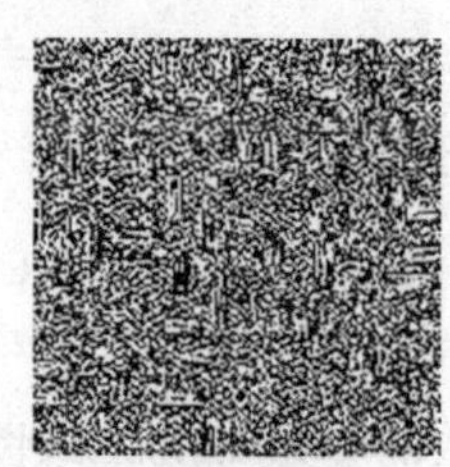
(c)重构图像

图 2.6　图像的单尺度二维离散小波分解与重构示例

(2) 多级分解与重构原始信号函数有 wavedec2 函数和 waverec2 函数,它们的调用格式如下:

```
① [C,S]= wavedec2(X, N, 'wname')
② X = waverec2(C, S,'wname')
```

其中,X 为 m×n 的二维图像矩阵,N 为小波变换的尺度数目,'wname'为指定的小波基函数。小波变换的结果记录在函数返回值[C,S]中,C 为 double 型向量,它包含了 N 尺度小波分解的结果,C 的排列方式在 S 中进行记录,所以 wavedec2 函数的返回值应该结合 C 与 S 才能解析。3 尺度小波分解的 C 与 S 的结合方式如图 2.7 所示。

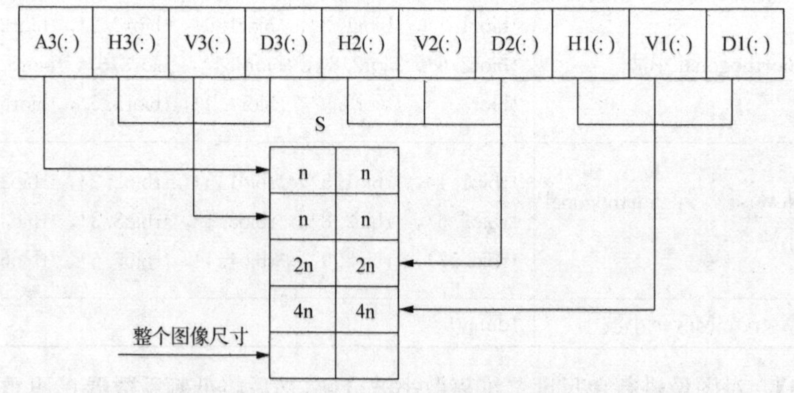

图 2.7　3 尺度小波分解返回值解析图

S中存储了分解后各个图像块的尺寸，这也是访问C中数据的依据。如图2.7所示，S中第一行表示第三次分解后的低频图像A3为n×n的矩阵，则C中的1:n×n都是A3的数据；S中第二行表示第三次分解后的H3、V3、D3图像均为n×n的矩阵，则C中紧随A3的n×n个数据为H3，后面的n×n个数据为V3，再后面的n×n个数据为D3；S之后的行向量都表示每次分解后H、V、D矩阵的尺寸；S中最后一行表示原始图像的大小。

2）系数重构

（1）一级分解的系数重构函数为upcoef2函数，其调用格式如下：

```
Y= upcoef2(O,X,'wname')
```

该函数实现二维小波分解系数的直接重构，其中'wname'为指定的小波基函数，如果O='a'，则重构低频系数；如果O='h'，则重构水平方向高频系数；如果O='v'，则重构垂直方向高频系数；如果O='d'，则重构对角高频系数。

（2）多级分解的系数重构函数为wrcoef2函数，其调用格式如下：

```
X = wrcoef2 ('type', C, S, 'wname' , N)
```

其中，C和S为wavedec2函数的返回值，'wname'为指定的小波基函数，N必须为严格的正整数，如果'type'='a'，则重构低频系数；'type'取'h'、'v'和'd'时，则分别重构水平方向、垂直方向和对角高频系数。

3）系数提取

（1）多级分解的低频近似系数提取函数为appcoef2函数，其调用格式如下：

```
X= appcoef2(C, S,'wname',N)
```

其中，C和S为wavedec2函数的返回值；'wname'为指定的小波基函数，它必须与wavedec2函数中的小波基函数一致；N为希望获得的图像的层次；函数的返回值X为获得的低频图像，其尺寸根据参数的不同而变化。

（2）多级分解的高频细节系数提取函数为detcoef2函数，其调用格式如下：

```
X= detcoef2 ('tyope',C, S,N)
```

其中，'tyope'指定了希望获得的图像种类，如果为'h'表示函数返回水平细节图像H，如果为'v'则表示函数返回垂直细节图像V，如果为'd'则表示函数返回对角细节图像D，如果为'all'则表示函数返回[H,V,D]；C和S为wavedec2函数的返回值；N为希望获得的图像的层次；函数的返回值X根据输入参数的不同而变化。

【例2.4】 利用多尺度小波变换函数对例2.3中的图像进行三层分解，得到各层次中的低频信号并显示，最后进行图像重构并显示，结果如图2.8所示。

```
% 清空环境变量
clc
clear all
OriginalImage= imread('rice.png');         % 载入原始图像
[C,S]= wavedec2(OriginalImage,3,'db1'); % 对图像采用'db1'小波基函数进行三层分解
```

```
A3= appcoef2(C,S,'db1',3);                 % 提取第三层的低频系数
A2= appcoef2(C,S,'db1',2);                 % 提取第二层的低频系数
A1= appcoef2(C,S,'db1',1);                 % 提取第一层的低频系数
SynImage= waverec2(C,S,'db1');             % 进行小波重构
imshow(A3,[]);
figure;imshow(A2,[]);
figure;imshow(A1,[]);
figure;imshow(SynImage,[])
```

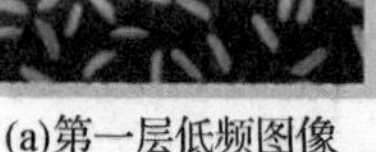
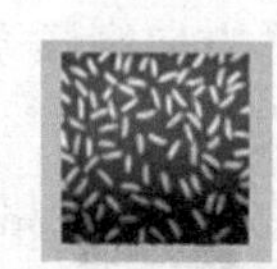
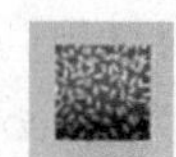

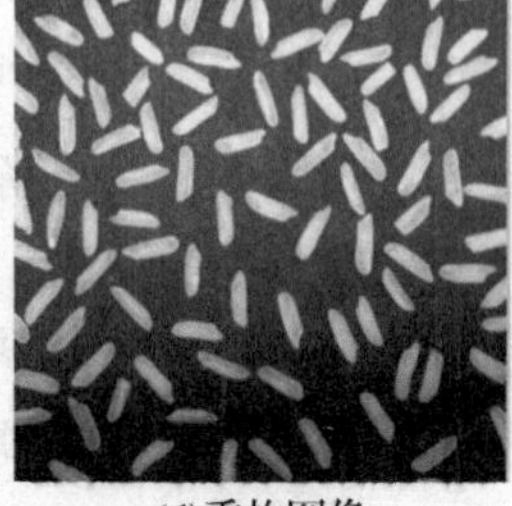

(a)第一层低频图像　(b)第二层低频图像　(c)第三层低频图像　(d)重构图像

图 2.8　图像的多尺度二维离散小波变换示例

2.3　二维离散余弦变换

根据离散傅里叶变换的性质,实偶函数的傅里叶变换只含实的余弦项,因此构造了一种实数域的变换——离散余弦变换(DCT)。通过研究发现,DCT 除了具有一般的正交变换性质外,其变换阵的基向量近似于 Toeplitz 矩阵的特征向量,后者体现了人类的语言、图像信号的相关特性。因此,在图像信号的变换中,DCT 变换被认为是一种准最佳变换。

2.3.1　二维离散余弦变换的定义

二维离散余弦变换的正变换核为

$$g(x,y,u,v)=\frac{2}{\sqrt{MN}}C(u)C(v)\cos\frac{(2x+1)u\pi}{2M}\cos\frac{(2y+1)v\pi}{2N} \tag{2.7}$$

式中:x 和 u 的取值范围为 0 到 $M-1$;y 和 v 的取值范围为 0 到 $N-1$。设 $f(x,y)$ 为 $M\times N$ 的数字图像矩阵,则二维离散余弦变换定义如下:

$$F(u,v)=\frac{2}{\sqrt{MN}}\sum_{x=0}^{M-1}\sum_{y=0}^{N-1}f(x,y)C(u)C(v)\cos\frac{(2x+1)u\pi}{2M}\cos\frac{(2y+1)v\pi}{2N} \tag{2.8}$$

式中:x 和 u 的取值范围为 0 到 $M-1$;y 和 v 的取值范围为 0 到 $N-1$。通常根据可分离性,二维离散余弦变换可用两次一维离散余弦变换来完成,其算法流程与离散傅里叶变换类似。

2.3.2　MATLAB 中的二维离散余弦变换函数

MATLAB 图像处理工具箱提供的二维离散余弦变换函数有 dct2、idct2 等。

1）dct2 函数

dct2 函数用于图像压缩，最常见的是用于 JPEG 图像压缩，其调用格式如下：

```
① B= dct2(A)
② B= dct2(A, m, n)
③ B= dct2(A, [m, n])
```

其中，B 是图像 A 的二维离散余弦变换结果，各元素为离散余弦变换的系数。在第一种调用格式中，B 的大小与 A 相同；第二种和第三种调用格式中，若 A 的大小小于 m×n，则将图像 A 补零至大小为 m×n，若 A 的大小大于 m×n，则先对图像 A 进行裁剪，再对其进行离散余弦变换。

【例 2.5】 用 MATLAB 构造一幅黑白二值图像，在 256×256 的黑色背景中心产生一个 8×16 的白色矩形块，然后对该图像进行二维离散余弦变换。

```
% 清空环境变量
clc
clear all
TimeSignal= zeros(256,256);               % 产生一个全零的 256×256 的矩阵(黑色背景)
TimeSignal(124:132,120:136)= 1;           % 在黑色背景中心产生一个 8×16 的白色矩形块
TimeSignal= im2double(TimeSignal);        % DCT 要求输入数据为 double 型,所以需要进行
                                          % 数据类型转换
Spesignal= dct2(TimeSignal);              % 进行二维离散余弦变换
Amsignal= log(abs(Spesignal));            % 对余弦变换取绝对值,取对数
subplot(2,3,1)
imshow(TimeSignal);
subplot(2,3,2)
imshow(Amsignal,[]);                      % 显示其离散余弦变换系数
```

程序运行结果如图 2.9 所示。

(a)原始图像

(b)离散余弦变换系数

图 2.9　图像的二维离散余弦变换示例

从图 2.9 可以看出，经过离散余弦变换后，图像的离散余弦变换系数分布呈现出一定的规律性，这也是图像和视频编码在变换编码之后以及熵编码之前采用“之”字形扫描的原因所在。

2）idct2 函数

idct2 函数实现图像的二维离散余弦逆变换，一般用于压缩图像的重构，其调用格式如下：

```
① B= idct2(A)
```

② B= idct2 (A, m, n)
③ B= idct2 (A, [m, n])

其中,B是图像A的二维离散余弦逆变换结果,各元素为离散余弦逆变换的结果。在第一种调用格式中,B的大小与A相同;第二种和第三种调用格式中,若A的大小小于m×n,则将图像A补零至大小为m×n,若A的大小大于m×n,则先对图像A进行裁剪,再对其进行离散余弦逆变换。

【例2.6】 将例2.5中离散余弦变换系数小于0.2的元素都修改为0,然后利用idct2函数重构图像,实现对该图像的压缩处理。

```
% 清空环境变量
clc
clear all
TimeSignal= zeros(256,256);           % 产生一个全零的256×256的矩阵(黑色背景)
TimeSignal(124:132,120:136)= 1;       % 在黑色背景中心产生一个8×16的白色矩形块
TimeSignal= im2double(TimeSignal); % DCT要求输入数据为double型,所以需要进行
                                      % 数据类型转换
Spesignal= dct2(TimeSignal);          % 进行二维离散余弦变换
Spesignal(abs(Spesignal)< 0.2)= 0; % 将离散余弦变换系数小于0.2的元素设为0
SynSignal= idct2(Spesignal);          % 进行二维离散余弦逆变换
subplot(2,3,1)
imshow(TimeSignal);
subplot(2,3,2)
Dimshow(SynSignal);
% 显示重构图像
```

(a)原始图像

(b)重构图像

图2.10 图像的二维离散余弦逆变换示例

程序运行结果如图2.10所示,比较原始图像和重构图像可以看出,二维离散余弦逆变换用于图像压缩的效果是比较好的。

2.4 Radon变换

奥地利数学家Radon在1917年提出了Radon变换,并讨论了Radon变换求逆的问题,即由一个函数的"投影"在欧氏三维(或二维)空间重建该函数,并证明了对于完全的投影函数存在唯一的逆。

Radon变换用于计算图像矩阵在特定方向上的投影。Radon变换可以旋转图像的中心到不同角度,以获得图像在不同方向上的投影积分。

例如,对于一个二维图像 $f(x,y)$ 来说,其垂直方向上的积分就是在 x 轴上的投影,其水平方向上的积分就是在 y 轴上的投影,图 2.11 显示了一个矩形区域在 x 轴和 y 轴上的投影。

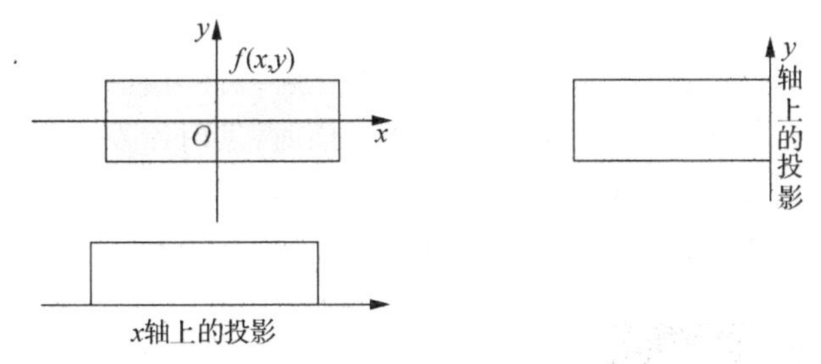

图 2.11　矩形区域在 x 轴和 y 轴上的投影

2.4.1　Radon 变换与 Radon 逆变换的原理

1) Radon 变换的原理

图 2.11 是一个简单的二维函数在水平和垂直方向上的投影。一般来说,投影可以沿任意角度 θ 进行,Radon 变换就是沿着 y' 方向的线积分,定义如下:

$$R_\theta(x') = \int_{-\infty}^{\infty} f(x'\cos\theta - y'\sin\theta, x'\sin\theta + y'\cos\theta)\mathrm{d}y' \tag{2.9}$$

其中,$\begin{bmatrix} x' \\ y' \end{bmatrix} = \begin{bmatrix} \cos\theta & \sin\theta \\ -\sin\theta & \cos\theta \end{bmatrix} \begin{bmatrix} x \\ y \end{bmatrix}$。

图 2.12 呈现了任意角度的 Radon 变换的几何关系。

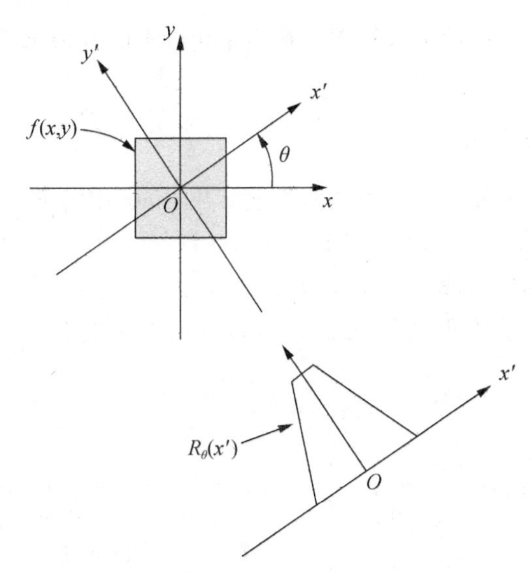

图 2.12　任意角度 Radon 变换的几何关系

2) Radon 逆变换的原理

Radon 逆变换可以用来重建图像。例如,在进行医学 X 射线扫描时(如图 2.13 所示),X 射线在通过人的身体时会不断地衰减,这个衰减量可以视作沿 X 射线方向上的积分。因此，水平扫描一圈可以得到一个切面的 Radon 变换结果。对于不同方向上的这个结果，我们利用其逆变换，便可恢复出切面图形。更进一步，通过众多不同位置的切面图像便可构建三维结构。

从本质上讲，Radon 逆变换的求解过程实际上是解线性方程组的过程，这里不再展开，后文会给出这些变换的详细用法。例如，X 射线扫描时，发射器发出射线，传感器接收衰减的射线，根据光线衰减情况来计算物体的密度。X 射线成像中的 Radon 逆变换如图 2.14 所示，其中 $f(x,y)$ 指图像的亮度，$R_\theta(x')$ 指图像在角度 θ 上的投影。

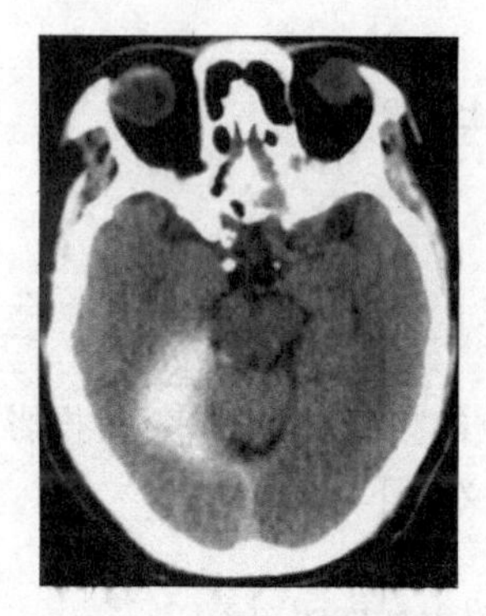

图 2.13 大脑扫描切面图像

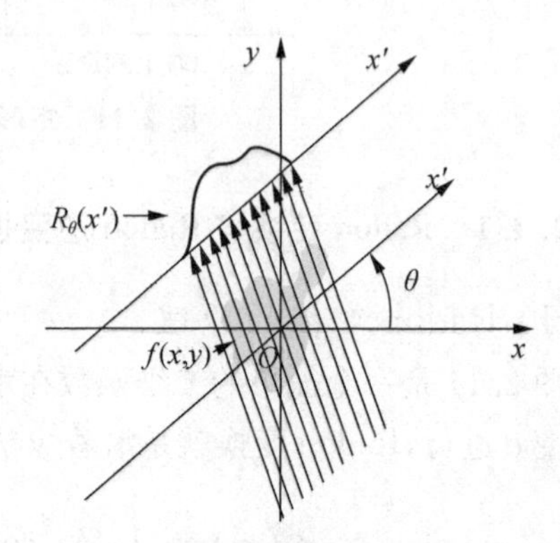

图 2.14 X 射线成像中的 Radon 逆变换

2.4.2 MATLAB 中的 Radon 变换函数

1）radon 函数

MATLAB 提供 radon 函数来计算图像在指定角度上的 Radon 变换，其基本调用格式如下：

```
[R, xp]= radon(I, theta)
```

其中，I 为待处理的图像，R 的各行是返回的角度参数 theta 中各方向上的 Radon 变换值，xp 为沿 x' 轴的坐标值。I 的中心像素位于 floor((size(I)+1)/2)，在 x' 轴上对应为 0。例如，在一个 30×40 的图像中，中心像素位于(1,20)。

【例 2.7】 绘制单一正方形从 0°到 180°，每隔 1°计算一次 Radon 变换的结果。

```
% 清空环境变量
clc
clear all
TimeSignal= zeros(100,100);             % 产生一个全零的 100×100 的矩阵(黑色背景)
    TimeSignal(25:75,25:75)= 1;         % 在黑色背景中心产生一个 50×50 的白色矩形块
    theta= 0:180;                       % 产生一个角度向量
    [Radsignal,xp]= radon(TimeSignal,theta);
                                        % 进行 Radon 变换
    imshow(Radsignal,[ ],'Xdata',theta,'Ydata',xp);
                                        % 设置图像显示属性
xlabel('\theta(degree)');
ylabel('X\prime')
```

```
colormap(hot)                       % 设置色图
colorbar                            % 显示颜色栏
```

程序运行结果如图 2.15 所示。

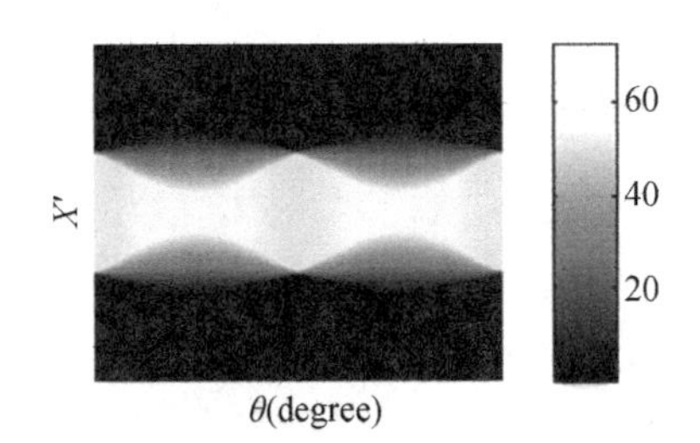

图 2.15　方形图像在 0°到 180°的 Radon 变换结果

2）iradon 函数

iradon 函数可以实现 Radon 逆变换，经常用于投影成像中，其调用格式为

```
I= iradon(R,theta)
```

这表示由二维数组 R 中的投影数据重建图像 I。theta 向量必须包含单调增的角度值，且角度增量 Δtheta 必须相等。当角度增量 Δtheta 已知，可以将此向量作为 iradon 函数的 theta 变量的替代值，然后再重建图像。在某些情况下，投影数据中存在噪声，为了消除高频噪声，可以选择合适的窗函数对投影数据进行处理，大多数窗函数滤波器都可以在 iradon 函数中使用。下面的例子就是采用了 hanning 窗来滤波：

```
I= iradon(R,theta,'hanning')
```

iradon 函数也允许用户指定归一化的频率 D，当频率大于此值时，滤波器的输出为 0，D 的取值范围为[0,1]。这在投影不含高频信息而存在高频噪声图像的情况下很有用，此时噪声完全被抑制，从而不会影响图像重建。下面的语句就指定了归一化频率，其值被设为 0.8：

```
I= iradon(R,theta,0.8)
```

【例 2.8】 使用 Radon 变换和逆变换实现某一图像的投影和重建，并比较采用不同采样间隔的重建效果。

```
% 清空环境变量
clc
clear all
TimeSignal= imread('finger.png');                 % 载入原始图像
subplot(2,2,1)
imshow(TimeSignal)
theta1= 0:179;                                    % 角度参数间隔为 1°
[Radsignal1,xp]= radon(TimeSignal,theta1);
theta5= 0:2:179;                                  % 角度参数间隔为 5°
[Radsignal5,xp]= radon(TimeSignal,theta5);
theta10= 0:10:179;                                % 角度参数间隔为 10°
[Radsignal10,xp]= radon(TimeSignal,theta10);
output_size= max(size(TimeSignal));
```

```
dtheta1= theta1(2) - theta1(1);                % 针对不同角度参数进行图像重建
dtheta5= theta5(2) - theta5(1);
dtheta10= theta10(2) - theta10(1);
SynSignal1= iradon(Radsignal1,dtheta1,output_size);
SynSignal2= iradon(Radsignal5,dtheta5,output_size);
SynSignal3= iradon(Radsignal10,dtheta10,output_size);
subplot(2,2,2)
imshow(SynSignal1,[])
subplot(2,2,3)
imshow(SynSignal2,[])
subplot(2,2,4)
imshow(SynSignal3,[])
```

程序运行结果如图 2.16 所示。

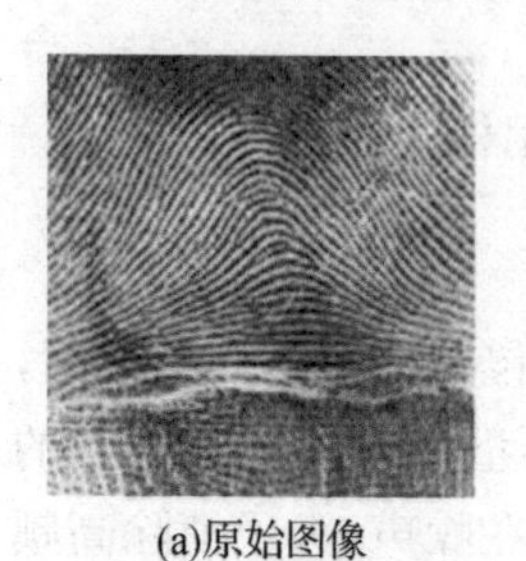

(a)原始图像

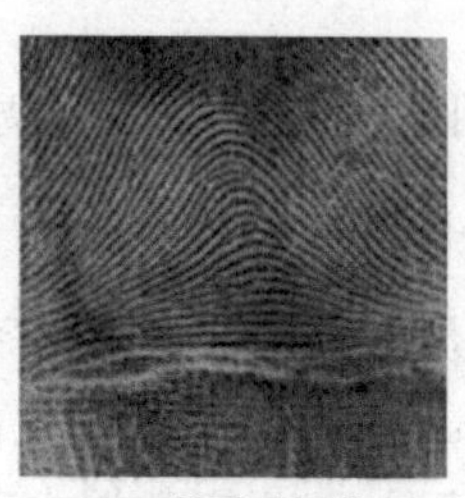

(b)1°的重建图像

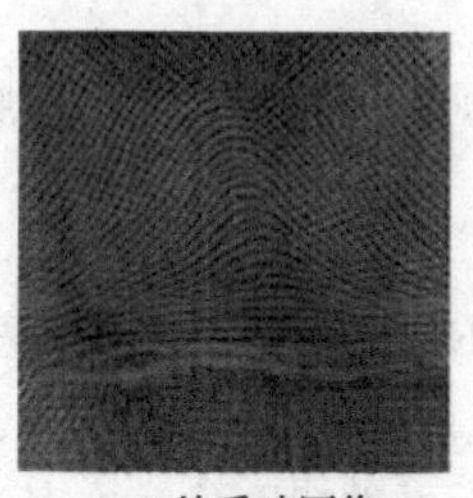

(c)5°的重建图像

(d)10°的重建图像

图 2.16　采用 Radon 逆变换的图像重建结果

从图 2.16 可以看出，随着采样间隔的减小，重建结果越来越精细。

2.5　Hough 变换

Hough（霍夫）变换是利用图像的全局特性直接检测目标轮廓，将图像的边缘像素点连接起来的常用变换方法。在预先知道区域形状的条件下，利用 Hough 变换可以方便地得到边界曲线，从而将不连续的边缘像素点连接起来。

2.5.1　Hough 变换的原理

Hough 变换的基本思想是利用点-线对偶性。从图 2.17 中可以看出，$x-y$ 坐标系和 $k-b$ 坐标系有点-线对偶性。$x-y$ 坐标系中的点 P_1、P_2 对应于 $k-b$ 坐标系中的 L_1、L_2，而 $k-b$ 坐标系中的点 P_0 对应于 $x-y$ 坐标系中的线 L_0。

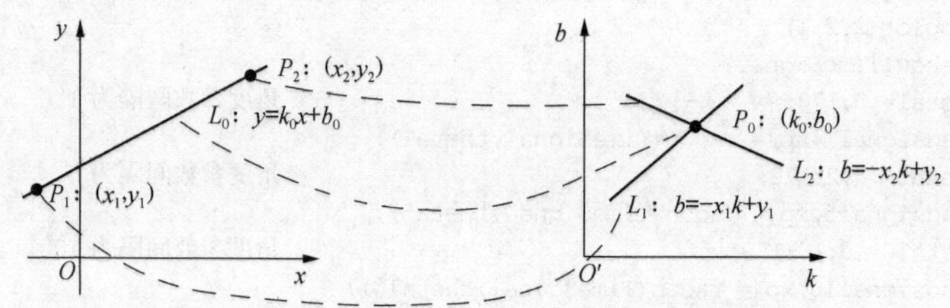

图 2.17　极坐标方程下的点-线对偶性示意图

图像变换前在图像空间，变换后在参数空间。在图像空间 XY 中，所有通过点 (x,y) 的直线一定满足方程：

$$y=px+q \tag{2.10}$$

式中：p 为斜率，q 为截距。式(2.10)也可以写作

$$q=-px+y \tag{2.11}$$

如果将 x,y 看成参数，它又代表参数空间 PQ 中通过点 (p,q) 的一条直线。图像空间 XY 中通过点 (x_i,y_i) 和 (x_j,y_j) 的直线上的每一点都对应参数空间中的一条直线，并且这些直线相交于点 (p',q')，而点 (p',q') 恰好就是图像空间 XY 中过点 (x_i,y_i) 和 (x_j,y_j) 的直线的参数。

由此可见，在图像空间中同一条直线上的点在参数空间中有对应相交的直线；反之，在参数空间中相交于同一点的所有直线，在图像空间中都有共线的点与之对应。这就是点-线对偶性。根据这个特性，当给定图像空间中的一些边缘点时，就可通过 Hough 变换确定连接这些点的直线方程。Hough 变换把图像空间中的直线检测问题转化为参数空间中的点检测问题，而在参数空间中点的检测只需要进行简单的累加统计就可以完成。

在具体计算时，首先在参数空间 PQ 中建立一个二维的累加数组。设这个累加数组为 $A(p,q)$，假设斜率和截距的取值范围分别为 $[p_{\min},p_{\max}]$ 和 $[q_{\min},q_{\max}]$。开始时要将数组 A 中的每个元素置为 0，然后对于每一个图像空间中的边缘点，让 p 从 $[p_{\min},p_{\max}]$ 取值，并根据式(2.11)得到对应的 q 值。接下来，将对应的数组元素 $A(p,q)$ 进行累加：$A(p,q)=A(p,q)+1$。对于所有的边缘点都如此计算后，根据 $A(p,q)$ 的值，就可以知道有多少个点在 (p,q) 处共线。找出 $A(p,q)$ 的最大值，就可以找到图像空间中的直线，而最大值 $A(p,q)$ 对应的 p,q 值就是直线方程的参数。

如果直线的斜率无限大(比如 $x=a$ 形式的直线)，采用式(2.11)是无法完成检测的。为了能够正确识别和检测任意方向以及任意位置的直线，可以用 Duda 和 Hart 提出的直线极坐标方程来代替式(2.11)：

$$\rho=x\cos\theta+y\sin\theta \tag{2.12}$$

这样，直角坐标系中的一点 (x,y) 在极坐标系中变为一条正弦曲线，$\theta\in[0,\pi]$。可以证明，直角坐标系中直线上的点经过 Hough 变换后，它们的正弦曲线在极坐标系中有一个公共交点。也就是说，极坐标系中的点 (ρ,θ) 对应于直角坐标系中的一条直线，而且它们是一一对应的。

为了检测出直角坐标系中由点所构成的直线，可以将极坐标系量化成许多小格，根据直角坐标系中每个点的坐标 (x,y)，在 $\theta\in[0,\pi]$ 内以小格的步长计算出各个 ρ 值，所得值落在某个小格内，便使该小格的累加计数器加 1。当直角坐标系中全部的点都变换后，对小格进行检验，计数值最大的小格，其 (ρ,θ) 值对应于直角坐标系中的所求直线。

2.5.2 MATLAB 中的 Hough 变换函数

MATLAB 工具箱提供了计算 Hough 变换的函数 hough、houghpeaks 与 houghlines。下面分别介绍并给出实例说明这些函数的用法。

1）hough 函数

hough 函数可以实现 Hough 变换，其基本调用格式如下：

```
① [ H, theta, rho]= hough(BW)
② [ H, theta, rho]= hough(BW, 'RhoResolution',val1, 'ThetaResolution', val2)
```

其中，BW 为二值图像；'ThetaResolution'为 Hough 变换的 theta 轴间隔，其值为[0,90]中的实数值，缺省时，该值取 1；'RhoResolution'为 Hough 变换的 rho 轴间隔，其值在 0 到图像像素个数之间，缺省时，该值取 1。

2）houghpeaks 函数

houghpeaks 函数用来在 Hough 变换后的矩阵中寻找最值，该最值可以定位直线段，该函数的调用格式如下：

```
① peaks = houghpeaks (H, numpeaks)
② peaks = houghpeaks (..,'threshold',val1, 'nhood', val2)
```

第一种调用格式中，H 代表了 $\theta\rho$ 空间，是由 hough 函数计算得到的；numpeaks 指定要寻找多少个峰值。第二种调用格式中，'threshold'为阈值；'nhood'是一个二维向量[m,n]，检测到一个峰值后，将峰值周围[m,n]内的元素置零。

3）houghlines 函数

houghlines 函数用来绘制找到的直线段，其调用格式为

```
① lines= houghlines (BW, theta, rho, peaks);
② lines= houghlines (..., 'FillGap' ,val1, 'MinLength', val2)
```

其中，BW 为输入的二值图像；theta 和 rho 为角度和距离向量；peaks 为 houghpeaks 函数返回的极值点的坐标；FillGap 为合并的阈值，如果对应于 Hough 矩阵某一个单元格的两个线段之间的距离小于 FillGap，则把线段合并为一个直线段，默认值为 20；'MinLength'为检测出的直线段的最小长度阈值，如果检测出的直线段的长度大于此阈值，则保留，否则丢弃，默认值为 40；lines 是返回的结构数组，包含直线段的端点信息。

【例 2.9】 使用 Hough 变换进行直线段检测和连接。

```
% 清空环境变量
clc
clear all
I = imread('circuit.tif');              % 载入原始图像
rotI = imrotate(I,33,'crop');           % 对图像进行旋转处理
BW = edge(rotI,'canny');                % 为了取得更好的 Hough 变换，提取图像轮廓
[H,T,R] = hough(BW);                    % 对轮廓进行变换
imshow(H,[],'XData',T,'YData',R,'InitialMagnification','fit');
xlabel('\theta'), ylabel('\rho');
axis on, axis normal, hold on;
P = houghpeaks(H,5,'threshold',ceil(0.3 * max(H(:))));
                                        % 返回变换后矩阵中较大的 5 个点
x = T(P(:,2));
y = R(P(:,1));
```

```
plot(x,y,'s','color','white');
lines = houghlines(BW,T,R,P,'FillGap',5,'MinLength',7);
                                        % 提取直线段的端点
figure, imshow(rotI), hold on
max_len = 0;
for k = 1:length(lines)
    xy = [lines(k).point1; lines(k).point2];
    plot(xy(:,1),xy(:,2),'LineWidth',2,'Color','green');
    % 绘制直线段的开头和结尾
    plot(xy(1,1),xy(1,2),'x','LineWidth',2,'Color','yellow');
    plot(xy(2,1),xy(2,2),'x','LineWidth',2,'Color','red');
    % 检测最长直线段的终点
    len = norm(lines(k).point1 - lines(k).point2);
    if ( len > max_len)
        max_len = len;
        xy_long = xy;
    end
end
```

程序运行结果如图 2.18 所示。

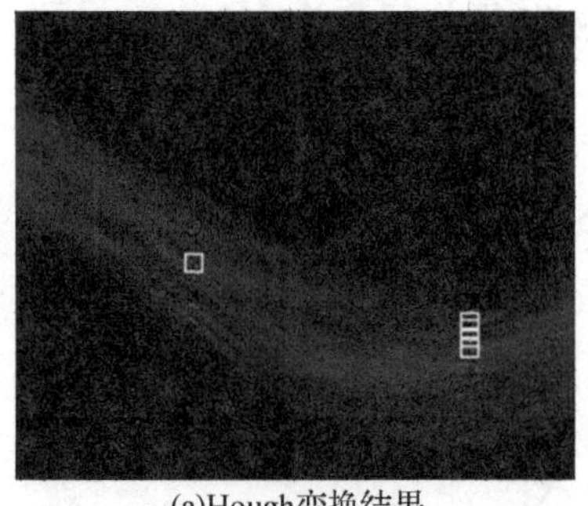

(a)Hough变换结果

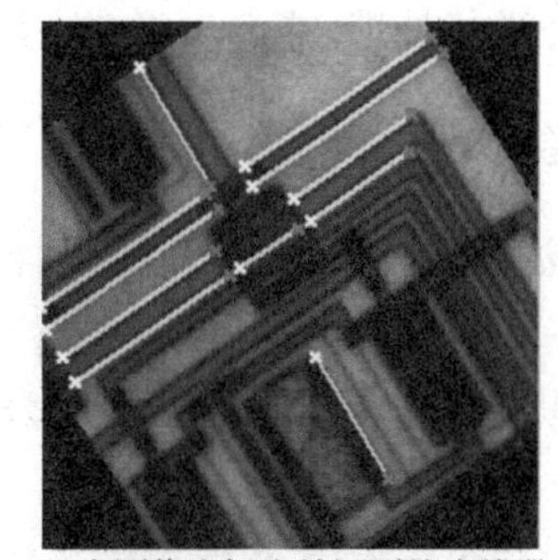

(b)在图像中标出检测到的直线段

图 2.18　利用 Hough 变换检测图像中的直线段

从图中可以看出，图像中包含了大量的直线段，利用阈值取舍，可得到其最终的检测结果。但是为了得到较好的结果，我们必须多次调整检测的阈值。

2.6　小结

图像域变换中，除了本章介绍的小波变换、离散傅里叶变换、离散余弦变换、Hough 变换和 Radon 变换外，常见的还有离散正弦变换（DST）、离散哈特利变换（DHT）、K－L 变换、SVD 分解等变换方法，考虑到篇幅问题，这里不再一一介绍。Hough 变换和 Radon 变换在图像特征提取和检测中具有重要作用，读者一定要牢牢掌握。

第 3 章　图像增强

图像增强指增强图像中的有用信息，其目的是针对给定图像的应用场合，改善图像的视觉效果。图像增强包括图像对比度改善、直方图修正、图像去噪、图像锐化以及彩色增强等。在实际的应用中，既可以采用单一的图像处理方法进行图像增强，也可以采用多种方法来达到预期的效果。因此，图像增强技术大多属于试探式和面向问题的。本章重点介绍关于空域滤波增强和频域滤波增强的 MATLAB 实现。

3.1　线性滤波增强

滤波是一种图像增强技术，可以将图像的某些特征强化而使某些特征弱化或消除。通过图像滤波可以实现图像的光滑、锐化和边缘检测。线性滤波可以说是最基本的图像处理方法，它对图像进行处理，能产生很多不同的效果，操作很简单。

3.1.1　卷积算子

对图像和滤波矩阵（也称卷积核）进行逐个元素相乘再求和的操作就相当于将一个二维函数移动到另一个二维函数的所有位置，这个操作就叫作卷积或者协相关。卷积和协相关的差别是，卷积需要先对滤波矩阵进行 180°的翻转，但如果矩阵是对称的，那么两者就没有什么差别了。

例如，假设一个图像 A 和卷积核 h 如下所示：

$$A=\begin{bmatrix} 17 & 24 & 1 & 8 & 15 \\ 23 & 5 & 7 & 14 & 16 \\ 4 & 6 & 13 & 20 & 22 \\ 10 & 12 & 19 & 21 & 3 \\ 11 & 13 & 25 & 2 & 9 \end{bmatrix} \qquad h=\begin{bmatrix} 8 & 1 & 6 \\ 3 & 5 & 7 \\ 4 & 9 & 2 \end{bmatrix}$$

根据卷积的定义得到滤波后的图像表达式为

$$g(i,j)=A*h=\sum_{k,l}A(i-k,j-l)h(k,l)=\sum_{k,l}A(k,l)h(i-k,j-l) \tag{3.1}$$

滤波后图像的各个像素按照下列步骤计算获得：

(1) 将卷积核围绕中心旋转 180°。

(2) 滑动卷积核，使其中心位于输入图像 A 的 (i,j) 像素上。

(3) 利用式(3.1)求和，得到输出图像 g 的 (i,j) 像素值。

(4) 重复上述操作，直到求出输出图像的所有像素值。

下面以输入图像的像素点(2,4)为例说明卷积的计算过程。第一步，将卷积核绕其中心元素5旋转180°；第二步，将旋转后的卷积核平移，使其中心元素与像素点(2,4)重合；第三步，将卷积核元素与输入图像的对应像素相乘；第四步，将以上各项相乘的结果相加，得到卷积结果575，如下所示：

$1\times2+8\times9+15\times4+7\times7+14\times5+16\times3+13\times6+20\times1+22\times8=575$

具体算法如图3.1所示。

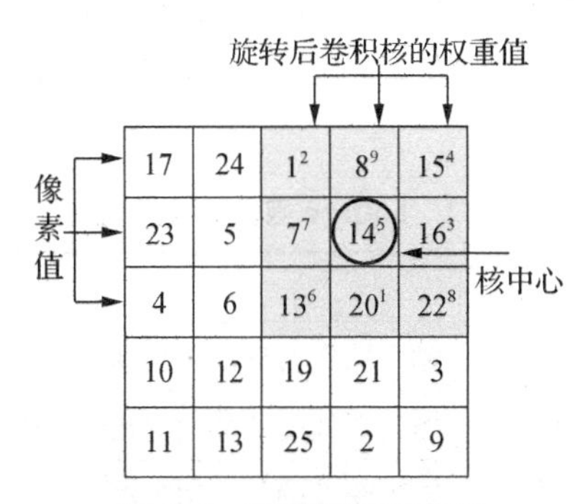

图3.1　卷积算法示意图

3.1.2　相关算子

相关操作与卷积操作类似，也是求邻域内点的加权和，加权矩阵为相关核，不同的是在相关操作中，加权矩阵不需要旋转180°。对于图像A和相关核h，根据相关的定义得到滤波后的图像表达式为

$$g(i,j)=A\otimes h=\sum_{k,l}A(i+k,j+l)h(k,l) \tag{3.2}$$

滤波后图像的各个像素按照下列步骤计算获得：

(1) 滑动相关核，使其中心位于输入图像A的(i,j)像素上。

(2) 利用式(3.2)求和，得到输出图像g的(i,j)像素值。

(3) 重复上述操作，直到求出输出图像的所有像素值。

下面以输入图像的像素点(2,4)为例说明相关的计算过程。第一步，将相关核平移，使其中心元素与像素点(2,4)重合；第二步，将相关核元素与图像的对应像素值相乘；第三步，将以上各项相乘的结果相加，得到卷积结果585，如下所示：

$1\times8+8\times1+15\times6+7\times3+14\times5+16\times7+13\times4+20\times9+22\times2=585$

具体算法如图3.2所示：

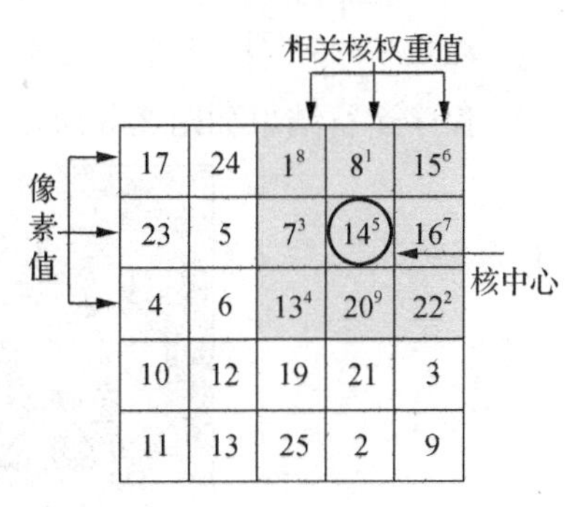

图3.2　相关算法示意图

3.1.3　线性滤波的MATLAB实现

MATLAB所涉及的线性空间滤波，从本质上来说是两个矩阵的卷积或者相关运算，通过相应滤波器(或者称为掩模，实际上也是一个二维矩阵)与图像矩阵进行卷积或者相关运算实现。所有线性滤波都可以使用MATLAB

提供的 imfilter 函数来实现，其调用格式如下：

```
① B = imfilter (A, h)
② B = imfilter (A, h, option1, option2, ...)
```

在第一种调用格式中，A 是输入图像矩阵，可以是任意种类和维度的逻辑或非稀疏数值矩阵；h 是多维滤波器，它表示掩模，可以由用户定义，也可以调用 MATLAB 提供的滤波器；输出结果 B 与 A 具有相同的大小和类型。在第二种调用格式中，option1 指定了滤波器的一些属性，这些参数如表 3.1 所示。

表 3.1 imfilter 函数的参数说明

参数类型	参数值	功能描述
边界选项	X	输入图像的外部边界通过填充 X 来扩展，默认值为 0
	'symmetric'	输入图像的外部边界通过镜像反射其内部边界来扩展
	'replicate'	输入图像的外部边界通过复制内部边界的值来扩展
	'circular'	输入图像的外部边界通过假设输入图像是周期函数来扩展
输出尺寸	'same'	输入图像和输出图像大小相同，这是默认值
	'full'	输出图像比输入图像大
卷积与相关选项	'corr'	滤波实现时使用二维相关操作
	'conv'	滤波实现时使用二维卷积操作

【例 3.1】 使用 imfilter 函数对图片 pepper.png 进行均值滤波。

```
% 清空环境变量
clc
clear all
TimeSignal= imread('pepper.png');                    % 载入原始图像
h= ones(5,5)/25;                                     % 五维滤波器
FilterResult= imfilter(TimeSignal,h);                % 均值滤波
subplot(2,2,1)
imshow(TimeSignal);
subplot(2,2,2)
imshow(FilterResult);
```

程序运行结果如图 3.3 所示。

(a)原始图像

(b)滤波后的图像

图 3.3 滤波前后的图像对比

对比图 3.3(a)与图 3.3(b)发现，滤波后图像变得模糊，这是由于滤波后图像的像素是原图像中大小为 h 的区域的像素均值。

【例 3.2】 比较采用不同边界填充方式的滤波效果。

```
% 清空环境变量
clc
clear all
TimeSignal= imread('pepper.png');                   % 载入原始图像
h= ones(5,5)/25;                                    % 五维滤波器
FilterResult1= imfilter(TimeSignal,h);              % 进行不同填充方式下的滤波
                                                    % 处理
FilterResult2= imfilter(TimeSignal,h,'symmetric');
FilterResult3= imfilter(TimeSignal,h,'replicate');
FilterResult4= imfilter(TimeSignal,h,'circular');
subplot(2,2,1)                                      % 显示滤波结果
imshow(FilterResult1);
subplot(2,2,2)
imshow(FilterResult2);
subplot(2,2,3)
imshow(FilterResult3);
subplot(2,2,4)
imshow(FilterResult4);
```

程序运行结果如图 3.4 所示。

(a)0填充滤波后的图像

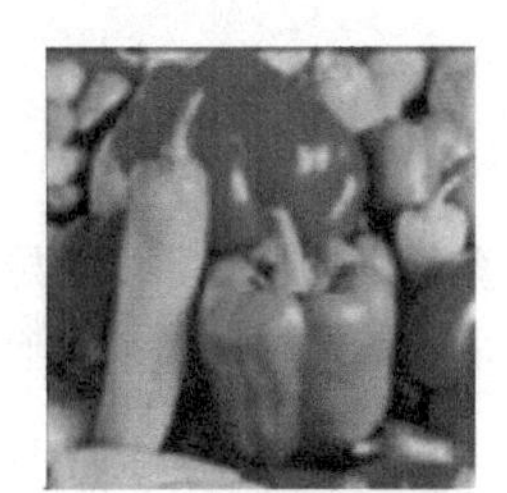
(b)镜像反射填充后的滤波图像

(c)边界复制填充滤波后的图像

(d)周期扩展填充滤波后的图像

图 3.4　采用不同填充方式的滤波效果对比

从图 3.4 可以看出，(a)使用 0 填充边界，滤波后图像含有黑色边界；(b)、(c)和(d)分别选择了其他三种边界填充方式，得到的图像均不含边界。

3.1.4　使用预定义的滤波器对图像滤波

利用 imfilter 函数可以实现任意掩模固定图像的二维空域滤波。例 3.2 中的掩模是由用户自己定义的，用户也可以采用 MATLAB 事先定义好的掩模。MATLAB 工具箱提供了很多常用的滤波器掩模，可以由 fspecial 函数用相关核的方式产生。在用 fspecial 函数创建相关核后，可以直接使用 imfilter 函数对图像进行滤波。fspecial 函数的调用格式如下：

```
① h = fspecial (type )
② h = fspecial (type, parameters)
```

其中，type 为字符串，指定了滤波器掩模类型，其值如表 3.2 所示；parameters 为滤波器掩模

参数;h 为返回的掩模矩阵,其数据类型为 double 型。

表 3.2　fspecial 函数中 type 参数的取值及功能描述

参数值	功能描述
'average'	均值滤波
'disk'	圆周均值滤波
'gaussian'	高斯低通滤波
'laplacian'	二维拉普拉斯滤波
'log'	拉普拉斯高斯滤波
'motion'	运动模糊滤波
'prewitt'	水平边缘增强
'sobel'	水平边缘提取
'unsharp'	钝化对比度增强滤波

【例 3.3】 比较不同滤波器对同一图片 pepper. png 的滤波效果。

```
% 清空环境变量
clc
clear all
TimeSignal= imread('pepper.png');                    % 载入原始图像
h= fspecial('motion',20,45);                         % 运动模糊滤波
MotionFilter= imfilter(TimeSignal,h,'replicate');
h= fspecial('disk',10);                              % 圆周均值滤波
DiskFilter= imfilter(TimeSignal,h,'replicate');
h= fspecial('gaussian',5);                           % 高斯低通滤波
GausFilter= imfilter(TimeSignal,h,'replicate');
subplot(2,2,1)
imshow(TimeSignal);
subplot(2,2,2)
imshow(MotionFilter);
subplot(2,2,3)
imshow(DiskFilter);
subplot(2,2,4)
imshow(GausFilter);
```

程序运行结果如图 3.5 所示,图中分别展示了使用运动模糊滤波器、圆周均值滤波器和高斯低通滤波器对 pepper. png 图像进行滤波的效果,其中(a)为原始图像,(b)为运动模糊滤波后的图像,(c)为圆周均值滤波后的图像,(d)为高斯低通滤波后的图像,可以明显地看出高斯低通滤波器的效果要优于其他两种类型滤波器。

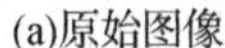
(a)原始图像

(b)运动模糊滤波后的图像

(c)圆周均值滤波后的图像

(d)高斯低通滤波后的图像

图 3.5　不同滤波器的滤波效果对比

3.2　空域滤波增强

空域滤波是基于邻域的增强方法，直接在图像所在的二维空间进行处理，即对每一个像素的灰度值进行处理。它应用某一模板对每个像素与其周围邻域的所有像素进行某种数学运算得到该像素的新灰度值，新灰度值的大小不仅与该像素的灰度值有关，还与其邻域内像素的灰度值有关。

3.2.1　图像噪声的类型

噪声是存在于图像数据中的不必要的或多余的干扰信息，它严重影响了图像的质量，因此在图像增强处理和分类处理之前，必须予以纠正。噪声在理论上可以定义为“不可预测，只能用概率统计方法来认识的随机误差”，因此将图像噪声看作多维随机过程是合适的，所以描述噪声的方法完全可以借用随机过程的描述，即用其概率分布函数和概率密度分布函数来描述。

1）图像噪声的分类

图像中的噪声有多个来源，包括电子元器件，如电阻引起的热噪声；真空器件引起的散粒噪声和闪烁噪声；面结型晶体管产生的颗粒噪声和 1/f 噪声；场效应管产生的沟道热噪声；光电管产生的光量子噪声和电子起伏噪声；摄像管引起的各种噪声等。图像在采集和传输的过程当中必然会受到各种噪声在不同程度上的污染。根据图像和噪声之间的相互关系可以将噪声划分为三种类型：加性噪声、乘性噪声、量化噪声。

（1）加性噪声

加性噪声和原始图像不相关，可以表示为

$$f(x,y)=g(x,y)+n(x,y)$$

假定图像像素为 $g(x,y)$，噪声信号为 $n(x,y)$，则加性噪声 $f(x,y)$ 是将噪声信号和图像像素直接叠加。图像中的加性噪声一般是在图像的传输过程中由信道噪声和 CCD 摄像机对图像数字化产生的。

（2）乘性噪声

乘性噪声和原始图像相关，可以表示为

$$f(x,y)=g(x,y)*n(x,y)$$

图像中的乘性噪声一般是由胶片中的颗粒、飞点扫描图像、电视扫描光栅等原因造成的。

(3) 量化噪声

量化噪声是图像在量化过程中从模拟信号到数字信号所产生的差异,是图像量化过程中的误差。

2) 图像噪声的模型

图像中的噪声根据其概率分布的情况可以分为高斯噪声(Gaussian noise)、椒盐噪声(salt-and-pepper noise)、瑞利噪声(Rayleigh noise)、伽马噪声(Gamma noise)、指数噪声(exponential noise)、泊松噪声(Poisson noise)等形式。

(1) 高斯噪声

高斯噪声是所有噪声当中出现最为广泛的,传感器在低照明度或者高温条件下产生的噪声就属于高斯噪声。高斯噪声的概率密度函数可以表示为

$$P(z)=\frac{1}{\sqrt{2\pi b}}\mathrm{e}^{-(z-a)^2/2b^2} \tag{3.3}$$

高斯噪声的均值和方差分别为 $m=a,\sigma^2=b^2$。通常情况下,平滑滤波或者复原技术可以较好地消除图像中的此类噪声。

(2) 椒盐噪声

椒盐噪声也称为脉冲噪声(impulsive noise),是指图像中出现的噪声值只有两种灰度值。椒盐噪声的概率密度函数为

$$P(z)=\begin{cases}P_a, & z=a\\ P_b, & z=b\\ 0, & \text{其他}\end{cases} \tag{3.4}$$

图像中的灰度值分别为 a 和 b,这两种数值出现的概率分别为 P_a 和 P_b。该噪声的均值和方差分别为 $m=aP_a+bP_b,\sigma^2=(a-m)^2P_a+(b-m)^2P_b$。一般情况下,椒盐噪声主要表现为成像中的短暂停留,如错误的开关操作。中值滤波可以较好地消除图像中的椒盐噪声。

(3) 瑞利噪声

瑞利噪声的概率密度函数为

$$P(z)=\begin{cases}\frac{2}{b}(z-a)\mathrm{e}^{-(z-a)^2/b^2}, & z\geqslant a\\ 0, & z<a\end{cases} \tag{3.5}$$

该噪声的均值和方差分别为 $m=a+\sqrt{\pi b/4},\sigma^2=\frac{b(4-\pi)}{4}$。瑞利噪声在图像范围内特征化噪声现象时非常有用,其消除方法与高斯噪声类似。

(4) 伽马噪声

伽马噪声的概率密度函数为

$$P(z)=\frac{a^bz^{b-1}}{(b-1)!}\mathrm{e}^{-az^2} \tag{3.6}$$

该噪声的均值和方差分别为 $m=\frac{b}{a},\sigma^2=\frac{b}{a^2}$。伽马噪声的分布服从伽马曲线的分布。

伽马噪声的实现需要使用 b 个服从指数分布的噪声叠加而成。

(5) 指数噪声

指数噪声的概率密度函数为

$$P(z)=\begin{cases} a\mathrm{e}^{-az^2}, & z\geqslant 0 \\ 0, & z<0 \end{cases} \tag{3.7}$$

该噪声的均值和方差分别为 $m=1/a, \sigma^2=1/a^2$。指数噪声在激光成像中有一些应用。

(6) 泊松噪声

泊松噪声，就是符合泊松分布的噪声模型，其概率密度函数为

$$P(X=k)=\frac{\lambda^k}{k!}\mathrm{e}^{-\lambda}, k=1,2,\cdots$$

泊松分布适合于描述单位时间内随机事件发生次数的概率分布。该噪声的均值和方差均为 λ。

3) 噪声的 MATLAB 实现

为了模拟不同算法的去噪效果，MATLAB 图像处理工具箱中提供了 imnoise 函数来对一幅图像加入不同类型的噪声。imnoise 函数的调用格式如下：

```
J= imnoise(I, type, parameters)
```

其中，I 为输入的二维或三维图像矩阵，其数据类型不限；type 为字符串，指定了噪声的类型，其值如表 3.3 所示；parameters 为与特定噪声类型相对应的参数。

表 3.3　imnoise 函数中 type 参数的取值及功能描述

参数值	功能描述
'gaussian'	一定均值和方差的高斯噪声
'localvar'	零均值的高斯噪声
'poisson'	泊松噪声
'salt & pepper'	椒盐噪声
'speckle'	乘性噪声

【例 3.4】 比较同一图片加入不同噪声后的效果。

```
% 清空环境变量
clc
clear all
TimeSignal= imread('rice.png');
GuasSignal= imnoise(TimeSignal,'gaussian',0,0.1);
                        % 加入均值为 0,方差为 0.1 的高斯噪声
SaltSignal= imnoise(TimeSignal,'salt & pepper',0.1);
                        % 加入噪声密度为 0.1 的椒盐噪声
PoissonSignal= imnoise(TimeSignal,'poisson');
                        % 加入泊松噪声,而不是人为加入噪声
% 显示原始图像以及加入上述噪声后的图像
```

```
subplot(2,2,1)
imshow(TimeSignal);
subplot(2,2,2)
imshow(GuasSignal);
subplot(2,2,3)
imshow(SaltSignal);
subplot(2,2,4)
imshow(PoissonSignal);
```

程序运行结果如图3.6所示。

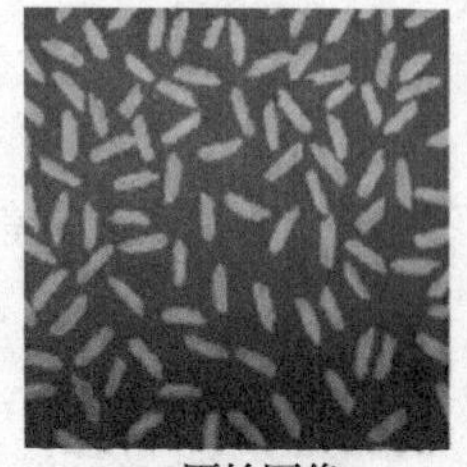
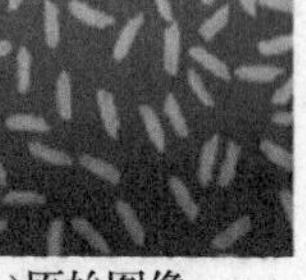

(a)原始图像

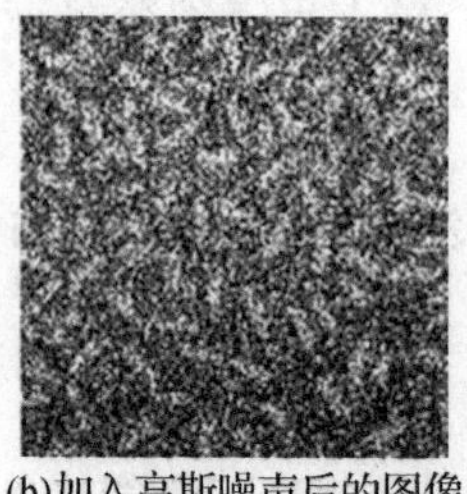

(b)加入高斯噪声后的图像

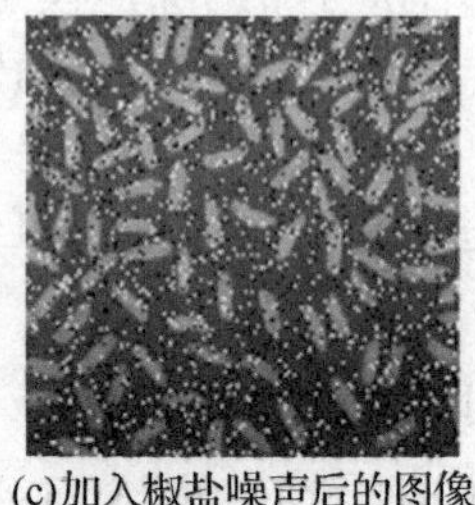

(c)加入椒盐噪声后的图像

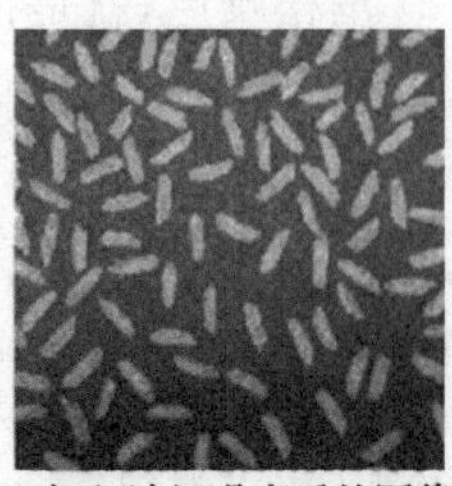

(d)加入泊松噪声后的图像

图3.6　加入不同噪声的效果对比

从图3.6可以看出,椒盐噪声的强度最大,但是噪声分布最稀松;高斯噪声和泊松噪声的分布比较密,但是高斯白噪声的强度比泊松噪声的强度大。

3.2.2　中值滤波器

中值滤波器的原理类似于均值滤波器,它使用的是一种非线性数字滤波器技术,经常用于去除图像或者其他信号中的噪声。中值滤波器的设计思想是对输入信号采样并判断它是否代表了信号,使用奇数个样本组成的观察窗来实现这项功能。对观察窗中的数值进行排序,把位于观察窗中间的中值作为输出。然后,丢弃最早的值,取得新的采样值,再重复前面的计算过程。在MATLAB中,实现中值滤波的函数是medfilt2,其调用格式如下:

```
① B = medfilt2 (A, [M,N])
② B = medfilt2(A)
```

其中,A为输入图像;[M,N]是邻域的大小,默认值是[3,3];B是返回的中值滤波后的图像。

【例3.5】　采用窗口尺寸为[3,3]的中值滤波器对同一图片的不同噪声进行去噪处理,并比较处理结果。

```
TimeSignal= imread('rice.png');
GuasSignal= imnoise(TimeSignal,'gaussian',0,0.1);
                                % 加入均值为0,方差为0.1的高斯噪声
SaltSignal= imnoise(TimeSignal,'salt & pepper',0.1);
                                % 加入噪声密度为0.1的椒盐噪声
FGSignal= medfilt2(GuasSignal,[3 3]);
                                % 用[3,3]滤波器做中值滤波器
FSSignal= medfilt2(SaltSignal,[3 3]);
```

```
subplot(2,2,1)                   % 显示含噪声的原图及滤波后的图像
imshow(GuasSignal);
subplot(2,2,2)
imshow(SaltSignal);
subplot(2,2,3)
imshow(FGSignal);
subplot(2,2,4)
imshow(FSSignal);
```

(a)含高斯噪声的图像

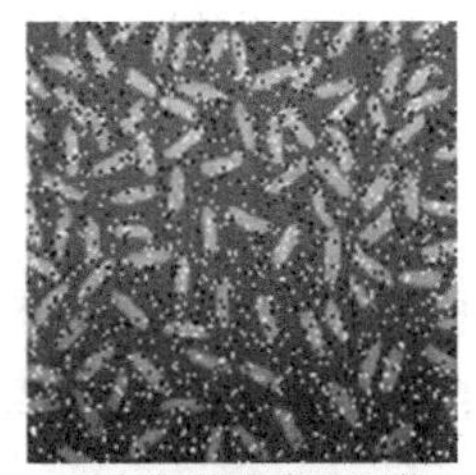
(b)含椒盐噪声的图像

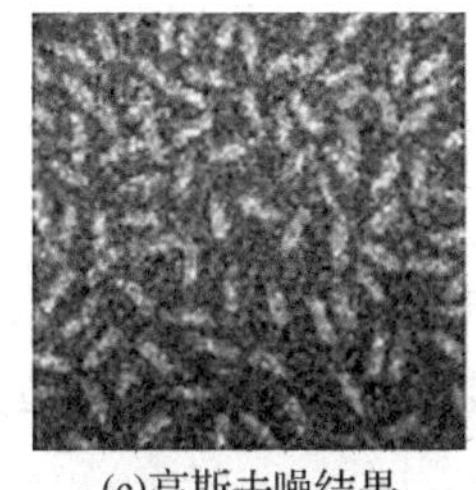
(c)高斯去噪结果

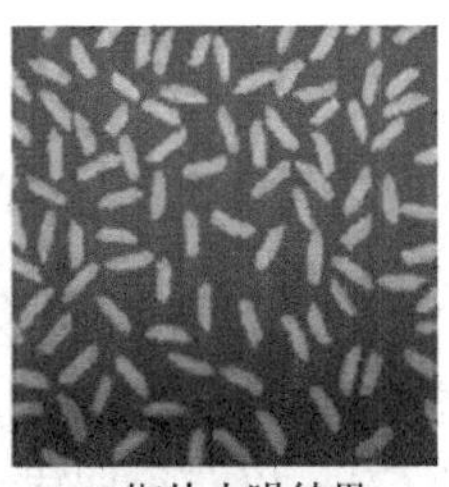
(d)椒盐去噪结果

图 3.7 不同噪声去噪效果对比

程序运行结果如图 3.7 所示,可以看出,中值滤波器对椒盐噪声的去噪效果比较好,但是对高斯噪声的去噪效果并不理想。

【例 3.6】 比较采用不同窗口尺寸的中值滤波器对同一图片的不同噪声进行去噪处理的结果。

```
TimeSignal= imread('rice.png');
GuasSignal= imnoise(TimeSignal,'gaussian',0,0.1);
                                            % 加入均值为 0,方差为 0.1 的高斯噪声
SaltSignal= imnoise(TimeSignal,'salt & pepper',0.1);
                                            % 加入噪声密度为 0.1 的椒盐噪声
FGSignal1= medfilt2(GuasSignal,[3 3]);      % 滤波器窗口设置为[3 3]
FGSignal2= medfilt2(GuasSignal,[5 5]);      % 滤波器窗口设置为[5 5]
FSSignal1= medfilt2(SaltSignal,[3 3]);
FSSignal2= medfilt2(SaltSignal,[5 5]);
subplot(2,3,1)
imshow(GuasSignal);
subplot(2,3,2)
imshow(FGSignal1);
subplot(2,3,3)
imshow(FGSignal2);
subplot(2,3,4)
imshow(SaltSignal);
subplot(2,3,5)
imshow(FSSignal1);
subplot(2,3,6)
imshow(FSSignal2);
```

程序运行结果如图 3.8 所示,可以看出,中值滤波器对椒盐噪声的去噪效果很理想,而对于高斯噪声,选用窗口尺寸为[5 5]的滤波器的去噪效果要好于窗口尺寸为[3 3]的滤波

器，但图像的模糊程度加重。

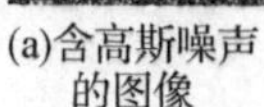
(a)含高斯噪声的图像

(b)[3 3]窗口高斯去噪结果

(c)[5 5]窗口高斯去噪结果

(d)含椒盐噪声的图像

(e)[3 3]窗口椒盐去噪结果

(f)[5 5]窗口椒盐去噪结果

图 3.8　不同窗口尺寸滤波器的去噪效果比较

3.2.3　自适应滤波器

自适应滤波器是指根据环境的改变，使用自适应算法来改变滤波器参数和结构的滤波器。自适应滤波器的系数是由自适应算法更新的时变系数，即其系数自动连续地适应于给定信号，以获得期望响应。

MATLAB 图像处理工具箱提供了 wiener2 函数来实现根据图像的局部变化对图像进行自适应维纳滤波。当图像局部变化大的时候，wiener2 函数进行比较小的平滑；当图像局部变化小的时候，wiener2 函数进行比较大的平滑。

使用 wiener2 函数进行滤波会产生比线性滤波更好的效果，因为自适应滤波器保留了图像的边界和高频分量，但它比线性滤波要花费更多的时间。当噪声是加性噪声，如高斯噪声的时候，wiener2 函数的滤波效果最好。wiener2 函数的调用格式如下：

```
① B = wiener2 (A, [M N])
② B = wiener2 (A, [M N],noise)
③ [B,noise] = wiener2 (A, [M N])
```

其中，格式①返回有噪声图像 A 经过维纳滤波后的图像，[M N]表示滤波器窗口尺寸，默认为[3 3]；格式②中还指定了噪声的功率；格式③在滤波的同时，还返回噪声功率的估计值 noise。

【例 3.7】　对含有高斯噪声的图像进行自适应去噪。

```
TimeSignal= imread('rice.png');
GuasSignal= imnoise(TimeSignal,'gaussian',0,0.1);
                                          % 加入均值为 0,方差为 0.1 的高斯白噪声
FGSignal= wiener2(GuasSignal,[5 5]);      % 进行窗口尺寸为[5 5]的维纳滤波
subplot(2,3,1)
imshow(TimeSignal);
subplot(2,3,2)
imshow(GuasSignal);
subplot(2,3,3)
imshow(FGSignal);
```

程序运行结果如图 3.9 所示。

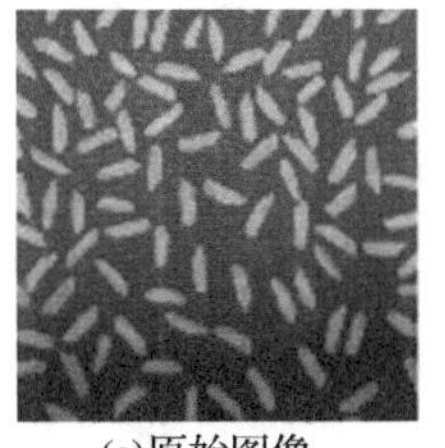

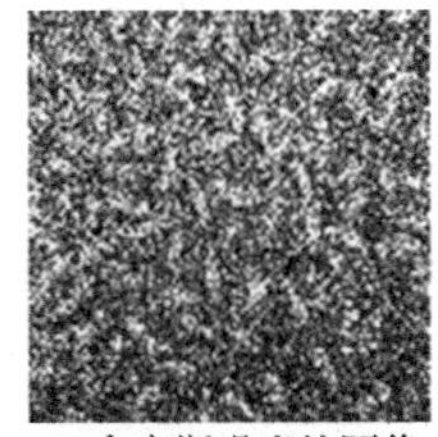

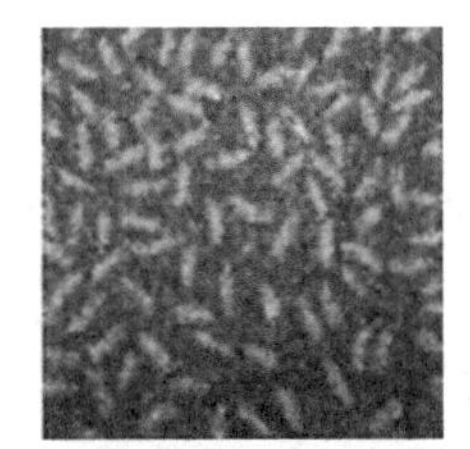

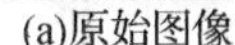

(a)原始图像　(b)含高斯噪声的图像　(c)[5 5]窗口维纳滤波后的图像

图 3.9　采用自适应维纳滤波前后的图像对比

3.3　频域滤波增强

频域增强是利用图像变换方法将原来图像空间中的图像以某种形式转换到其他空间中，然后利用该空间的特有性质方便地进行图像处理，最后再将其转换回原来的图像空间中，从而得到处理后的图像。

两个函数 $f(x,y)$与 $h(x,y)$卷积的结果是 $g(x,y)$，即 $g(x,y)=f(x,y)*h(x,y)$。由前面介绍的卷积定理可知，时域的卷积等效为频域的乘法，即 $f(x,y)*h(x,y)=H(u,v)F(u,v)$，其中，$H(u,v)$和 $F(u,v)$分别为 $h(x,y)$和 $f(x,y)$的傅里叶变换，$H(u,v)$为滤波器传递函数。因此，卷积定理就是整个频域滤波的基础，卷积的概念在第 5 章中也做了阐述。

频域滤波的关键是选择一个合适的滤波器传递函数。频域滤波的基本操作步骤是：

(1) 计算原始图像 $f(x,y)$的傅里叶变换 $F(u,v)$。

(2) 将频谱 $F(u,v)$的零频点移动到频谱图的中心位置。

(3) $F(u,v)$乘以滤波传递函数 $H(u,v)$，得到 $G(u,v)$。

(4) 将 $G(u,v)$的零频点移回到频谱图的左上角位置。

(5) 对 $G(u,v)$进行傅里叶逆变换，得到 $g(x,y)$。

(6) 取 $g(x,y)$的实部作为最终滤波后的结果图像。

将 $g(x,y)$视为 $f(x,y)$经过频域滤波后的图像。常用的图像增强方法有低通滤波、高通滤波、带通带阻滤波和同态滤波，MATLAB 提供了专门用于频域滤波的函数。

3.3.1　低通滤波

从频域看，低通滤波可以对图像进行平滑去噪处理。低通滤波器可以让频域图像中心区域所代表的低频分量通过，抑制图像周围区域所代表的高频分量。所有的低通滤波器都需要用到一个参数，即频率点(u,v)与频率中心的距离，其表达式为

$$D(u,v)=[(u-M/2)^2+(v-N/2)^2]^{1/2} \tag{3.8}$$

其中，M 和 N 为频域图像的尺寸。低通滤波器根据频率点与频率中心的距离 $D(u,v)$来决定频率的抑制程度。常用的低通滤波器有巴特沃思低通滤波器、椭圆滤波器等。

1) 理想低通滤波器

理想低通滤波器的传递函数为

$$H(u,v)=\begin{cases}1, & D(u,v)\leqslant D_o \\ 0, & \text{其他}\end{cases} \tag{3.9}$$

其中，D_o 为截止频率，所有频率分量可以无衰减地通过半径为 D_o 的圆内，而圆外的所有频率分量都被滤除。滤波器有平滑图像的作用，但这样的频域滤波器的振铃效应比较严重。

2）巴特沃思低通滤波器

n 阶巴特沃思低通滤波器的传递函数为

$$H(u,v)=\frac{1}{1+[D(u,v)/D_o]^{2n}} \tag{3.10}$$

其中，D_o 为截止频率；n 为巴特沃思低通滤波器的阶数，取正整数，n 越大，越接近理想低通滤波器，其衰减速度也越快。

【例 3.8】 比较不同阶数巴特沃思低通滤波器对图片 pepper.png 的去噪效果。

```
TimeSignal= imread('pepper.png');
TimeSignal= imnoise(TimeSignal,'salt & pepper',0.01);% 加入椒盐噪声
figure
imshow(TimeSignal)
FftSignal= fft2(double(TimeSignal));                  % 对信号做傅里叶变换
FftSSignal= fftshift(FftSignal);
[N1,N2]= size(FftSSignal);
d0= 30;                                               % 截止频率
u0= round(N1/2);
v0= round(N2/2);
for n= 1:5:20;                                        % 阶数,分别为 1,6,11,16
    for i= 1:N1;
        for j= 1:N2;
            d= sqrt((i- u0)^2+ (j- v0)^2);
            h= 1/(1+ 0.414 * (d/d0)^(2 * n));         % 构造滤波器
            Y(i,j)= h * FftSSignal(i,j);              % 得到增强后图像的傅里叶变换
        end
    end
    Y= ifftshift(Y);
    y= ifft2(Y);                                      % 对其进行傅里叶逆变换
    outsignal= uint8(real(y));
    figure
    imshow(outsignal);
    title(['n= ' num2str(n)])
end
```

程序运行结果如图 3.10 所示。可以看出，经过巴特沃思低通滤波后，噪声点被有效地去除了。但是，增强后的图像已经变得模糊了，并能明显地发现有振铃效应，n 越大，振铃效应越明显。事实上，当 n 趋向于无穷大时，巴特沃思低通滤波器就成了理想低通滤波器。

(a)n=1

(b)n=6

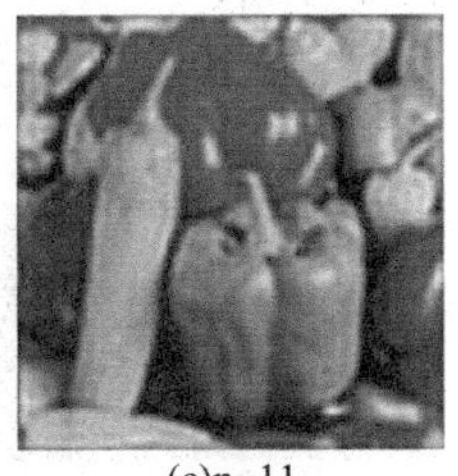
(c)n=11

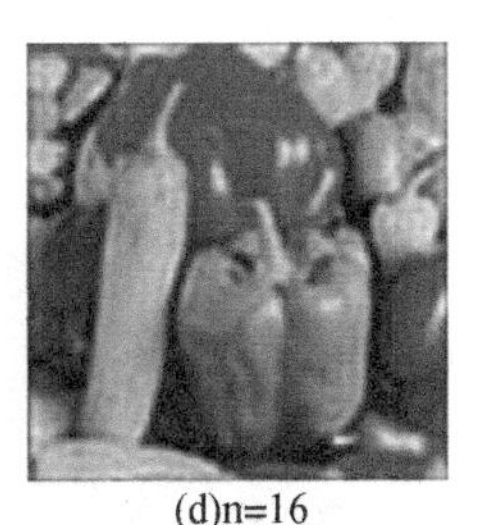
(d)n=16

图3.10 不同阶数巴特沃思低通滤波器的效果对比

3.3.2 高通滤波

高通滤波和低通滤波恰好相反,它滤掉了低频分量,保留了高频分量,即保留了边界信息,可视为一种特殊的图像增强操作。本节重点介绍典型的高通滤波器,如巴特沃思高通滤波器的原理和应用。

1) 理想高通滤波器

最理想的高通滤波器直接“截断”离散傅里叶变换的低频分量,仅使频率在指定频率 D_0 以上的高频分量通过。理想高通滤波器的传递函数为

$$H(u,v)=\begin{cases}1, & D(u,v)\geqslant D_0\\0, & 其他\end{cases} \tag{3.11}$$

【例3.9】 比较采用理想高通滤波器以不同截止频率对图片 pepper. png 去噪的效果。

```
TimeSignal= imread('pepper.png');
[N1,N2]= freqspace(size(TimeSignal),'meshgrid');        % 生成频率序列矩阵
figure
imshow(TimeSignal)
TimeSignal= double(TimeSignal);
FftSignal= fft2(TimeSignal);                             % 对信号做傅里叶变换
FftSSignal= fftshift(FftSignal);                         % 频谱搬移
h= ones(size(TimeSignal));                               % 构造滤波器大小
d= sqrt(N1^2+ N2^2);                                     % 构造滤波器的决策函数
for r= 0.1:0.2:0.5;
   h(d< r)= 0;                                           % 构造滤波器,半径 d< r
   Y= h.* FftSSignal;                                    % 滤波
   Y= ifftshift(Y);
   y= ifft2(Y);
   outsignal= uint8(real(y));
   figure
   imshow(outsignal);
   title(['r= ' num2str(r)])
end
```

(a)原始图像

(b)r=0.1

(c)r=0.3

(d)r=0.5

图 3.11　不同截止频率理想高通滤波器的效果对比

程序运行结果如图 3.11 所示，可以看出，对图像进行高通滤波后，图像仅保留了边缘信息，而平滑的低频部分全部被过滤掉了，这和低通滤波刚好相反。由于滤波器的不连续性，图中还有明显的振铃效应，这点和理想低通滤波器是相同的。

2）巴特沃思高通滤波器

截止频率为 D_0 的 n 阶巴特沃思高通滤波器的传递函数为

$$H(u,v)=\frac{1}{1+[D_0/D(u,v)]^{2n}} \tag{3.12}$$

同低通滤波器的情况一样，可以认为巴特沃思高通滤波器比理想高通滤波器更平滑，它在通过和滤掉的频率之间没有不连续的分界，因此用巴特沃思高通滤波器得到的输出图像的振铃效应不明显。

【例 3.10】 比较不同阶数巴特沃思高通滤波器对图片 pepper.png 的滤波效果。

```
TimeSignal= imread('pepper.png');
figure
imshow(TimeSignal)
FftSignal= fft2(double(TimeSignal));                    % 对信号做傅里叶变换
FftSSignal= fftshift(FftSignal);
[N1,N2]= size(FftSSignal);
d0= 30;                                                 % 截止频率
u0= round(N1/2);
v0= round(N2/2);
for n= 6:5:20;                                          % 阶数,分别为 6,11,16
    for i= 1:N1;
        for j= 1:N2;
            d= sqrt((i- u0)^2+ (j- v0)^2);
            if(d= = 0)                                  % 构造滤波器
                h= 0;
            else
                h= 1/(1+ 0.414 * (d0/d)^(2 * n));
            end
            Y(i,j)= h * FftSSignal(i,j);                % 得到增强后图像的傅里叶变换
        end
    end
    Y= ifftshift(Y);
    y= ifft2(Y);                                        % 对其进行傅里叶逆变换
    outsignal= uint8(real(y));
```

```
    figure
    imshow(outsignal);
    title(['n= ' num2str(n)])
end
```

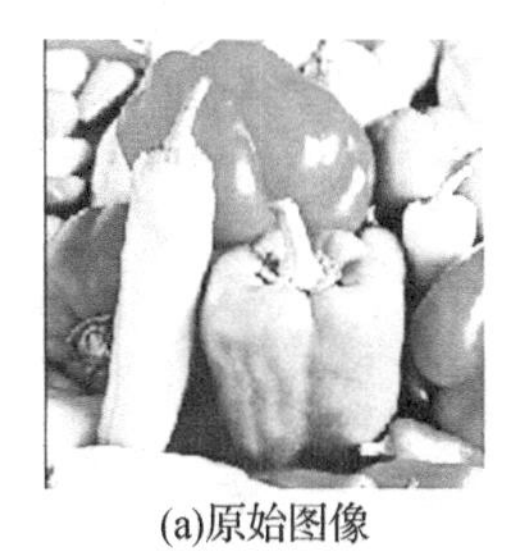
(a)原始图像

(b)n=6

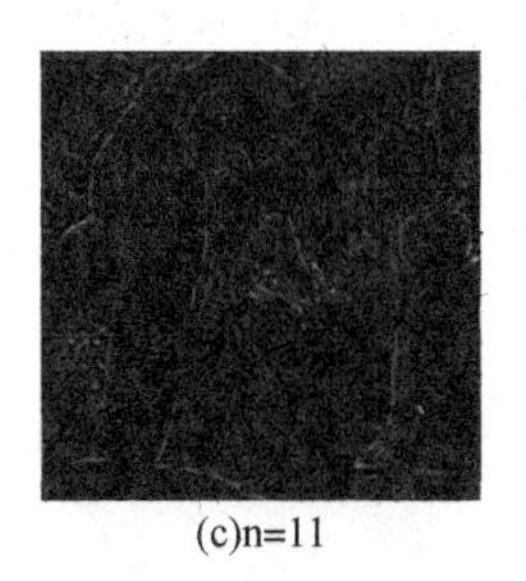
(c)n=11

(d)n=16

图 3.12　不同阶数巴特沃思高通滤波器的效果对比

程序运行结果如图 3.12 所示，可以看出，相对于理想高通滤波器而言，巴特沃思高通滤波器几乎没有产生振铃效应，而且图像的高频部分比较突出。

3.3.3　同态滤波

同态变换一般是指通过某种变换将非线性组合信号变成线性组合信号，从而可以更方便地运用线性操作对信号进行处理。所谓非线性组合信号，举例来说，比如 $z(t)=x(t)\cdot y(t)$，两个信号相乘得到组合信号，由于时域相乘等价于频域卷积，所以无法在频域将其分开。但是我们可以应用一个 log 算子对两边取对数，则有：$\log(z(t))=\log(x(t))+\log(y(t))$，这样一来，就变成了线性组合信号，$\log(x(t))$和 $\log(y(t))$ 时域相加，所以频域也是相加的关系。如果它们的频谱位置不同，就可以在傅里叶变换后较好地分开，以便分别进行后续操作，比如应用高通滤波器、低通滤波器或者其他手工设计的滤波器等进行处理，然后对结果进行傅里叶逆变换，再取指数，就可以得到最终的处理结果。

同态滤波是一种广泛用于信号和图像处理的技术，它将原本的信号经由非线性映射，转换到可以使用线性滤波器的不同域，做完运算后再映射回原始域。在图像处理中，常常遇到动态范围很大但是暗区的细节又不清楚的情况，此时我们希望在增强暗区细节的同时不损失亮区细节。一般来说，可以将图像 $f(x,y)$建模成照射强度(illumination)函数 $i(x,y)$ 和反射强度(reflection)函数 $r(x,y)$的乘积，所以有：$f(x,y)=i(x,y)r(x,y)$。

一般来说，自然图片的光照是均匀渐变的，所以 i 应该是低频分量，而不同物体对光的反射是具有突变的，所以 r 是高频分量。现在我们对两边取对数并做傅里叶变换，得到线性组合的频域，如下所示：

$$\ln f(x,y)=\ln i(x,y)+\ln r(x,y) \tag{3.13}$$

$$FFT(\ln f(x,y))=FFT(\ln i(x,y))+FFT(\ln r(x,y)) \tag{3.14}$$

我们希望对低频分量进行压制，这样就降低了动态范围；对高频分量进行提高，这样就增强了图像的对比度。

首先，将图像的傅里叶变换送入一个滤波器，即同态滤波器，其传递函数为 $H(u,v)$，则相应的输出为

$$S(u,v)=H(u,v)Z(u,v)=H(u,v)I(u,v)+H(u,v)R(u,v)$$

然后，对 $S(u,v)$ 做傅里叶逆变换，再取指数，则可得到最终的处理结果，即

$$g(x,y)=\exp(F^{-1}\{S(u,v)\})=i_0(x,y)r_0(x,y) \tag{3.15}$$

其中，$i_0(x,y)$ 和 $r_0(x,y)$ 分别为输出图像的照射分量和反射分量。

【例 3.11】 采用同态滤波器对图片 Couple. bmp 进行滤波处理。

```
TimeSignal= imread('Couple.bmp');
figure
imshow(TimeSignal)
title('原始图像')
% 滤波器系数
f_high= 1;
f_low= 0.6;
% 构造高斯低通滤波器
gauss_low_filter= fspecial('gaussian',[7 7],1.414);
matsize= size(gauss_low_filter);
% 由于同态滤波器要滤出高频部分
% 将高斯低通滤波器转换成高通滤波器
gauss_high_filter= zeros(matsize);
gauss_high_filter(ceil(matsize(1,1)/2),ceil(matsize(1,2)/2))= 1.0;
gauss_high_filter= f_high * gauss_high_filter- (f_high- f_low) * gauss_high_filter;
% 利用对数变换将照射光和反射光部分分开
log_I= log(double(TimeSignal));
% 将高斯高通滤波器与对数变换后的图像卷积
high_log_part= imfilter(log_I,gauss_high_filter,'symmetric','conv');
% 显示卷积后的图像
figure(2),imshow(high_log_part,[]);
title('高频部分图像')
% 由于被处理的图像是经过对数变换的，利用指数变换将图像恢复
high_part= exp(high_log_part);
minv= min(min(high_part));
maxv= max(max(high_part));
figure(3)
imshow((high_part- minv)/(maxv- minv));
title('同态滤波图像')
```

(a)原始图像

(b)高频部分图像

(c)同态滤波后的图像

图 3.13　同态滤波示例

程序运行结果如图 3.13 所示，可以明显看出，经过同态滤波处理后，图像亮度较暗的区

域变得可见，而高亮区域也变得更加清晰，对比度增加，同态滤波有效地改善了图像的视觉效果。

3.4　彩色增强

人的视觉系统对彩色相当敏感，人眼一般能区分的灰度级只有二十多个，而对不同亮度和色调的彩色图像的分辨能力却可达到灰度分辨能力的百倍以上。彩色增强就是根据人眼的这个特点，将彩色用于图像增强之中，从而提高图像的可分辨性。常见的彩色增强技术主要有真彩色增强和伪彩色增强两大类。

3.4.1　真彩色增强

在图像的自动分析中，彩色是一种能简化目标提取和分类的重要参量。在彩色图像处理中，选择合适的彩色模型是很重要的。例如，摄像机和彩色扫描仪都是根据RGB模型工作的。HSI模型反映了人的视觉系统观察彩色的方式，使用非常接近于人对彩色的感知方式来定义彩色。对于图像处理来说，这种模型的优势在于将颜色信息和灰度信息分开了，其中，色调（Hue）分量（H分量）描述一种纯色的颜色属性（如红色、绿色、黄色）；饱和度（Saturation）分量（S分量）描述一种纯色被白光稀释的程度，也可以理解为颜色的浓淡程度（如深红色、淡绿色）；亮度（Intensity）分量（I分量）描述颜色的亮暗程度。

真彩色增强主要有4种。

（1）对HSI图像的亮度增强，操作步骤为：

① 将RGB图像转换为HSI图像；

② 利用对灰度图增强的方法增强其中的I分量；

③ 将结果转换为RGB图像。

（2）对HSI图像的饱和度增强，操作步骤为：

① 将RGB图像转化为HSI图像；

② 增强其中的S分量；

③ 将结果转换为RGB图像。

（3）对HSI图像的亮度和饱和度增强，操作步骤为：

① 将RGB图像转换为HSI图像；

② 增强其中的I与S分量；

③ 将结果转换为RGB图像。

（4）直接对RGB图像增强，操作步骤为：

① 将RGB图像分解为R、G、B三分量图；

② 分别对R、G、B三基色进行直方图修正；

③ 增强后再合成RGB图像。

真彩色增强的算法流程如图3.14所示。

【例3.12】　对真彩色图像BaboonRGB.tif进行颜色调整。

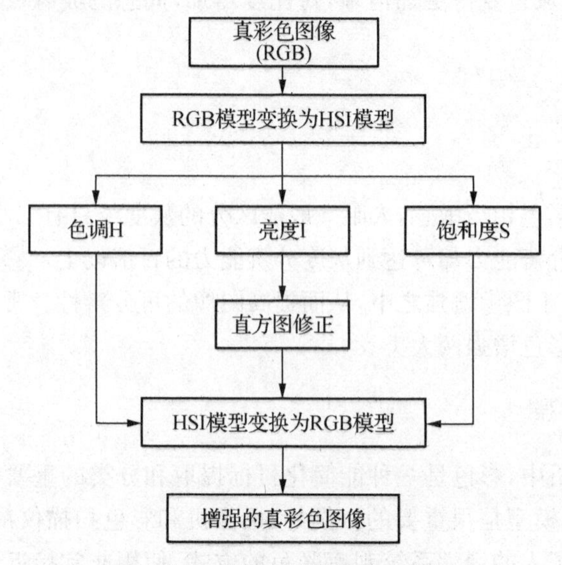

图 3.14　真彩色增强的算法流程

```
TimeSignal= imread('BaboonRGB.tif');
Hsvsignal= rgb2hsv(TimeSignal);
subplot(2,2,1)
imshow(Hsvsignal)
title('原始图像')
HsvadjustSignal= imadjust(Hsvsignal,[.2 .3 0;.6 .7 1],[0 0 0;1 1 0]);
% 将 V 分量置 0
subplot(2,2,2)
imshow(HsvadjustSignal);
title('调整后图像')
```

程序运行结果如图 3.15 所示。

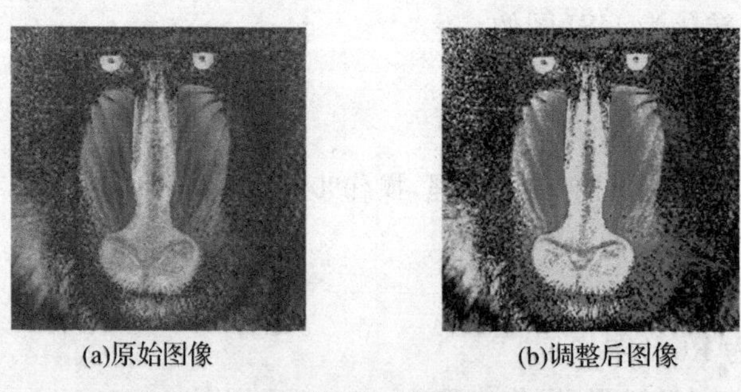

图 3.15　真彩色图像颜色调整前后对比

在 MATLAB 中，也可以调用 imfilter 函数对一幅真彩色图像使用二维滤波器进行滤波处理，以达到颜色调整的目的。

【例 3.13】 对真彩色图像 BaboonRGB. tif 采用 imfilter 函数进行滤波处理。

```
TimeSignal= imread('BaboonRGB.tif');
```

```
h= ones(9,9)/81;
FiltSignal= imfilter(TimeSignal,h);
subplot(2,2,1)
imshow(Hsvsignal)
title('原始图像')
subplot(2,2,2)
imshow(HsvadjustSignal);
title('滤波后图像')
```

程序运行结果如图 3.16 所示。

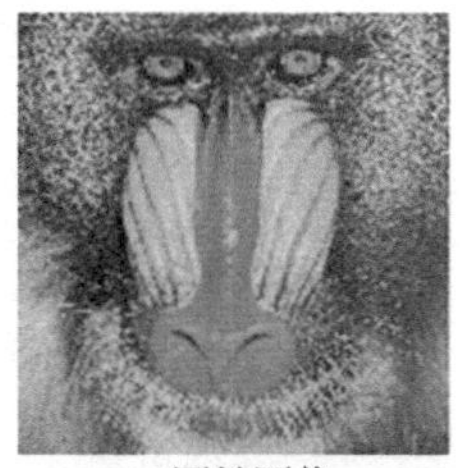

(a)原始图像

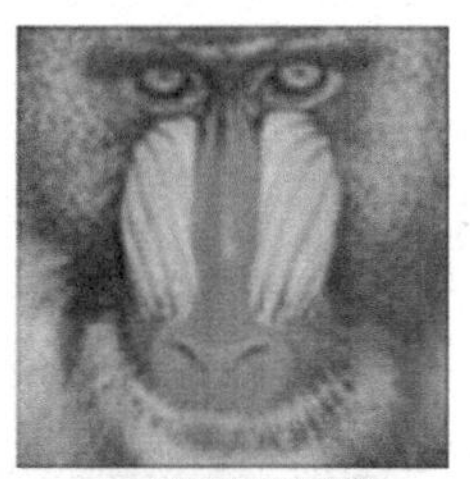

(b)滤波后图像

图 3.16　真彩色图像滤波前后对比

3.4.2　伪彩色增强

伪彩色图像处理是对原灰度图像中不同灰度值的区域赋予不同的彩色，如果分层越多，人眼所能提取的信息也就越多，从而达到图像增强的效果。

一般来说，伪彩色增强的方法主要有三种：第一种是把真实景物图像的像素逐个映射为另一种颜色，使目标在原图像中更突出；第二种是把多光谱图像中任意三个光谱图像映射为红、绿和蓝三种可见光谱段的信号，再合成为一幅彩色图像；第三种是把黑白图像用灰度级映射或频谱映射成为类似真实彩色，相当于给黑白图像人工着色。下面介绍伪彩色灰度级-彩色变换、频率域/伪彩色增强。

1）灰度级-彩色变换

根据色度学的原理，将原图像 $f(x,y)$ 的灰度分段经过红、绿、蓝三个独立变换 $T_R(\cdot)$、$T_G(\cdot)$ 和 $T_B(\cdot)$，得到相应的红、绿、蓝三基色分量，然后利用它们去控制彩色显示器的红、绿、蓝电子枪，即可得到伪彩色图像的输出。彩色的含量由变换函数的形式决定，典型的变换函数如图 3.17 所示。

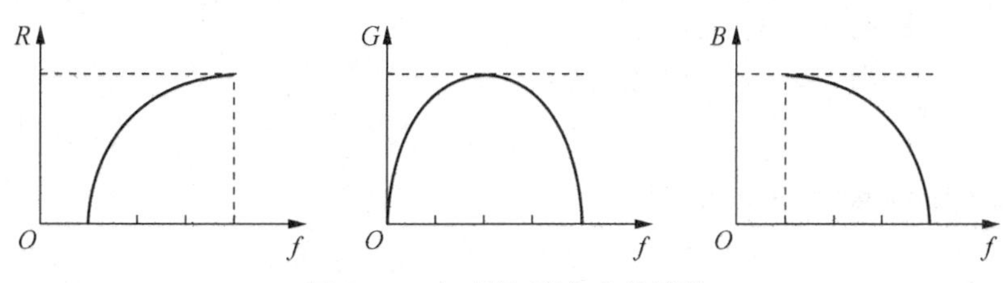

图 3.17　灰度级-彩色变换函数

由图 3.17 看出，变换后原始图像中灰度值偏小的像素主要呈现绿色，灰度值偏大的像素值主要呈现红色。

【例 3.14】 对图片 lena.bmp 采用灰度级-彩色变换进行伪彩色增强处理。

```
clc
clear all
TimeSignal= imread('lena.bmp');
imshow(TimeSignal)
title('原始图像')
TimeSignal= double(TimeSignal);
[M,N]= size(TimeSignal);
L= 256;
for i= 1:M;
    for j= 1:N;
        if TimeSignal(i,j)< L/4;
            R(i,j)= 0;
            G(i,j)= 4 * TimeSignal(i,j);
            B(i,j)= L;
        else if TimeSignal(i,j)< = L/2;
                R(i,j)= 0;
                G(i,j)= L;
                B(i,j)= - 4 * TimeSignal(i,j)+ 2 * L;
            else if TimeSignal(i,j)< = 3 * L/4;
                    R(i,j)= 4 * TimeSignal(i,j)- 2 * L;
                    G(i,j)= L;
                    B(i,j)= 0;
                else
                    R(i,j)= L;
                    G(i,j)= - 4 * TimeSignal(i,j)+ 4 * L;
                    B(i,j)= 0;
                end
            end
        end
    end
end
for i= 1:M;
    for j= 1:N;
        RGBSignal(i,j,1)= R(i,j);
        RGBSignal(i,j,2)= G(i,j);
        RGBSignal(i,j,3)= B(i,j);
    end
end
RGBSignal= RGBSignal/L;

figure
imshow(RGBSignal);
title('灰度级-彩色变换后的图像')
```

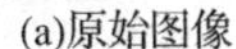
(a)原始图像

(b)灰度级-彩色变换后的图像

图 3.18　采用灰度级-彩色变换法的伪彩色增强效果

程序运行结果如图 3.18 所示，可以看出，灰度图像变成了一幅彩色图像。由于变换出来的彩色数目有限，伪彩色增强的效果一般。

2）频率域伪彩色增强

频率域伪彩色增强是根据图像中各区域的不同频率分量给区域赋予不同的颜色，用低通、高通和带通（或带阻）滤波器滤波反变换后传输到显示器合成为伪彩色图像，实现了频率域分段伪彩色增强。在频率域伪彩色处理中，伪彩色图像的彩色是按照黑白图像的空间频率分布形成的。频率域伪彩色增强的框图如图 3.19 所示。

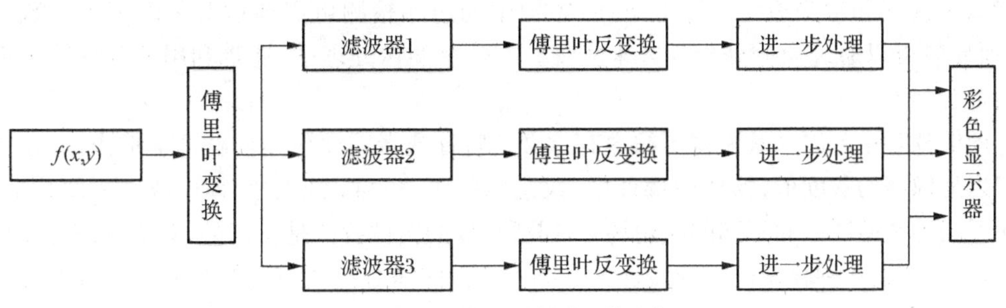

图 3.19　频率域伪彩色增强算法框图

3.5　小结

本章介绍了图像增强的常用方法，其中灰度变换和直方图修正等处理技术在第 1 章中已做了详细介绍，这里主要从线性滤波、空域滤波和频域增强等方面对各个方法进行了分析并给出了很多实例。然而在实际应用中，单单依靠某个方法很难实现图像处理目的，因此常常将几个方法组合使用。

第 4 章　边缘检测和图像分割

边缘检测在图像处理和计算机视觉中占有特殊地位，是实现基于边界的图像分割的基础。图像分割是图像识别和计算机视觉处理中至关重要的预处理，没有正确的分割就不可能有正确的识别。边缘检测是空间域图像分割的一种方法，通过图像的亮度梯度变化将图像中变化明显的地方检测出来，针对的是边缘信息，而图像分割是将目标分割出来，针对的是目标对象。

4.1　边缘检测和图像分割原理

图像边缘，即表示图像中一个区域的终结和另一个区域的开始，图像中相邻区域之间的像素集合构成了图像的边缘。所以，图像边缘可以理解为图像灰度发生空间突变的像素的集合。图像边缘有两个要素：方向和幅度。沿着边缘走向的像素值变化比较平缓，而垂直于边缘走向的像素值则变化比较大。因此，根据这一变化特点，通常会采用一阶和二阶导数来描述和检测边缘。综上所述，图像中的边缘检测可以通过对灰度值求导数来确定，而导数可以通过微分算子计算来实现。在数字图像处理中，通常利用差分计算来近似代替微分运算。

图像分割也可以理解为将图像中有意义的特征或者需要应用的特征提取出来，这些特征可以是像素的灰度值、物体轮廓曲线、纹理特征等，也可以是空间频谱或直方图特征等。由于不同种类的图像和不同的应用场合，需要提取的图像特征是不同的，对应的图像特征也不同，并不存在一种普遍适用的最优的分割方法。图像分割法可以分为基于区域的分割法和基于边缘的分割法，基于区域的分割法包括阈值分割法、分水岭算法、区域生长法、区域分裂合并法、聚类分割法等；基于边缘的分割法有微分算子法、串行边界分割法等。可以把基于区域的分割法和基于边界的分割法结合起来使用。

4.1.1　边缘检测原理

在图像中，边缘表明一个特征区域的终结和另一个特征区域的开始，边缘所分开区域的内部特征或属性是一致的，而不同区域内部的特征或属性是不同的。边缘检测正是利用物体和背景在某种图像特性上的差异来实现的，这些差异包括灰度、颜色、纹理特征等的不同。

边缘检测利用了灰度图像不连续的特点，根据物体的边缘来分割图像。首先检测每个像素及其邻域的状态，以判断该像素是否确实处于一个物体的边缘上。当目标和背景的边缘清晰时，称为阶跃边缘；当目标和背景的边缘渐变时，称为屋顶状边缘。常见的边缘检测方法有微分算子法、基于曲面拟合的方法、基于边界曲线拟合的方法、小波变换、数学形态学方法等。

1）微分算子法

简单的边缘检测方法是对图像按像素的某邻域构造边缘检测算子，用来检查每个像素的邻域，并对灰度变化进行量化，通常也包括方向的确定。常用的边缘检测算子一般分为 4 邻域和 8 邻域。

根据不同的边缘选择不同的边缘检测算子对图像进行边缘检测，常用的边缘检测算子有 Roberts 算子、Sobel 算子、Prewitt 算子、LoG 算子、Canny 和 Wallis 算子等，后面的章节中会对这些算子的数学描述和特性进行详细介绍。

2）基于曲面拟合的方法

边缘检测会降低图像的对比度，而利用边缘点与其邻域像素点之间相互作用的关系，构造曲面小片对图像灰度值及其变化进行拟合，在拟合曲面（自由曲面）上进行边缘检测，可基本达到过滤噪声的目的。基于曲面拟合的方法的基本思想是将灰度看成高度，用一个曲面来拟合一个小窗口内的数据，然后根据该曲面来决定边缘点。

3）基于边界曲线拟合的方法

基于边界曲线拟合的方法根据图像梯度等信息找出不同区域之间的正确的边界曲线，通过得到的边界曲线对图像进行分割。一般的边界查找法找出的边界是离散的、不相关的边缘点，而基于边界曲线拟合的方法得到的边界是连续相关的点，所以它对图像分割后续处理如模式识别等高层次分析有很重要的作用。

4）小波变换

小波变换具有良好的时频局部化特性及多尺度分析能力，在不同尺度上具有变焦的功能，适合检测突变信号。小波变换的基本思想是取小波函数作为平滑函数的一阶导数或二阶导数，利用信号的小波变换的模值在信号突变点处取局部极大值或过零点的性质来提取信号的边缘点。

4.1.2　图像分割原理

图像分割通常用于定位图像中的物体和边界。更精确地说，图像分割是对图像中的每个像素加标签的一个过程，这一过程使得具有相同标签的像素具有某种共同视觉特性。图像分割的结果是图像上子区域的集合（这些子区域的全体覆盖了整个图像），或是从图像中提取的轮廓线的集合（例如边缘检测）。一个子区域中的每个像素在某种特性的度量下或是由计算得出的特性都是相似的，例如颜色、亮度、纹理。邻接区域在某种特性的度量下有很大的不同。

图像分割的数学描述通常为：将图像 I 的整个图像域 R 根据相似性测量逻辑准则 P 划为 N 个不相交的子区域，其中：

① 条件 1：保证所有分割区域的总和与整幅图像区域相等；

② 条件 2：保证不同区域之间不重叠；

③ 条件 3：保证在同一区域的图像特征具有一致性；

④ 条件 4：保证不同分割区域的图像特征不同。

根据分割依据的不同，图像分割算法可以分为区域法和边界法，它们分别根据相邻像素值的不连续性和相似性两个性质进行划分。区域内部的像素一般具有某种相似性，而在区域之间的边界上的像素一般具有某种不连续性。利用区域间像素不连续性的算法称为边界法，利用区域内像素相似性的算法称为区域法。

根据处理策略的不同，图像分割算法又可分为并行算法和串行算法。在并行算法中，所有判断和决定都可独立或同时做出。在串行算法中，早期处理的结果可被后期的处理过程所利用。上述这两个准则可以互补，所以分割算法可根据这两个准则分成下面 4 类：并行边界分割法、串行边界分割法、并行区域分割法和串行区域分割法。

近年来，研究者们将研究重点转移到图像中的高层知识，并将先验知识引入图像分割算法中，得到了一些新的图像分割理念，如小波变换模糊集、神经网络活动轮廓模型等，丰富了图像分割方法，很大程度上改善了图像分割效果。

4.2 边缘检测

图像处理领域中涉及很多特征，如角点特征、边缘特征、形状特征、纹理特征、颜色特征、直方图统计特征等。这些特征中有些是比较底层的特征，如角点特征、边缘特征、颜色特征等；有些则是较为高层的特征，如形状特征、纹理特征、直方图统计特征。提取这些特征的手段叫作边缘特征提取或边缘检测。边缘检测的另外一种形式也被称为相位一致性。边缘检测常用的算子可分为一阶边缘检测算子、二阶边缘检测算子以及其他边缘检测算子，如表 4.1 所示。边缘检测算法有如下 4 个步骤：

(1) 滤波：边缘检测算法主要基于图像强度的一阶和二阶导数，但导数的计算对噪声很敏感，因此必须使用滤波器来改善与噪声有关的边缘检测器的性能。

(2) 增强：增强边缘的基础是确定图像中各像素点的邻域强度的变化值。增强算法可以将邻域（或局部）强度值有显著变化的点突显出来。

(3) 检测：在图像中有许多点的梯度幅值比较大，而这些点在特定的应用领域中并不都是边缘，所以应该用某种方法来确定哪些点是边缘点。

(4) 定位：如果某一应用场合要求确定边缘位置，则边缘的位置可从子像素分辨率上来估计，边缘的方位也可以被估计出来。

表 4.1 常用图像处理边缘检测算子

类型	算子名
一阶边缘检测算子	Roberts 交叉算子、Prewitt 算子、Sobel 算子、Canny 算子
二阶边缘检测算子	Laplacian 算子、LoG 算子、DoG 算子
其他边缘检测算子	Spacek 算子、Petrou 算子、Susan 算子

4.2.1 边缘检测算子

1) 水平差分算子与垂直差分算子

对水平方向的相邻点进行差分处理可以检测垂直方向上的亮度变化，根据其作用通常将这样的算子称为水平边缘检测算子(horizontal edge detector),这样就可以检测出垂直边缘 E_x;对垂直方向的相邻点进行差分处理可以检测水平方向上的亮度变化,根据其作用通常将这样的算子称为垂直边缘检测算子(vertical edge detector),这样就可以检测出水平边缘 E_y。

$$E_x = |f(x,y) - f(x+1,y)|\ ,E_y = |f(x,y) - f(x,y+1)| \tag{4.1}$$

将水平边缘检测算子和垂直边缘检测算子结合,就可以同时检测出垂直边缘和水平边缘,即

$$E_{x,y} = |f(x,y) - f(x+1,y) + f(x,y) - f(x,y+1)| \tag{4.2}$$

2) 一阶边缘检测算子

(1) Roberts 算子

Roberts 算子是一种简单的算子,利用局部差分算子寻找边缘。它用对角线方向相邻两像素之差近似梯度幅值来检测边缘。Roberts 算子检测垂直边缘的效果好于检测斜向边缘,其定位精度高,但无法抑制噪声的影响。该算子通常用如下公式表示:

$$G[f(x,y)] = \{[\sqrt{f(x,y)} - \sqrt{f(x+1,y+1)}]^2 + [\sqrt{f(x+1,y)} - \sqrt{f(x,y+1)}]^2\}^{1/2} \tag{4.3}$$

其中,$f(x,y)$是具有整数像素坐标的输入图像,平方根运算使该处理类似于在人类视觉系统中发生的过程。Roberts 算子操作实际上是求旋转 ±45°两个方向上微分值的和。Roberts 算子处理后的图像边缘不是很平滑,通常会在图像边缘附近的区域产生较宽的响应。在实际应用中,图像中的每个像素点都用图 4.1 中的两个模板进行卷积运算,为避免出现负值,在边缘检测时常提取其绝对值。

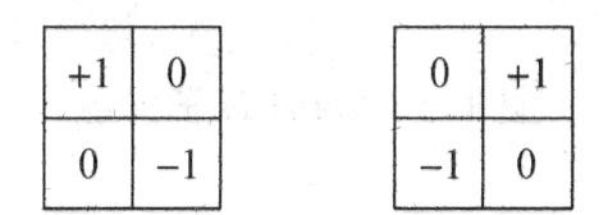

+1	0
0	-1

0	+1
-1	0

图 4.1　Roberts 交叉算子模板

(2) Prewitt 算子

把垂直模板扩展成 3 行,而水平模板扩展成 3 列,这样就得到了 Prewitt 边缘检测算子。

Prewitt 算子对于 3×3 的卷积掩模,在 8 个可能方向上估计梯度,在具有最大幅值的卷积处给出梯度方向。Prewitt 算子在计算时要用到 9 个像素。对于每一个方向的梯度,可以用模板对应的 9 个像素与模板相应的元素相乘相加得到。该算子通常用如下公式表示:

$$G[f(x,y)] = \sqrt{f_x'^2(x,y) + f_y'^2(x,y)} \tag{4.4}$$

其中:

$$\begin{aligned} f_x'(x,y) &= f(x+1,y-1) - f(x-1,y-1) + f(x+1,y) - f(x-1,y) \\ &\quad + f(x+1,y+1) - f(x-1,y+1) \\ f_y'(x,y) &= f(x-1,y+1) - f(x-1,y-1) + f(x,y+1) - f(x,y-1) \\ &\quad + f(x+1,y+1) - f(x+1,y-1) \end{aligned}$$

$f_x'(x,y)$和 $f_y'(x,y)$分别表示 x 方向和 y 方向的一阶微分,$G[f(x,y)]$为 Prewitt 算子的梯度,$f(x,y)$是具有整数像素坐标的输入图像。求出梯度后,可设定一个常数 T,当 $G[f(x,y)] > T$ 时,标出该点为边缘点,其像素值设定为 0,其他像素的值设定为 255,适当

调整常数 T 的大小来达到最佳效果。

Prewitt 算子对噪声有抑制作用，其抑制噪声的原理是使用像素平均。像素平均相当于对图像的低通滤波，所以 Prewitt 算子对边缘的定位效果不如 Roberts 算子。

Prewitt 算子模板如图 4.2 所示。

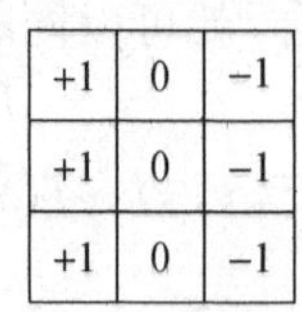

+1	0	−1
+1	0	−1
+1	0	−1

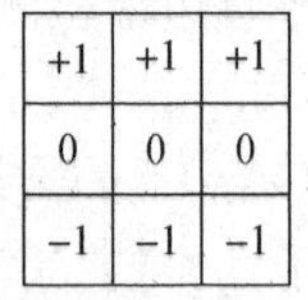

+1	+1	+1
0	0	0
−1	−1	−1

图 4.2　Prewitt 算子模板

(3) Sobel 算子

Sobel 算子是在 Prewitt 算子的基础上改进而来的，它在中心像素位置使用一个权值 2，是由以向量方式确定边缘的两个掩码组成的。Sobel 算子有两个优点：一个是引入了平均因素，对图像中的随机噪声有一定的平滑作用；另一个是它相隔两行或两列的差分，使边缘两侧元素得到了增强，边缘显得粗而亮。

Sobel 算子的模板是 3×3 的，如图 4.3 所示，Sobel 算子根据邻域像素与当前像素的距离有不同的权值，一般是距离越小，权值越大。

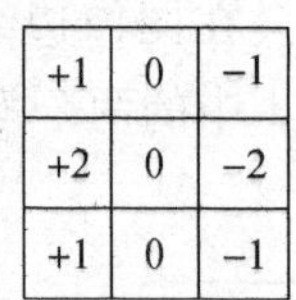

+1	0	−1
+2	0	−2
+1	0	−1

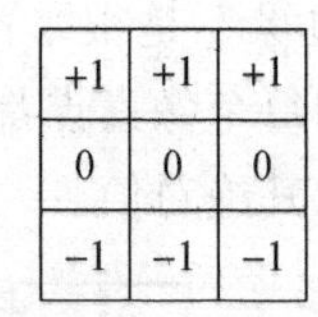

+1	+1	+1
0	0	0
−1	−1	−1

图 4.3　Sobel 算子模板

(4) Canny 算子

Canny 算子可以说是当前效果最佳的边缘检测算子，它由三个主要目标形成：

① 无附加响应的最优检测；

② 检测边缘位置和实际边缘位置之间距离最小的正确定位；

③ 减少单边缘的多重响应而得到单响应。

Canny 算子的基本原理是：采用高斯滤波器计算图像梯度，通过查找图像梯度幅度的局部最大值来得到边缘信息。同时，为了有效地抑制图像噪声干扰，提高边缘检测的精度，细化平滑后的图像梯度幅度，采用双阈值递归寻找图像边缘点，实现边缘提取。

3) 二阶边缘检测算子

一阶边缘检测的前提是微分处理可以使变化增强，而图像变化率最大的地方不仅可以通过一阶变化率的极值寻找，也可以通过二阶变化的过零点来寻找。

(1) Laplacian 算子

Laplacian 算子是最简单的各向同性微分算子，具有旋转不变性。Laplacian 算子是近似只给出梯度幅值的二阶导数的流行方法，通常使用 3×3 的掩模，根据邻域不同可以分为 4 邻域和 8 邻域。如果把图 4.4 中的垂直二阶模板和水平二阶模板结合起来，就可以得到一个全 Laplacian 算子模板，如图 4.5 所示。

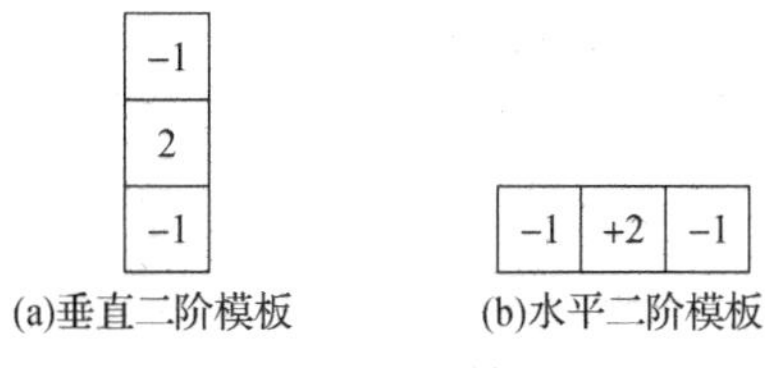

图 4.4　水平和垂直二阶模板

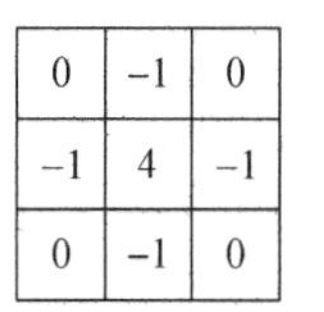

0	-1	0
-1	4	-1
0	-1	0

图 4.5　Laplacian 算子模板

Laplacian 算子是旋转不变算子，因此在某些实际应用中，采用 Laplacian 算子可以突出增强图像中的孤立点、孤立线或孤立端点。但是 Laplacian 算子对噪声比较敏感，因此会对图像中的某些边缘产生双重响应。

(2) LoG 算子

LoG 算子首先对图像做高斯滤波，从而实现对噪声最大限度的抑制；然后，求其拉普拉斯二阶导数；最后，通过检测滤波结果的零交叉获得图像或物体的边缘。

LoG 算子可以由如下公式表示：

$$\mathrm{LoG}=\Delta G_\sigma(x,y)=\frac{\partial^2 G_\sigma(x,y)}{\partial x^2}+\frac{\partial^2 G_\sigma(x,y)}{\partial y^2}=\frac{x^2+y^2-2\sigma^2}{\sigma^4}\mathrm{e}^{-(x^2+y^2)/2\sigma^2} \tag{4.5}$$

由于该算子既具备高斯算子的平滑特点又具备 Laplacian 算子的锐化特点，结合在一起就变成最佳算子。由于其曲面图是墨西哥帽子的形状，如图 4.6 所示，所以有时也被称为“墨西哥帽子”算子。

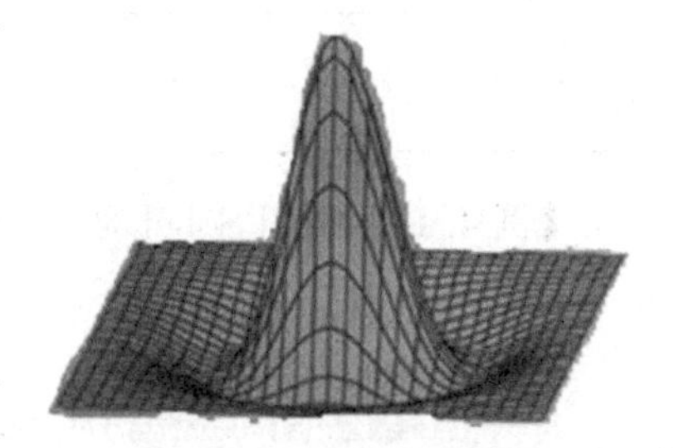

图 4.6　LoG 算子曲面图

(3) DoG 算子

DoG 算子是高斯函数的差分，具体到图像中，就是将图像在不同参数下的高斯滤波结果相减，得到差分图。DoG 算子可用如下公式表示：

$$\mathrm{DoG}=G_{\sigma 1}-G_{\sigma 2}=\frac{1}{\sqrt{2\pi}}\left[\frac{1}{\sigma_1}\mathrm{e}^{-(x^2+y^2)/2\sigma_1^2}-\frac{1}{\sigma_2}\mathrm{e}^{-(x^2+y^2)/2\sigma_2^2}\right] \tag{4.6}$$

DoG 算子和 LoG 算子具有类似的波形，仅仅是幅度不同，不影响极值点的检测，而 DoG 算子的计算复杂度明显低于 LoG 算子，因此可以使用 DoG 算子代替 LoG 算子。

4.2.2　边缘检测的 MATLAB 实现

上述讨论的所有边缘检测算子都可以使用 MATLAB 提供的 edge 函数和 imfilter 函数来实现。关于 imfilter 函数的格式和使用方法在前面的章节中已有详细的介绍，本节重点介绍 edge 函数针对不同算子的语法格式，并给出具体的实例。

edge 函数的调用格式如下：

```
BW= edge ( I, 'method' , parameter)
```

其中，I 为待处理的二维灰度图像矩阵；'method' 为字符串，指定了边缘检测的类型；parameter 为与各类边缘检测算子相对应的参数，通常有阈值、检测方向等参数；BW 为输出的二维二值图像矩阵。edge 函数参数的取值及功能描述如表 4.2 所示。

表 4.2 edge 函数参数的取值及功能描述

参数值	语法	功能描述
'canny'	BW=edge (I,'canny', threshold,sigma)	threshold 为敏感度阈值,进行边缘检测时,忽略所有小于阈值的边缘,缺省时选择 Roberts 算子进行检测;sigma 为标准偏差,缺省时设为 2
'roberts'	BW=edge (I,'roberts', threshold)	threshold 的含义同上
'prewitt'	BW = edge (I, ' prewitt ', threshold, direction)	threshold 的含义同上;direction 表示在指定的方向,用 Prewitt 算子进行边缘检测,可以取 horizontal(水平)、vertical(垂直)或 both(两个方向)
'sobel'	BW = edge (I, ' sobel ', threshold, direction)	参数含义同上
'log'	BW=edge (I, 'log', threshold,sigma)	参数含义同'canny'

【例 4.1】 采用 Sobel 算子,比较不同阈值下图片 rice.png 的边缘检测结果。

```
clc
clear all
TimeSignal= imread('rice.png');                  % 载入原始图像
subplot(1,2,1)
imshow(TimeSignal)
title('原始图像')
subplot(1,2,2)
imhist(TimeSignal)
title('直方图')
BW1= edge ( TimeSignal, 'sobel');                % 采用默认阈值
BW2= edge ( TimeSignal, 'sobel', 0.01);          % 指定阈值为 0.01
BW3= edge ( TimeSignal, 'sobel', 0.04);          % 指定阈值为 0.04
BW4= edge ( TimeSignal, 'sobel', 0.08);          % 指定阈值为 0.06
subplot(2,2,1)
imshow(BW1)
title('默认阈值')
subplot(2,2,2)
imshow(BW2)
title('阈值= 0.01')
subplot(2,2,3)
imshow(BW3)
title('阈值= 0.04')
subplot(2,2,4)
imshow(BW4)
title('阈值= 0.06')
```

程序运行结果如图 4.7 所示。

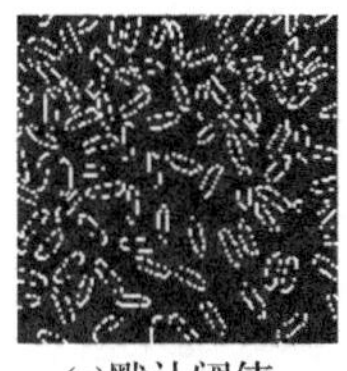
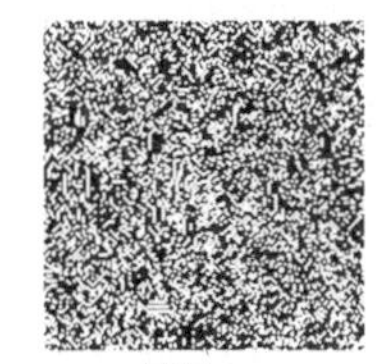
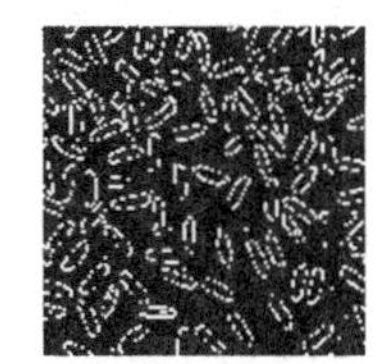
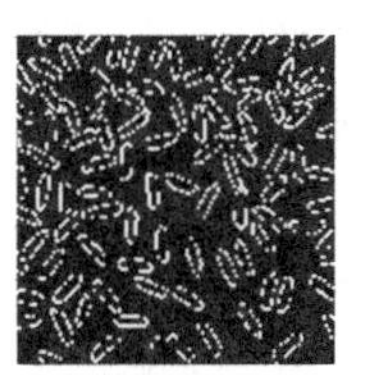
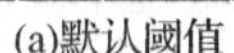

(a)默认阈值　(b)阈值=0.01　(c)阈值=0.04　(d)阈值=0.06

图 4.7　不同阈值下的 Sobel 算子边缘检测效果

从本例看出，临界值差不多取到 0.06，其边缘效果就已经很明显了。

【例 4.2】 采用 Sobel 算子，比较从不同方向对图片 rice.png 做边缘检测的结果。

```
% 清空环境变量
clc
clear all
TimeSignal= imread('rice.png');              % 载入原始图像
subplot(2,2,1)
imshow(TimeSignal)
title('原始图像')
[BW1, threshold]= edge ( TimeSignal, 'sobel','horizontal');
                                             % 水平方向边缘检测
BW2= edge ( TimeSignal, 'sobel',  threshold); % 自动选择阈值,按水平和垂直方向检测
s45= [-2 -1 0;-1 0 1;0 1 2];
Sfst45= imfilter(im2double(TimeSignal),s45,'replicate');
                                             % 使用指定 45 度角方向检测
Sfst45= Sfst45> = threshold;
subplot(2,2,2)
imshow(BW1)
title('水平方向检测结果')
subplot(2,2,3)
imshow(BW2)
title('水平和垂直方向检测结果')
subplot(2,2,4)
imshow(Sfst45)
title('45 度角方向检测结果')
```

程序运行结果如图 4.8 所示。

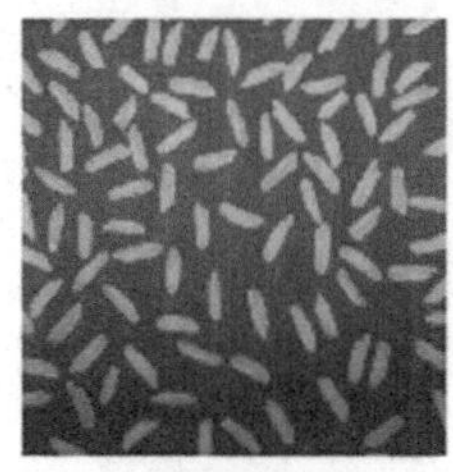
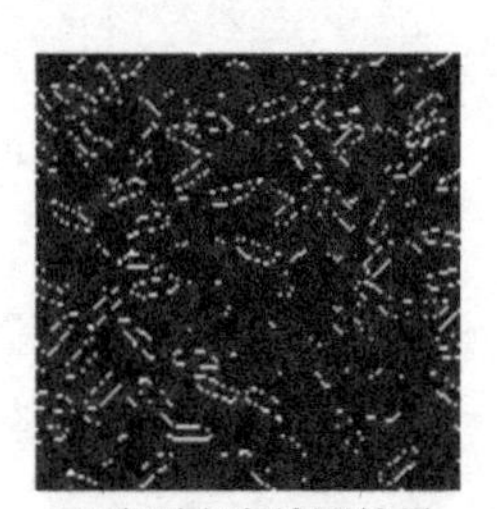

(a)原始图像　(b)水平方向检测结果　(c)水平和垂直方向检测结果　(d)45度角方向检测结果

图 4.8　不同方向的 Sobel 算子边缘检测结果

由图 4.8 可以看出，在 45 度角方向 Sobel 算子生成的边缘检测图像呈现出浮雕效果；在水平和垂直方向检测出的边缘多于单个方向上检测出的边缘。

【例 4.3】 比较不同边缘算子对图片 rice.png 做边缘检测的结果，并比较它们的运算速度。

```
% 清空环境变量
clc
clear all
TimeSignal= imread('rice.png');              % 载入原始图像
subplot(2,3,1)
imshow(TimeSignal)
title('原始图像')
tic
BW1= edge ( TimeSignal, 'canny');
toc
tic
BW2= edge ( TimeSignal, 'roberts');
toc
tic
BW3= edge ( TimeSignal, 'prewitt');
toc
tic
BW4= edge ( TimeSignal, 'sobel');
toc
tic
BW5= edge ( TimeSignal, 'log');
toc
subplot(2,3,2)
imshow(BW1)
title('canny 算子')
subplot(2,3,3)
imshow(BW2)
title('roberts 算子')
subplot(2,3,4)
imshow(BW3)
title('prewitt 算子')
subplot(2,3,5)
imshow(BW4)
title('sobel 算子')
subplot(2,3,6)
imshow(BW5)
title('log 算子')
```

各个算子的边缘检测时间如下：

Canny 算子检测运行时间：Elapsed time is 0.0765863 seconds.

Roberts 算子检测运行时间：Elapsed time is 0.087992 seconds.

Prewitt 算子检测运行时间：Elapsed time is 0.079165 seconds.

Sobel 算子检测运行时间：Elapsed time is 0.071843 seconds.

LoG 算子检测运行时间：Elapsed time is 0.059928 seconds.

程序运行结果如图 4.9 所示。

(a)原始图像

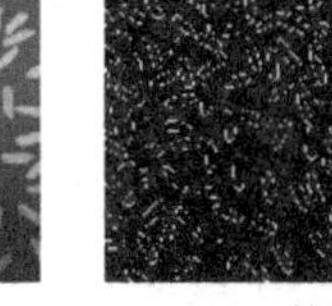
(b)Canny算子

(c)Roberts算子

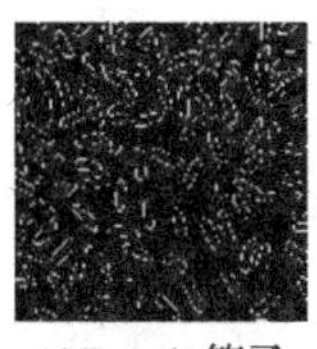
(d)Prewitt算子

(e)Sobel算子

(f)LoG算子

图 4.9　不同边缘算子的检测结果比较

从本例可以看出，LoG 算子和 Canny 算子生成的边缘较多，图像较为复杂；Prewitt 算子、Sobel 算子以及 Roberts 算子生成的边缘较少，图像较为简单。从运算速度上比较，LoG 算子的检测速度是最快的，而 Roberts 算子的运行时间最长。

4.3　图像分割

基于区域的分割法对噪声不太敏感，可有效地克服其他方法在图像分割空间不连续的缺点。但是基于区域的分割法的计算复杂度比较高，有时候甚至会造成图像的过分割，而基于边缘的分割法有时不能提供较好的区域结构，因此可将基于区域的分割法和基于边缘的分割法结合起来，联合两者的优势以达到更好的图像分割效果。

4.3.1　阈值分割算法

由于图像阈值处理的直观性和易于实现的特点，图像阈值处理在图像分割中占有重要地位，特别适合处理目标和背景占据不同灰度级范围的图像。

假设对于 n 级灰度图像 $f(x,y)$，其阈值为 T，即每个像素都有一个对应的阈值，则分割后的图像 $g(x,y)$ 就可以表示为：

$$g(x,y)=\begin{cases}1, & \text{如果 } f(x,y)\geqslant T \\ 0, & \text{如果 } f(x,y)<T\end{cases} \tag{4.7}$$

像素值为 1 的点对应于目标物体，而像素值为 0 的点对应于背景。这样的分割方法在本节中是统一的，只是 T 的确定是视分割方法而定的。如果 T 是常数，则该方法为全局阈值分割算法；若 T 不仅与像素点的灰度值和该点的局部邻域特征有关，而且与点的位置有关，则该方法为局部阈值分割算法或自适应阈值分割算法。这里讨论的阈值处理重点在于如何确定用以分割的阈值，下面分别加以介绍。

1）全局阈值分割算法

由上面的分析可知，全局阈值 T 的选择直接影响分割效果，最简单的方法是在整个图像中将灰度值设为常数，当背景的灰度值在整个图像中与前景明显不同时，只需要设置正确的阈值，使用一个固定的全局阈值就会有较好的效果。

一般来说，运用全局阈值分割图像时，需要求取最佳阈值。通常可以通过分析灰度直方图来确定它的值，最常用的方法是利用灰度直方图求双峰或多峰，选择两峰之间谷地处的灰度值作为阈值。全局阈值分割算法步骤如下：

(1) 求出图像中最小灰度值 $Z_{\min}$ 和最大灰度值 $Z_{\max}$，设定初始阈值 $T_0=(Z_{\max}+Z_{\min})/2$。

(2) 根据阈值将图像分割成目标和背景两部分，根据式(4.8)求出两部分的平均灰度值 Z_{bf} 和 Z_{bh}。

$$Z_{bf}=\frac{\sum_{Z(i,j)<T_k} z(i,j)\times N(i,j)}{\sum_{Z(i,j)<T} N(i,j)},Z_{bh}=\frac{\sum_{Z(i,j)>T_k} z(i,j)\times N(i,j)}{\sum_{Z(i,j)<T} N(i,j)} \tag{4.8}$$

其中，$z(i,j)$是图像各点的灰度值；$N(i,j)$是各点的权重系数，一般取各点的灰度概率。

(3) 求出新阈值 $T_{k+1}=(Z_{bf}+Z_{bh})/2$。

(4) 如果 $T_k=T_{k+1}$，则迭代结束，T_k 为最佳阈值；否则，转向上一步。

MATLAB工具箱提供了graythresh函数来实现图像分割功能，该函数基于Otsu算法求取灰度阈值，其调用格式如下：

```
level= graythresh(I)
```

其中，I为输入灰度图像；level为输出的用于分割图像的归一化灰度值，其值域为[0 1]。

【例4.4】 利用graythresh函数对图片Saturn.bmp进行分割。

```
% 清空环境变量
clc
clear all
TimeSignal= imread('Saturn.bmp');                % 载入原始图像
subplot(2,2,1)
imshow(TimeSignal)
title('原始图像')
level= graythresh(TimeSignal);                   % 确定灰度阈值
BW= im2bw(TimeSignal,level);                     % 按阈值进行二值化
subplot(2,2,2)
imshow(BW);
title('Otsu 分割结果)
```

程序运行结果如图4.10所示。

(a)原始图像

(b)Otsu分割结果

图4.10 全局阈值分割图像示例

2）局部阈值分割算法

当图像中有阴影、光照不均匀、各处的对比度不同、突发噪声、背景灰度变化等情况时，会使本来可以进行有效分割的直方图变成用单一全局阈值无法有效分割的直方图。对此，有一种解决方法就是用与像素值位置相关的一组阈值来对图像各个部分进行分割。这种与坐标相关的阈值也叫动态阈值、局部阈值或者自适应阈值，其实质是使用开运算将图像中由于光照变化带来的灰度变化剔除，其总的处理公式为

$$g(x,y)=\begin{cases}1, & 如果\ f(x,y)\geqslant T(x,y)\\ 0, & 如果\ f(x,y)<T(x,y)\end{cases} \tag{4.9}$$

其中，$T(x,y)=f_0(x,y)+T_0$，$f_0(x,y)$ 为对 $f(x,y)$ 进行形态学开运算的结果，T_0 为对 $f_0(x,y)$ 进行全局分割的结果。可见，用自适应阈值算法得到的阈值是根据像素位置坐标而变化的。

根据自适应阈值算法的原理，其程序实现步骤为：首先，对图像进行开运算；然后，对图像执行全局阈值分割。自适应阈值分割就相当于使用一个自适应的阈值来分割图像。

【例 4.5】 比较全局阈值算法和自适应阈值算法对图片 rice.png 进行分割的效果。

```
% 清空环境变量
clc
clear all
TimeSignal= imread('rice.png');                % 载入原始图像
subplot(2,3,1)
imshow(TimeSignal)
title('原始图像')
subplot(2,3,2)
imhist(TimeSignal)
title('灰度直方图')
level= graythresh(TimeSignal);
BW= im2bw(TimeSignal,level);
subplot(2,3,3)
imshow(BW);
title('全局阈值分割结果')
filtered= imtophat(TimeSignal,strel('disk',12));
T= graythresh(filtered);
bw= im2bw(filtered,T);
subplot(2,3,4)
imshow(filtered)
title('开运算后结果')
subplot(2,3,5)
imhist(filtered)
title('开运算后灰度直方图')
subplot(2,3,6)
imshow(bw)
title('自适应阈值分割结果')
```

程序运行结果如图 4.11 所示。

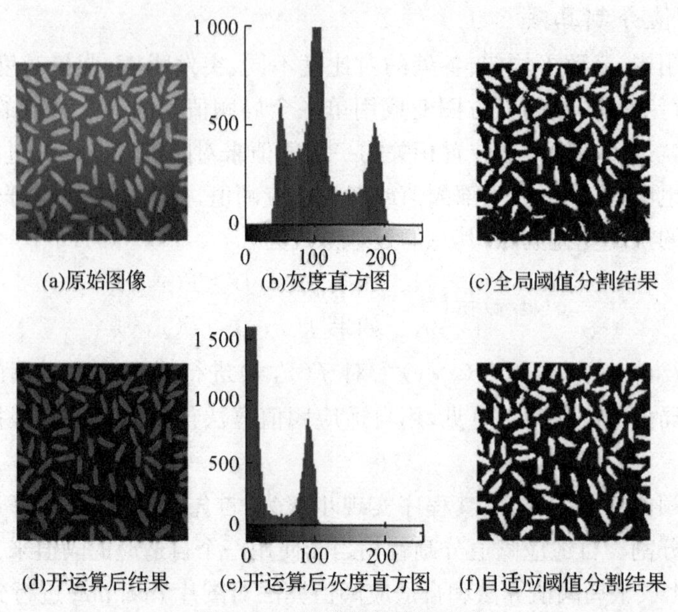

图 4.11　阈值分割算法比较

由图 4.11 看出，对于光照有明显变化的图像，采用自适应阈值算法的效果要明显优于全局阈值算法。

4.3.2　分水岭算法

分水岭算法是一种数学形态学的分割算法，其计算过程是一个迭代标注过程，分为两个步骤，一个是排序，一个是淹没。首先对每个像素的灰度级从低到高排序，然后在从低到高实现淹没的过程中，对每一个局部极小值在 n 阶高度的影响域采用先进先出(FIFO)结构进行判断及标注。

分水岭算法对微弱边缘具有良好的响应，图像中的噪声、物体表面细微的灰度变化都会造成过度分割的现象。为了解决这个问题，通常可以采用两种处理方法：一是利用先验知识去除无关边缘信息；二是修改梯度函数，使得集水盆只响应想要探测的目标。

MATLAB 工具箱提供了 watershed 函数来实现基于分水岭算法的图像分割，其调用格式如下：

```
① L= watershed(I)
② L= watershed(I, CONN)
```

其中，输入图像 I 是一个标记矩阵，用以标记分水岭区域；CONN 代表计算分水岭变换的连通性，对于二维图像 CONN 可以取 4 连通、8 连通，对于三维图像 CONN 可以取 6 连通、18 连通和 26 连通；L 是一个大于或等于 0 的值，若为 0 则表示分水岭区域的共同边界，否则表示不同的分水岭边界。

需要注意的是，目前的分水岭变换主要针对灰度图像，如果要处理彩色图像，一般要先将彩色图像转换为灰度图像，再进行分水岭变换，以提高效率。

【例 4.6】 对图像 pears.png 采用基于标记的分水岭算法进行分割处理。

```
% 清空环境变量
clc; clear all; close all;
rgb = imread('pears.png');                       % 载入原始图像
if ndims(rgb) == 3
    I = rgb2gray(rgb);
else
    I = rgb;
end
subplot(2, 3, 1); imshow(rgb); title('原始图像');
% 采用 sobel 计算梯度,并使用梯度的幅度作为分割函数
hy = fspecial('sobel');
hx = hy;
Iy = imfilter(double(I), hy, 'replicate');       % 滤波求 Y 方向边缘
Ix = imfilter(double(I), hx, 'replicate');       % 滤波求 X 方向边缘
gradmag = sqrt(Ix.^2+ Iy.^2);                    % 求模
L = watershed(gradmag);                          % 直接对梯度进行分水岭变换
subplot(2, 3,2); imshow(gradmag,[]); title('对梯度进行分水岭变换')
se = strel('disk', 20);                          % 标记前景对象
Io = imopen(I, se);                              % 进行形态学开操作
Ie = imerode(I, se);                             % 图像腐蚀
Iobr = imreconstruct(Ie, I);                     % 图像重建
Ioc = imclose(Io, se);                           % 形态学关操作
Ic = imclose(I, se);
Iobrd = imdilate(Iobr, se);                      %  图像膨胀
Iobrcbr = imreconstruct(imcomplement(Iobrd), imcomplement(Iobr));
                                                 % 形态学重建
Iobrcbr = imcomplement(Iobrcbr);                 % 图像求反
fgm = imregionalmax(Iobrcbr);                    % 局部极大值
It1 = rgb(:, :, 1);
It2 = rgb(:, :, 2);
It3 = rgb(:, :, 3);
It1(fgm) = 255; It2(fgm) = 0; It3(fgm) = 0;
I2 = cat(3, It1, It2, It3);
se2 = strel(ones(5,5));                          % 结构元素
fgm2 = imclose(fgm, se2);
fgm3 = imerode(fgm2, se2);
fgm4 = bwareaopen(fgm3, 20);
It1 = rgb(:, :, 1);
It2 = rgb(:, :, 2);
It3 = rgb(:, :, 3);
It1(fgm4) = 255; It2(fgm4) = 0; It3(fgm4) = 0;
I3 = cat(3, It1, It2, It3);
bw = im2bw(Iobrcbr, graythresh(Iobrcbr));
D = bwdist(bw);                                  % 计算距离
DL = watershed(D);                               % 进行分水岭变换
bgm = DL == 0;                                   % 求取分割边界
gradmag2 = imimposemin(gradmag, bgm | fgm4);
subplot(2, 3, 3); imshow(gradmag2, []);
```

```
title('修改梯度幅值图像');
```

程序运行结果如图 4.12 所示。

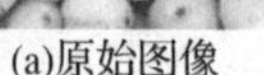

(a)原始图像　(b)对梯度进行分水岭变换　(c)修改梯度幅值图像

图 4.12　标记分水岭分割算法示例

本例分别对图像标记了前景对象、背景对象和边界，为了使分割更加清楚，还对图像做了膨胀处理。从图 4.12 可以看出，对前景对象和背景对象标记后再进行分水岭变换比直接在梯度模值图像上进行分水岭变换的效果要好得多。

4.3.3　区域生长算法

1）区域生长算法的原理

区域生长算法的思想是：选择一个初始种子，将种子周围具有相似性质的像素点归并到种子像素点所在区域，从而逐步增长区域，直至没有可以归并的像素点或其他小区域为止。因此，区域生长算法是一种迭代方法，空间和时间的开销都比较大。具体的算法描述如下：

(1) 在图像要分割的物体中选一个初始的种子像素点 P。

(2) 以 P 为中心，考虑 P 的邻域搜索(如 8 邻域)，如果搜索点满足生长规则，则将该搜索点与 P 点合并，同时将搜索点压入堆栈。

(3) 从堆栈中取一像素点，把它当作 P 点，回到步骤(2)。

(4) 根据此原理向四周搜索，直到找不到符合规则的像素点为止，生长结束。

2）区域生长算法的 MATLAB 实现

【例 4.7】 对图片 rice.png 采用区域生长算法进行分割处理。

根据上述算法步骤，MATLAB 提供了基于区域生长分割算法的函数 regiongrow()，该函数需要指定种子点，通过比较种子点区域与所有未分配区域的邻域像素进行迭代增长，将区域内像素的灰度均值与当前像素的灰度值之差作为相似度匹配的准则。该函数的代码如下：

```
% 清空环境变量
clc
close all
clear all
f= imread('rice.png');                            % 载入原始图像
subplot(1,2,1)
subimage(f)                                       % 显示原始图像
seedx= [195,30,140,170];                          % 选择 4 个种子点
seedy= [230,70,120,180];
hold on
plot(seedx,seedy,'gs','linewidth',1);
title('原始图像及种子点位置')
```

```
f= double(f)
markerim= f= = f(seedy(1) ,seedx(1) );
for i= 2:length(seedx)
    markerim= markerim|(f= = f(seedy(i),seedx(i)));
end
thresh= [10 10 10 12];                          % 4个种子点区域的阈值
maskim= zeros(size(f));
for i= 1:length(seedx);
    g= abs(f- f(seedy(i),seedx(i)))< = thresh(i);
    maskim= maskim|g;
end
[g nr]= bwlabel(imreconstruct(markerim,maskim),8);
subplot(1,2,2)
subimage(g)
title('4个种子点的区域生长分割结果')
```

程序运行结果如图 4.13 所示。

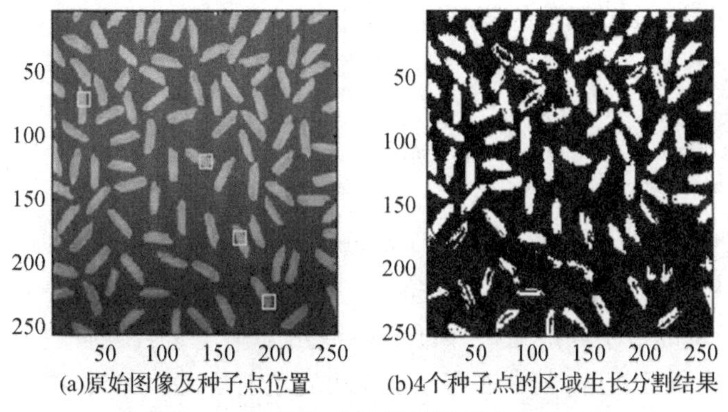

(a)原始图像及种子点位置　　(b)4个种子点的区域生长分割结果

图 4.13　采用区域生长算法的图像分割示例

4.3.4　区域分裂合并算法

1) 区域分裂合并算法的原理

区域分裂合并算法利用了图像数据的金字塔或四叉树数据结构的层次概念，将图像划分成一组任意不相交的初始区域，根据给定的均匀性检测准则对这些区域进行分裂和合并，并逐步改善区域划分的性能，直到最后将图像分解成数量最少的均匀区域为止。

区域分裂合并算法的数据结构原理可以利用四叉树来说明，其数据结构示意图如图 4.14 所示。设 R 代表整个正方形图像区域，P 代表逻辑谓词。从最高层开始，把 R 连续分裂成越来越小的 1/4 的正方形区域 R_i，并且使区域 R_i 满足 $P(R_i)=\text{false}$，则将其分裂为互不相叠的四等份。依此类推，直到 R_i 为单个像素。区域分裂合并算法描述如下：

(1) 确定均匀性测试准则 H，将原始图像构造成四叉树数据结构。

(2) 对任意一个区域 R_i，如果 $P(R_i)=\text{false}$，则将其分裂为互不相叠的四等份。

(3) 若有不同大小的两个相邻区域 R_i 和 R_j，满足 $H(R_i \cup R_j)=\text{true}$，则合并这两个区域。

(4) 当条件(2)和条件(3)都不再满足,即不能进一步分裂或合并时,算法结束。

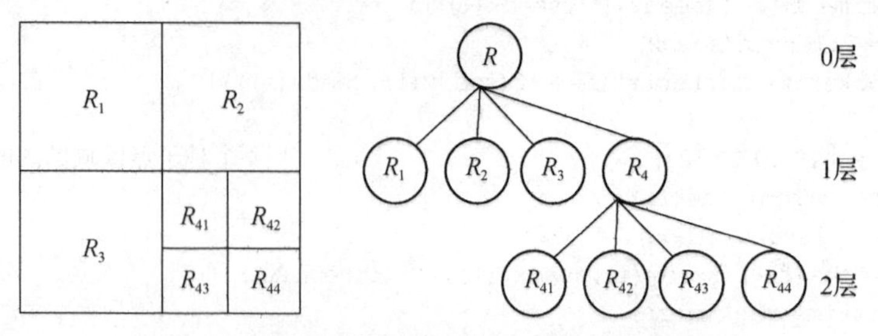

图 4.14　区域分裂合并算法的数据结构示意图

2) 区域分裂合并算法的 MATLAB 实现

MATLAB 工具箱提供了 qtdecomp 函数来对图像进行四叉树分解,以实现分裂合并算法。qtdecomp 函数首先将一幅图像分裂为 4 个子方块图像,然后检测每个子方块的像素能否满足事先规定的准则,如果不满足,则继续分裂;如果分裂的子块按照该准则达到相似标准,则进行合并。qtdecomp 函数的调用格式如下:

```
① S = qtdecomp ( I )
② S = qtdecomp (I, threshold)
③ S = qtdecomp (I, threshold, [mindim maxdim])
④ S = qtdecomp (I, fun )
```

其中,I 为要进行四叉树分解的灰度图像;threshold 为分裂成的子块中允许的阈值,默认为 0,如果子块中最大元素和最小元素的差值小于该阈值就认为满足一致性条件;[mindim maxdim]为各个子块的最小和最大尺寸;fun 函数用于确定是否分解块;S 代表得到的四叉树数据结构,是一个稀疏矩阵,其中非零元素在块的左上角,每一个非零元素代表块的大小。

为了得到四叉树分解后子图像的像素及其位置信息,MATLAB 还向用户提供了 qtgetblk 函数来实现此功能,该函数的调用格式如下:

```
① [vals, idx] =  qtgetblk (I, S, dim)
② [vals, r, c ] =  qtgetblk (I, S, dim)
```

其中,I 为对一幅图像进行四叉树分解的结果;S 为由 qtdecomp 函数返回的稀疏矩阵;dim 为用户设定的观察维数;vals 为一个 dim×dim×k 维数组,k 是四叉树分解中的 dim×dim 维方块的个数;r 中存放行向量坐标;c 中存放列向量坐标;idx 中存放返回的分解后子块中左上角的线性索引。

【例 4.8】 对图片 rice.png 采用区域分裂合并算法进行分割处理。

```
clc
close all
clear all
X= imread('rice.png');
subplot(1,2,1)
imshow(X)
title('原始图像')
S= qtdecomp(X,0.2);                              % 阈值为 0.2 的四叉树分解
```

```
subplot(1,2,2)
imshow(full(S))                          % 显示其稀疏矩阵
title('分解后的稀疏矩阵')
[valse, r, c]= qtgetblk(X,full(S),2);
size(valse)
```

程序运行结果如图 4.15 所示。

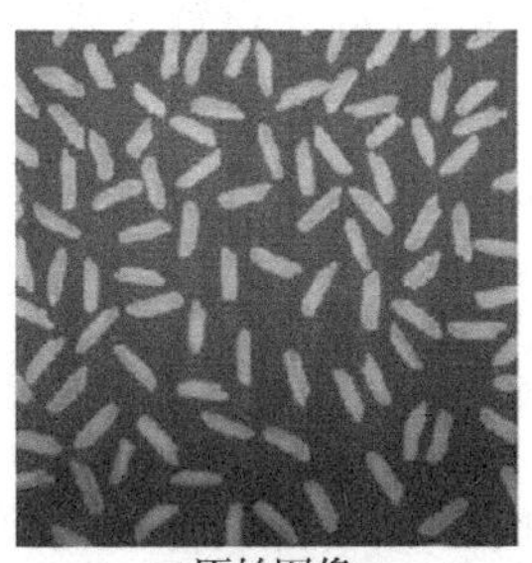

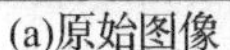

(a)原始图像　　(b)分解后的稀疏矩阵

图 4.15　区域分裂合并算法示例

4.4　小结

本章介绍了边缘检测和图像分割的基本知识,详细介绍了各种边缘检测算子,以及 4 种图像分割方法(阈值分割、分水岭、区域生长以及区域分裂合并算法)的原理,并分别给出了相应的 MATLAB 实现程序。这些方法各有优缺点,也有各自的应用场合,在复杂的应用中,可能还需要结合其他技术才能获得更好的图像分割效果。

第5章　图像的形态学处理

形态学，即数学形态学(Mathematical Morphology)，它在数字图像处理中的主要应用是从图像中提取对于表达和描绘区域形状有意义的图像分量，使后续的识别工作能够抓住目标对象最为本质(最具区分能力)的形状特征，如边界、连通区域等。

5.1　形态学基本概念

在数字图像处理的形态学运算中，常常把一幅图像或者图像中一个感兴趣的区域称作集合；而元素通常是指单个的像素，用该像素在图像中的整型位置坐标 $z=(z_1,z_2)$来表示。集合之间的运算有交、并、补和非。值得一提的是差集，集合 A 与 B 的差集由所有属于 A 但不属于 B 的元素构成。结构元素是形态学中的一个重要概念。设有两幅图像 A、S，若 A 是被处理的对象，而 S 是用来处理 A 的，则称 S 为结构元素。结构元素通常是一些比较小的图像，二者的关系有点类似于滤波中模板与图像之间的关系。

5.2　形态学基本运算

数学形态学可以分为二值形态学和灰度形态学，灰度形态学由二值形态学扩展而来。数学形态学有两个基本运算，即腐蚀和膨胀，而通过结合腐蚀和膨胀又形成了开运算和闭运算。开运算是先腐蚀再膨胀，而闭运算是先膨胀再腐蚀。下面分别对这些内容进行详细介绍和分析。

5.2.1　膨胀

1) 膨胀的原理

粗略地说，膨胀会使目标区域范围“变大”，它将与目标区域接触的背景点合并到该目标区域中，使目标边界向外部扩张。膨胀的作用就是填补目标区域中某些空洞以及消除包含在目标区域中的小颗粒噪声。数学上，膨胀定义为集合运算，A 被 B 膨胀，记为 $A\oplus B$，定义为

$$A\oplus B=\{x,y\mid (B)_{xy}\cap A\neq\varnothing\} \tag{5.1}$$

上式表示用结构元素 B 膨胀图像 A，将结构元素 B 的原点平移到图像像素点(x,y)的位置。如果 B 在图像像素点(x,y)处与 A 的交集不为空(也就是 B 中为1的元素位置上对应的 A 的像素值至少有一个为1)，则将输出图像对应的像素点(x,y)赋值为1，否则赋值为0。这种在膨胀过程中对结构元素的平移类似于空间卷积。实际上，二值图像的膨胀过程如图5.1所示。

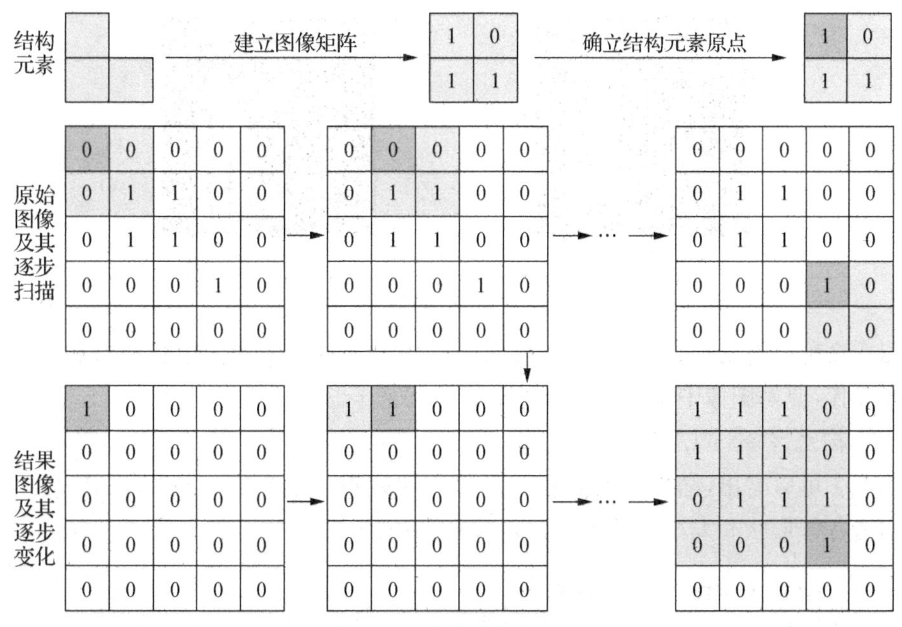

图5.1　膨胀运算示意图

膨胀满足交换律，即 $A\oplus B=B\oplus A$。在图像处理中，习惯于将 $A\oplus B$ 的第一个操作数作为图像，第二个操作数作为结构元素，结构元素往往比图像小得多。

2）膨胀的 MATLAB 实现

MATLAB 工具箱提供了 imdilate 函数来实现对二值图像的膨胀操作，该函数也可以用于灰度图像，其调用格式为

```
Z= imdilate(I, B)
```

其中，I 为待处理的二值图像；B 为结构元素，其元素只能为 0 或者 1，数据类型不限；Z 为返回值，是与 I 大小相同的二值图像矩阵。

【例5.1】 将图片 text.jpg 进行膨胀处理并显示结果。

```
% 清空环境变量
clc
clear all
clear all
OrigianlSignal= imread('text.jpg');             % 载入原始图像
subplot(2,2,1)
imshow(OrigianlSignal)
title('原始图像')
B= [0 1 0; 1 1 1;0 1 1];                        % 结构元素
Z= imdilate(OrigianlSignal, B);                 % 膨胀运算
subplot(2,2,2)
imshow(Z)
title('膨胀后的图像')
```

程序运行结果如图 5.2 所示。

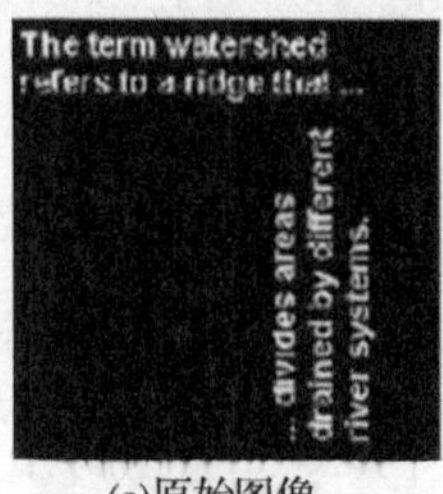

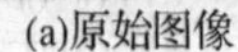

(a)原始图像　　　　(b)膨胀后的图像

图 5.2　图像膨胀操作示例

由图 5.2 可以看出，通过选择一定形状的结构元素对原始图像中有缺口和断裂的字符进行膨胀操作，原始图像中文字的断裂处被修补起来了。

3）结构元素的 MATLAB 生成

从例 5.1 可以看出，结构元素对膨胀效果有比较重要的影响。MATLAB 提供了 strel 函数来构造各种形状和大小的结构元素，其调用格式为

```
se= strel (shape, parameters )
```

其中，shape 为指定期望形状的字符串，parameters 为指定形状信息的参数。strel 函数的参数取值及功能描述如表 5.1 所示。

表 5.1　strel 函数的参数取值及功能描述

shape 的取值	parameters 的取值	功能描述
'diamond'	R	创建一个菱形结构元素，R 表示从结构元素原点到菱形的最远点的距离
'disk'	R	创建一个圆形结构元素，R 表示圆半径
'line'	LEN，DEG	创建一个线形结构元素，LEN 表示线长度，DEG 表示线角度
'octagon'	R	创建一个八边形结构元素，R 表示原点到八边形边的距离
'pair'	OFFSET	创建一个包含两个成员的结构元素，一个成员在原点，另一个成员由 OFFSET 决定
'periodicline'	P，V	创建一个含有 2×p+1 个成员 1 的周期结构元素，P 为整数值，指定结构中有 2×p+1 个 1；V 是每个 1 相对于上一个 1 的行、列偏移量
'rectangle'	MN	创建一个矩形结构元素，MN 指定结构元素的行数和列数
'square'	W	创建一个方形结构元素，W 指定正方形边长

【例 5.2】 比较采用不同的结构元素对图片 text.jpg 进行膨胀处理的结果。

```
% 清空环境变量
clc
clear all
OrigianlSignal= imread('text.jpg');
```

```
subplot(2,3,1)
imshow(OrigianlSignal)
title('原始图像')
se= strel('disk',1);
Z= imdilate(OrigianlSignal, se);
subplot(2,3,2)
imshow(Z)
title('圆形膨胀后的图像')
se= strel('octagon',3);
Z= imdilate(OrigianlSignal, se);
subplot(2,3,3)
imshow(Z)
title('八边形膨胀后的图像')
```

程序运行结果如图 5.3 所示。

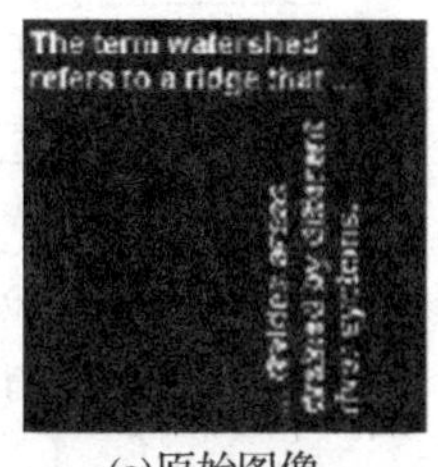

(a)原始图像

(b)圆形膨胀后的图像

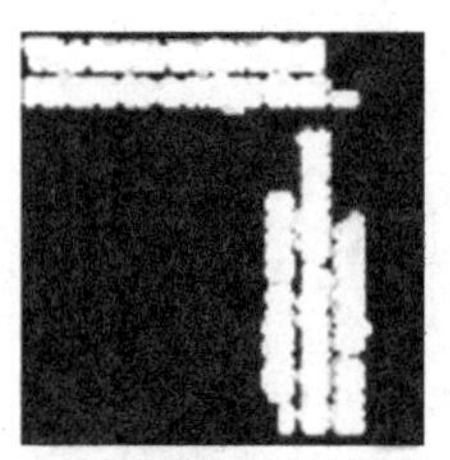
(c)八边形膨胀后的图像

图 5.3　不同结构元素的膨胀结果对比

图 5.3 分别显示了用半径为 1 的圆形结构元素以及原点到边的距离为 3 的八边形结构元素对原始图像进行膨胀处理的结果，可以看出，膨胀后的字符有所扩展，扩展的程度与结构元素的形状和大小有关。

5.2.2　腐蚀

1）腐蚀的原理

腐蚀是消除图像边界点，使边界向内部收缩的过程。它可以用来消除小且无意义的物体，因此可以看作膨胀的对偶运算。与膨胀一样，腐蚀的收缩方式和程度由一个结构元素控制。若 A 被 B 腐蚀，记为 $A\odot B$，定义为

$$A\odot B=\{x,y\mid(B)_{xy}\subseteq A\} \tag{5.2}$$

上式表示用结构元素 B 腐蚀图像 A，需要注意的是 B 中需要定义一个原点，当 B 的原点平移到图像 A 的像素点 (x,y) 时，如果 B 在 (x,y) 处完全被包含在图像 A 重叠的区域（也就是 B 中为 1 的元素位置上对应的 A 的像素值也全部为 1），则将输出图像对应的像素点 (x,y) 赋值为 1，否则赋值为 0。

腐蚀过程如图 5.4 所示，B 依顺序在 A 上移动（和卷积核在图像上移动一样，然后在 B 的覆盖区域上进行形态学运算），当其覆盖 A 的区域为[1,1;1,1]或者[1,0;1,1]（也就是 B 中 1 是覆盖区域的子集）时，对应输出图像的位置才会为 1。

由此可见，无论腐蚀还是膨胀，都是把结构元素 B 像卷积操作那样在图像上平移，结构

元素 B 中的原点就相当于卷积核的核中心，结果也是存储在核中心对应位置的元素上。只不过腐蚀时结构元素 B 被完全包含在其所覆盖的区域，而膨胀时结构元素 B 与其所覆盖的区域有交集即可。

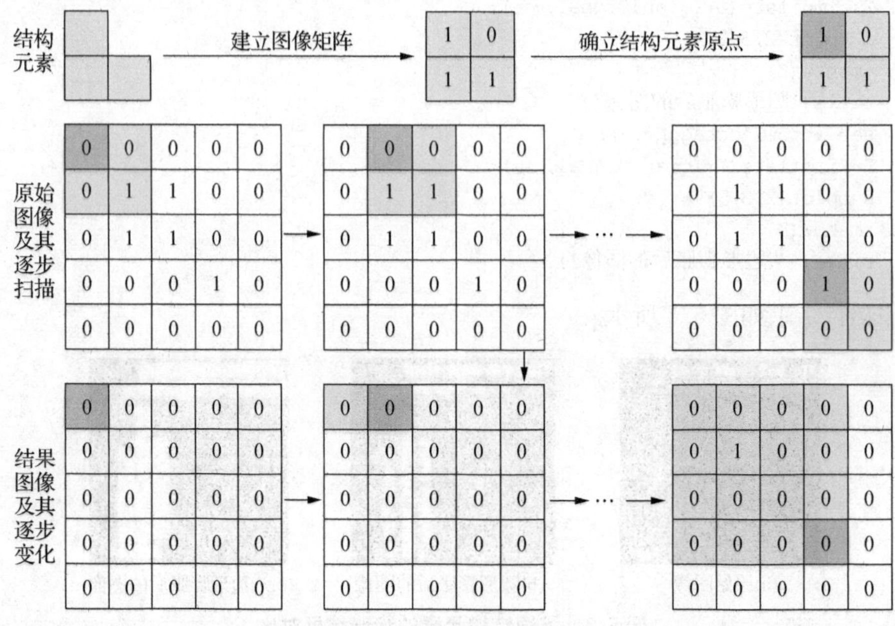

图 5.4　腐蚀运算示意图

2）腐蚀的 MATLAB 实现

二值图像的腐蚀运算可以使用 MATLAB 提供的 imerode 函数来实现，该函数也可以用于灰度图像，其调用格式为

```
Z= imerode (I, B)
```

其中，I 为待处理的二值图像；B 为结构元素，其元素只能为 0 和 1，数据类型不限；Z 为返回值，是与 I 大小相同的二值图像矩阵。

【例 5.3】 比较采用不同的结构元素对图片 text. png 进行腐蚀处理的结果。

```
% 清空环境变量
clc
clear all
OrigianlSignal= imread('text.png');
subplot(2,2,1)
imshow(OrigianlSignal)
title('原始图像')
B= [0 1 0;1 1 1;0 1 0];
Z= imerode(OrigianlSignal, B);
subplot(2,2,2)
imshow(Z)
title('腐蚀后的图像')
```

程序运行结果如图 5.5 所示，可以看出，对一幅含有文字的图像进行腐蚀处理后，图中字符变细且某些地方会出现断裂。

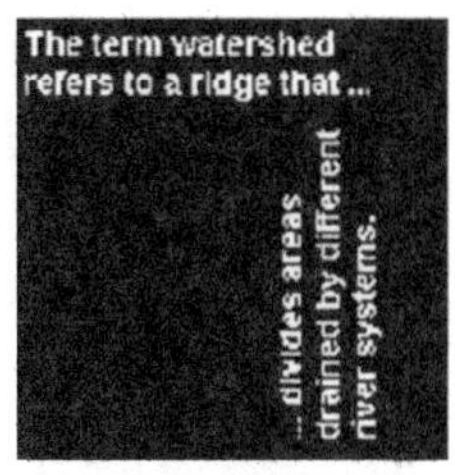

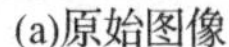
(a)原始图像

(b)腐蚀后的图像

图 5.5　图像腐蚀操作示例

5.2.3　开运算和闭运算

在介绍了腐蚀和膨胀操作的基础上，下面介绍形态学中的开运算和闭运算。开运算是使用一个结构元素对目标图像先腐蚀再膨胀。开运算可用来消除图像中的小物体，在纤细处分离物体，在平滑较大物体边界的同时却不明显改变其面积。一般将 B 对 A 的开运算记为 $A\circ B$，其定义为

$$A\circ B=(A\odot B)\oplus B \tag{5.3}$$

闭运算是使用一个结构元素对目标图像先膨胀再腐蚀。闭运算可用来填充物体内的细小空间，连接邻近物体，在平滑物体边界的同时却不明显改变其面积。一般将 B 对 A 的闭运算记为 $A\cdot B$，其定义为

$$A\cdot B=(A\oplus B)\odot B \tag{5.4}$$

结合上一节的理论可知，开运算可利用圆盘（即用于腐蚀和膨胀的矩阵）磨光内边缘，将尖角转化为圆角，圆盘的圆化有低通滤波的效果；闭运算具有平滑功能，可以消除边缘毛刺以及孤立斑点，可以填补裂缝以及漏洞。

可以使用 imdilate 函数和 imerode 函数来实现形态学的膨胀和腐蚀功能，同时，MATLAB 工具箱还提供了 imopen 和 imclose 函数来实现开运算和闭运算功能，它们的调用格式分别为：

```
① C= imopen(A , B)
② C= imclose (A , B)
```

其中，A 为二值图像；B 为结构元素，其元素只能为 0 和 1，可以通过 strel 函数生成。

【例 5.4】　比较直接使用 imopen 函数与先使用 imerode 函数再使用 imdilate 函数对图片 text. png 进行开运算的结果。

```
% 清空环境变量
clc
clear all
OrigianlSignal= imread('text.png');
subplot(2,3,1)
imshow(OrigianlSignal)
title('原始图像')
```

```
B= [0 1 0;1 1 1;0 1 0];
Z= imopen(OrigianlSignal, B);
subplot(2,3,2)
imshow(Z)
title('直接开运算的结果')
C= imerode(OrigianlSignal, B);
Z= imdilate(C,B);
subplot(2,3,3)
imshow(Z)
title('先腐蚀后膨胀的结果')
```

程序运行结果如图 5.6 所示，可以看出，直接使用 imopen 函数得到的结果与先使用 imerode 函数再使用 imdilate 函数得到的结果是相同的。

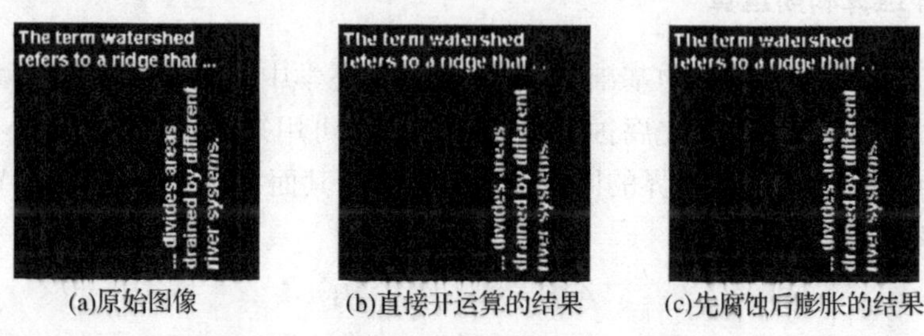

图 5.6　采用不同方法的开运算结果对比

【例 5.5】 比较直接使用 imclose 函数与先使用 imdilate 函数再使用 imerode 函数对图片 text.png 进行闭运算的结果。

```
% 清空环境变量
clc
clear all
OrigianlSignal= imread('text.png');
subplot(2,3,1)
imshow(OrigianlSignal)
title('原始图像')
B= [0 1 0;1 1 1;0 1 0];
Z= imclose(OrigianlSignal, B);
subplot(2,3,2)
imshow(Z)
title('直接闭运算的结果')
C= imdilate(OrigianlSignal, B);
Z= imerode(C,B);
subplot(2,3,3)
imshow(Z)
title('先膨胀后腐蚀的结果')
```

程序运行结果如图 5.7 所示，可以看出，直接使用 imclose 函数得到的结果与先使用 imdilate 函数再使用 imerode 函数得到的结果是相同的。

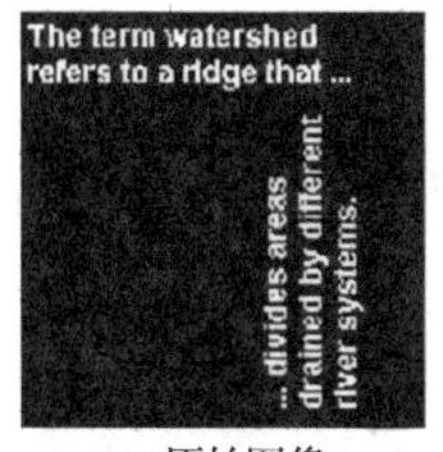

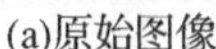
(a)原始图像

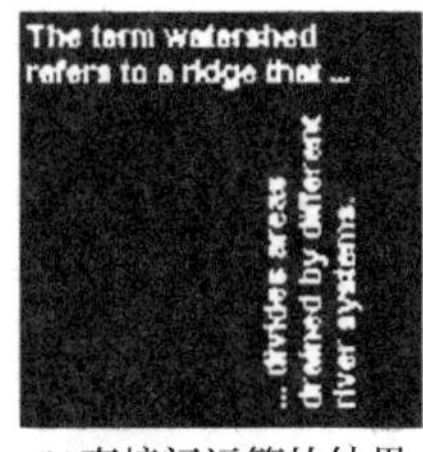

(b)直接闭运算的结果

(c)先膨胀后腐蚀的结果

图 5.7　采用不同方法的闭运算结果对比

5.3　击中/击不中变换

除了膨胀、腐蚀、开运算和闭运算，图像的形态学处理的另一个基本操作就是击中/击不中变换(Hit-or-Miss Transform, HMT)，击中/击不中变换可以同时探测图像的内部和外部，在研究图像中的目标物体与图像背景之间的关系时，它能够取得很好的效果，所以常被用于目标图像识别和模式识别等领域。

5.3.1　击中/击不中变换的原理

结构元素是形态学变换中的基本元素，是为了探测图像的某种结构信息而设计的特定形状和尺寸的图像。结构元素有许多种类，如圆形、方形、线形等。设有两个不相交集合 B_1 和 B_2，$B=(B_1, B_2)$，称 B 为复合结构元素，则击中/击不中变换为：用 B_1 去腐蚀 X，然后用 B_2 去腐蚀 X 的补集，得到的结果相减就是击中/击不中变换。

击中/击不中变换的标准定义为

$$A * B=(A \Theta E) \cap (A^C \Theta F) \tag{5.5}$$

腐蚀操作的结果是结构元素 E 平移 x 但仍包含在输入图像 A 内部的所有结构元素的原点集合，对于击中/击不中变换，当且仅当结构元素 E 平移到某一点可以填入 A 的内部，且 F 平移到该点时可以填入 A 的外部，该点才能在击中/击不中变换的结果中输出。

用击中结构去腐蚀原始图像得到击中结果 X(这个过程可以理解为在原始图像中寻找和击中结构完全匹配的模块，匹配成功之后，保留匹配部分的中心元素，作为腐蚀结果的一个元素)，然后用击不中结构去腐蚀原始图像的补集得到击不中结果 Y，取 X 和 Y 的交集就是击中/击不中变换的结果。通俗理解就是：用一个小的结构元素(击中结构)去射击原始图像，击中的元素保留；再用一个很大的结构元素(击不中结构，一般取一个环状结构)去射击原始图像，击不中的元素保留。

击中/击不中变换的应用主要有：

(1) 物体识别。将击中元素设计为需要识别的图像的样子，击不中元素设计为击中元素取反后的样子，然后用这两个元素对图像进行检测即可。

(2) 图像细化。将图像变细，就像取到了图像的骨架。

5.3.2 击中/击不中变换的 MATLAB 实现

MATLAB 工具箱提供了实现击中/击不中变换功能的函数 bwhitmiss，其调用格式如下：

```
① Z = bwhitmiss (BW,SE1,SE2)
② Z = bwhitmiss (BW,INTERVAL)
```

其中，BW 为待处理的二值图像；SE1 为前景结构元素，SE2 为背景结构元素，SE1 和 SE2 可以由函数 strel 产生；INTERVAL 是一个元素为 1、0 或－1 的序列，其中值为 1 的元素组成 SE1 域，值为－1 的元素组成 SE2 域，值为 0 的元素被忽略；Z 为返回值，是与 BW 大小相同的二值图像矩阵。

【例 5.6】 对图像 rice.png 进行击中/击不中变换操作。

```
% 清空环境变量
clc
clear all
close all
I= imread('rice.png')
BW= im2bw(I);
subplot(2,2,1)
imshow(BW)
title('原始图像')
interval= [0 -1 -1;1 1 -1;0 1 0];          % 定义结构元素
Z= bwhitmiss(BW,interval);                  % 击中/击不中变换
subplot(2,2,2)
imshow(Z)
title('击中/击不中变换结果')
```

程序运行结果如图 5.8 所示，可以看出，变换后的图像只显示了击中部分。

(a)原始图像

(b)击中/击不中变换结果

图 5.8 击中/击不中变换操作示例

5.4 形态学在图像处理中的应用

前面介绍了数学形态学在图像处理中的基本操作，下面介绍形态学在图像处理中的实际应用，包括噪声去除、图像细化和骨化、区域填充、图像边界提取以及图像特征提取等。

5.4.1　图像细化和骨化

细化是在图像中将二值物体和形状减小为单个像素宽的线。一般来说，细化可以用两步来实现；第一步是正常腐蚀，但是要在一定的前提条件下执行；第二步，将那些消除后并不破坏连通性的点消除，其余点保留。重复执行以上两步，直到图像的结果不再发生变化，即得到图像的细化结果。

骨化则是一种将二值图像中的对象约简为一组细骨骼的方法，这些细骨骼仍保留原始对象形状的重要信息。

MATLAB 工具箱提供了 bwmorph 函数来实现图像的细化和骨化功能，其调用格式为

```
① Z = bwmorph (BW, operation)
② Z = bwmorph (BW, operation, n)
```

其中，BW 为待处理的二值图像；operation 为算法参数，具体取值见表 5.2；n 用于指定图像被重复操作的次数，缺省时设为 1。

表 5.2　operation 参数的取值及功能描述

参数值	功能描述
'bothat'	采用一个 3×3 的结构元素进行"底帽"操作
'bridge'	桥接由单个像素缝隙分割的前景像素
'clean'	去掉孤立的前景像素
'close'	采用一个 3×3 的结构元素进行闭运算；其他结构元素用 imclose
'diag'	围绕对角线相连的前景像素进行填充
'dilate'	采用一个 3×3 的结构元素进行膨胀操作；其他结构元素用 imdilate
'erode'	采用一个 3×3 的结构元素进行腐蚀操作；其他结构元素用 imerode
'fill'	填充单个像素的孔洞；填充更大的洞用 imfill
'hbreak'	移除前景中的 H 形连接
'majority'	若一个像素点的 8 领域中至少有 5 个像素点的值为 1，则该像素点的值为 1，否则为 0
'open'	采用一个 3×3 的结构元素进行开操作；其他结构元素用 imopen
'remove'	去掉内部像素
'shrink'	将没有孔洞的目标缩成一个点，有孔洞的目标缩成一个连通环
'skel'	骨化图像
'spur'	去掉"毛刺"像素
'thicken'	粗化物体而不加入不连贯的 1
'thin'	将物体细化到最低限度相连的没有断点的线，或将物体细化成带洞的环形
'tophat'	采用一个 3×3 的结构元素进行"顶帽"操作

【例 5.7】 对图片 wirebond_mask.tif 进行细化和骨化操作。

```
% 清空环境变量
clc
clear all
close all
BW= imread('wirebond_mask.tif')
BW= im2bw(BW);
subplot(1,3,1)
imshow(BW)
title('原始图像')
I1= bwmorph(BW,'thin',Inf);
subplot(1,3,2)
imshow(I1)
title('细化后的图像')
I2= bwmorph(BW,'skel',Inf);
subplot(1,3,3)
imshow(I2)
title('骨化后的图像')
```

程序运行结果如图 5.9 所示。

(a)原始图像

(b)细化后的图像

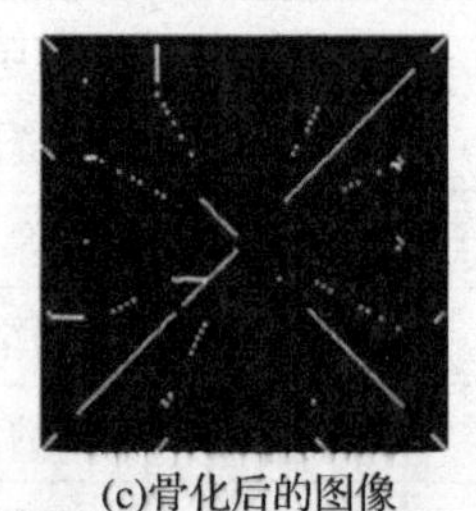

(c)骨化后的图像

图 5.9 图像的细化与骨化操作示例

从图 5.9 可以看出,细化和骨化经常会产生无关的短“毛刺”或寄生成分。清除或除去这些“毛刺”的过程称为修剪,endpoints 函数可以实现修剪功能,它可以识别并删除断点。

5.4.2 图像边界提取

边界提取是图像识别中常用的处理步骤,使用数学形态学运算可以很方便地提取二值图像的边界和轮廓。假设集合 A 的边界表示为 $\beta(A)$,可以通过先用 B 对 A 进行腐蚀,再用 A 减去腐蚀后的图像得到边缘,即

$$\beta(A)=A-(A\Theta B) \tag{5.6}$$

其中,B 是一个结构元素。类似地,也可以先用 B 对 A 进行膨胀,再用膨胀后的图像减去 A 得到边缘,即

$$\beta(A)=(A\oplus B)-A \tag{5.7}$$

MATLAB 工具箱提供了实现图像边界提取功能的函数 bwperim,它的调用格式如下:

```
Z = bwperim (BW, CONN)
```

其中,BW 为待处理的二值图像;CONN 表示像素连通性,可以设定为 4 连通或者 8 连通,缺省时设为 4。确定图像中某像素为边界像素的标准是该像素的值为 1,其邻域中至少有一个像素是非零的。

【例 5.8】 比较分别采用腐蚀、膨胀和 bwperim 函数提取图片 mapleleaf. tif 的边界的效果。

```
% 清空环境变量
clc
clear all
close all
BW= imread('mapleleaf.tif')
subplot(2,2,1)
imshow(BW)
title('原始图像')
se= strel('diamond',3);
I1= imerode(BW,se);
edge1= BW- I1;
subplot(2,2,2)
imshow(edge1)
title('腐蚀相减结果')
I2= imdilate(BW,se);
edge2= I2- BW;
subplot(2,2,3)
imshow(edge2)
title('膨胀相减结果')
edge3= bwperim(BW);
subplot(2,2,4)
imshow(edge3)
title('bwperim 函数提取结果')
```

程序运行结果如图 5.10 所示。

(a)原始图像

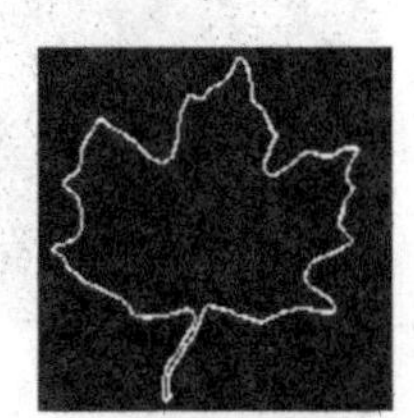

(b)腐蚀相减结果

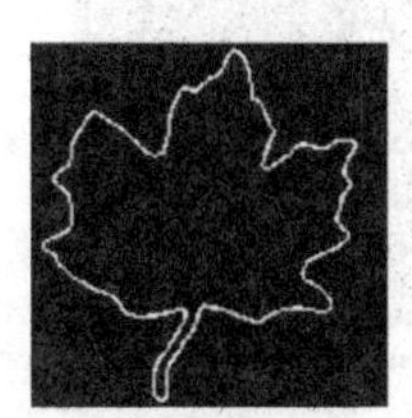

(c)膨胀相减结果

(d)bwperim函数提取结果

图 5.10　图像的边界提取操作示例

由图 5.10 可以看出,三种方法都能较好地提取二值图像中对象的边界像素,但相对来说,腐蚀相减提取更为准确一些。

5.4.3　区域填充

区域填充是将一个图像对象内部值为 0 的像素点填充为 1,可以在被填充的区域内找一个像素点作为种子,根据像素点的连通性不断地将值为 0 的像素点填充为 1 来实现区域填充。

MATLAB 工具箱提供了 bwfill 函数来实现二值图像的区域填充功能，其调用格式如下：

```
① Z = bwfill (BW, C, R, N)
② Z = bwfill(BW, N)
③ [Z,IDX] = bwfill (...)
```

其中，BW 为待填充的图像；(R, N)表示填充的起始坐标，若是等长的向量，则从(R(k), N(k))可以进行平行填充；N 是区域的连通数，可以取 4 或 8，分别表示前景的 4 连通或 8 连通，缺省时设为 8。

【例 5.9】 对图片 Mask_Composite.tif 采用 bwfill 函数进行区域填充。

```
% 清空环境变量
clc
clear all
close all
BW= imread('Mask_Composite.tif');
BW= im2bw(BW);
subplot(2,2,1)
imshow(BW)
title('原始图像')
Z= bwfill(BW,'holes');
subplot(2,2,2)
imshow(Z)
title('填充结果 ')
```

程序运行结果如图 5.11 所示。

(a)原始图像

(b)填充结果

图 5.11　采用 bwfill 函数的区域填充操作示例

MATLAB 工具箱还提供了 imfill 函数来对所有的图像进行区域填充，其调用格式如下：

```
① Z = imfill (BW, LOCATION)
② Z = imfill (BW, 'holes')
```

其中，第一种调用格式是对图像 BW 进行区域填充，LOCATION 为待定点获得填充的起始坐标；第二种调用格式是填充输入图像中的孔洞，即将这些像素点的值由 0 改为 1。

【例 5.10】 对图片 dowels.tif 采用 imfill 函数进行区域填充。

```
% 清空环境变量
clc
clear all
close all
BW= imread('dowels.tif');
BW= im2bw(BW);
subplot(2,2,1)
imshow(BW)
title('原始图像')
Z= imfill(BW,'holes');
subplot(2,2,2)
imshow(Z)
title('填充结果')
```

程序运行结果如图 5.12 所示。

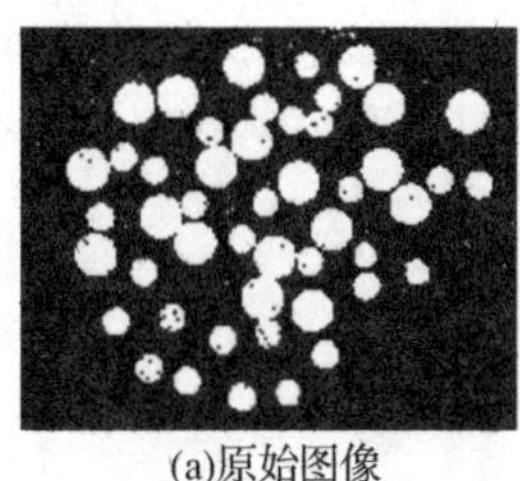
(a)原始图像

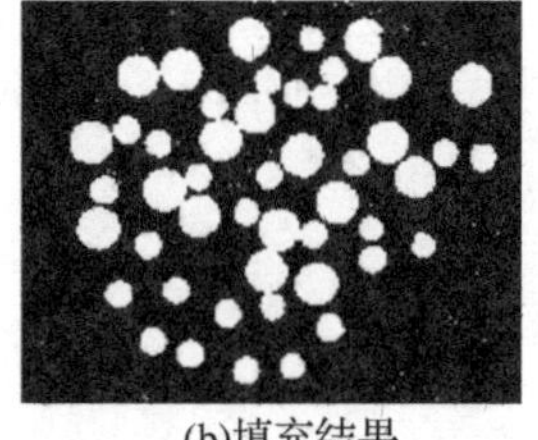
(b)填充结果

图 5.12　采用 imfill 函数的区域填充操作示例

5.4.4　噪声去除

通过开运算和闭运算可以去除孤立的噪声点，同时保留图像中原有的细节结构，相对于一般的二维图像低通滤波器，它们的效果更好。

【例 5.11】　对图片 dowels.tif 采用开运算进行噪声去除处理。

```
% 清空环境变量
clc
clear all
close all
BW= imread('dowels.tif');
BW= im2bw(BW);
subplot(2,2,1)
imshow(BW)
title('原始图像')
se= strel('disk',1);
Z= imopen(BW,se);
subplot(2,2,2)
imshow(Z)
title('去噪图像')
```

程序运行结果如图 5.13 所示。

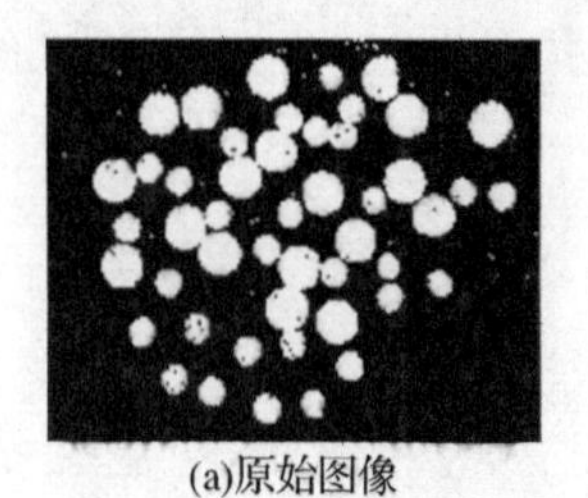
(a)原始图像

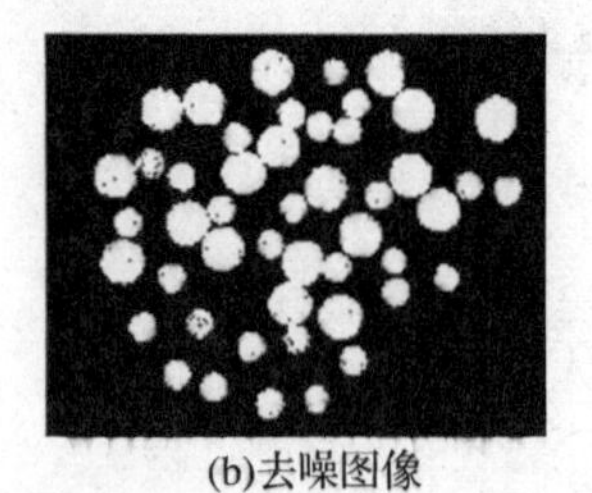
(b)去噪图像

图 5.13　图像的噪声去除操作示例

5.5　小结

本章介绍了膨胀和腐蚀,它们是形态学基本运算,并介绍了以这两种运算为基础的开运算、闭运算和击中/击不中变换等形态学操作,还给出了图像形态学处理的典型案例。通过这些内容的学习,读者可以掌握用 MATLAB 进行图像形态学处理的相关技术。

第 6 章　图像压缩技术

图像数据是用来表示图像信息的，其中有些数据必然代表了无用的信息，或者重复地表示了其他数据表示的信息，前者称为数据冗余，后者称为不相干信息。图像压缩的主要目的，就是通过删除冗余的或者不相干的信息，以尽可能低的数码率来存储和传输数字图像数据。

6.1　图像压缩基础

图像数据的冗余主要表现为以下几种形式：空间冗余、时间冗余、视觉冗余等。图像数据的这些冗余信息为图像压缩提供了依据。图像压缩的失真可以用信噪比等指标进行衡量。

6.1.1　图像数据的冗余

1）空间冗余

空间冗余是图像数据中经常存在的一种数据冗余，是静态图像中存在的最主要的一种数据冗余。同一景物表面上采样点的颜色之间通常存在着空间关联性，相邻各点的取值往往近似或者相同，这就是空间冗余。例如图片中有一片连续的区域，这个区域里的像素点都是相同颜色的，那么空间冗余就产生了。

2）时间冗余

时间冗余是序列图像（电视图像、动画）和语音数据中经常存在的一种冗余。图像序列中两幅相邻的图像，后一幅图像与前一幅图像之间有较大的相关性，这就表现为时间冗余。同理，在语音中，由于人在说话时发出的音频是一个连续的渐变过程，而不是一个完全的在时间上独立的过程，因而存在时间冗余。

3）视觉冗余

人类视觉系统对于图像上的任何变化并不是都能感知的。例如，对图像进行编码处理时，由于压缩或量化截断引入了噪声而使图像发生了一些变化，如果这些变化不能为视觉所感知，则视觉系统仍认为图像足够好。事实上人类视觉系统的分辨能力一般约为 2^6 个灰度等级，而一般图像量化采用 2^8 个灰度等级，由此产生了冗余，这类冗余我们称为视觉冗余。

通常情况下，人类视觉系统对亮度变化敏感，而对色度变化相对不敏感；在高亮度区，对亮度变化的敏感度下降；对物体边缘敏感，而对物体内部区域相对不敏感；对整体结构敏感，而对内部细节相对不敏感。

6.1.2　图像压缩方法的分类

目前常用的数字图像压缩编码方法可分为两大类：一类是无损压缩编码法，也称为冗余压缩法，如霍夫曼编码、游程编码、算术编码等；另一类是有损压缩编码法，也称为熵压缩法，如预测编码、变换编码、混合编码等。无损压缩编码法删除的仅仅是冗余的信息，因此可以在解压缩时精确地恢复原始图像；有损压缩编码法把不相干的信息也删除了，因此解压缩时只能对图像进行类似的重构，而不能精确地复原，所以有损压缩编码法可以实现更高的压缩比。对于多数图像来说，为了达到更高的压缩比，保真度的轻微损失是可以接受的；有些图像则不允许有任何修改，只能对它们进行无损压缩。无损压缩利用数据的统计特性进行数据压缩，压缩比一般在 2∶1 至 5∶1 之间。有损压缩后不能完全恢复数据，而是利用人的视觉特性（人的眼睛好比是一个"积分器"）使解压缩后的图像看起来与原始图像一样。图 6.1 给出了依据压缩原理的现有主要静态图片压缩算法分类。

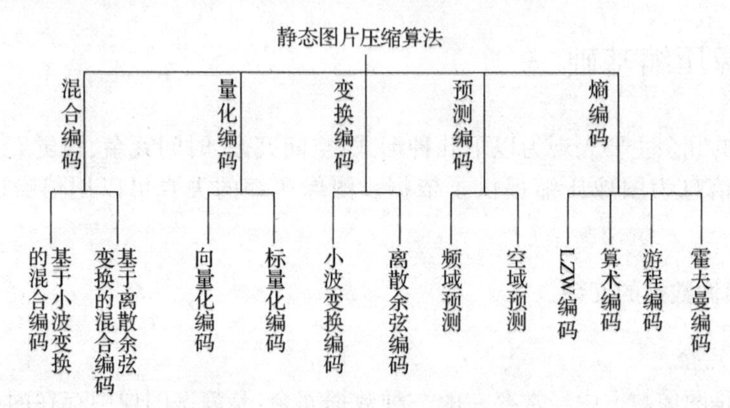

图 6.1　静态图片压缩算法分类

6.1.3　图像压缩方法的评价

压缩后重构的图像往往与原始图像有一定的误差，此时就需要有衡量压缩图像质量的方法。

1）图像压缩比和复杂度

衡量压缩比的重要指标就是图像的压缩程度，压缩比越高，对图像的压缩效率越高。设 R 为压缩比，则有

$$R=\frac{压缩数据长度}{原始数据长度}\times 100\% \tag{6.1}$$

复杂度反映了一种压缩方法的代价，它可以通过数据操作的数量来度量，比如加、减、乘等运算的数量。

2）均方差和峰值信噪比

图像质量的下降与误差信号的强弱相关，基于此，最简单的质量评价方法就是均方差（Mean Squared Error，MSE）和峰值信噪比（Peak Signal - Noise Ratio，PSNR）。

$$MSE=\frac{\sum_{m=1}^{M}\sum_{n=1}^{N}[R(m,n)-I(m,n)]^2}{M\times N} \tag{6.2}$$

$$PSNR=10\ln\frac{L^2}{MSE} \tag{6.3}$$

式中：$R(m,n)$为参考图像在空间位置(m,n)的灰度值；$I(m,n)$为失真图像在空间位置(m,n)的灰度值；L 为峰值信号，对于 8 位的灰度图像来说，$L=255$。

3）主观评价

由于采用上述两种评价方法所得到的结果与人眼评价结果并不总是一致的，主观评价也就成为不可缺少的方法。主观评价法将图像呈现给评价者，通过将评价者的评分归一化来判断图像质量。主观评价法又可以分为绝对评价和相对评价两种类型，如表 6.1 和表 6.2 所示。

表 6.1　绝对评价尺度

分数	质量尺度	分数	妨碍尺度
5 分	丝毫看不出图像质量变坏	5 分	非常好
4 分	能看出图像质量变化但不妨碍观看	4 分	好
3 分	清楚看出图像质量变坏，对观看稍有妨碍	3 分	一般
2 分	对观看有妨碍	2 分	差
1 分	非常严重地妨碍观看	1 分	非常差

表 6.2　相对评价尺度和绝对评价尺度对照

分数	相对评价尺度	绝对评价尺度
5 分	一群中最好	非常好
4 分	好于该群中平均水平	好
3 分	该群中平均水平	一般
2 分	差于该群中平均水平	差
1 分	该群中最差	非常差

6.2　无损压缩技术

无损压缩是能无失真地重建信源信号的一种压缩方法。无损压缩利用数据的统计冗余进行压缩，可完全恢复原始数据而不引起任何失真，但压缩比受到数据统计冗余度的理论限制，一般为 2∶1 至 5∶1。

6.2.1　游程编码

游程编码(Run Length Coding，RLC)，又称运行长度编码或行程编码，是一种统计编码，一种与数据性质无关的无损数据压缩技术。

当信源是二元相关信源，其输出只有两个符号，即 0 或 1。在信源输出的一维二元序列中，连续出现 0 的这一段称为 0 游程，连续出现 1 的这一段称为 1 游程，对应段中的符号个数就是 0 游程长度和 1 游程长度。因为信源输出是随机的，所以游程长度是随机变量，其取值可为 1，2，3……直至无穷值。在输出的二元序列中，0 游程和 1 游程总是交替出现的。若规定二元序列总是从0游程开始，那么第一个为0游程，第二个必定是1游程，以此类推，两种游程交替出现。这样，只需对串的长度(即游程长度)进行标记，就可以将信源输出的任意二元序列一一对应地映射成交替出现的游程长度的标志序列。当然一般游程长度都用自然数标记，所以就映射成交替出现的游程长度序列，简称游程序列。例如某二元序列为000011111001111110000000111111……则对应的游程长度序列为452676……

二元序列中，不同的0游程长度对应不同的概率，不同的1游程长度也对应不同的概率，这些概率叫作游程长度概率。游程编码的基本思想就是对不同的游程长度，按其不同的发生概率分配不同的码字。游程编码可以将两种游程分别按其概率进行编码，也可以将两种游程长度混合起来一起编码。

6.2.2 霍夫曼编码

对于某一信源和某一码元集来说，若有一个唯一的可译码，它的平均码长不大于其他唯一可译码的平均长度，则称此码为最佳码，也称为紧致码。

1952年，霍夫曼提出了一种构造最佳码的方法，称为霍夫曼编码。这种编码方法所得的码字是即时码，而且在所有的唯一可译码中，它的平均码长最短，是一种最佳变长码。

二元霍夫曼编码的步骤如下：

(1) 将 q 个信源符号 s_i 按出现概率 $p(s_i)$ 递减的次序排列。

(2) 取两个概率最小的符号，其中一个符号编为0，另一个符号编为1，并将这两个概率相加作为一个新符号的概率，从而得到包含 $(q-1)$ 个符号的新信源，称为缩减信源。

(3) 把缩减信源中的 $(q-1)$ 个符号重新按概率递减的次序排列，重复步骤(2)。

(4) 依次继续下去，直至所有概率相加得到1为止。

(5) 从最后一级开始，向前返回，得到各个信源符号所对应的码元序列，即相应的码字。

例如，对某个包含8个消息符号的离散无记忆信源编制二进制霍夫曼码，其概率如下：

s	s_1	s_2	s_3	s_4	s_5	s_6	s_7	s_8
$p(s)$	0.2	0.19	0.18	0.17	0.15	0.1	0.007	0.003

编码过程如图6.2所示，各个符号的码长和码字的计算结果如表6.3所示。

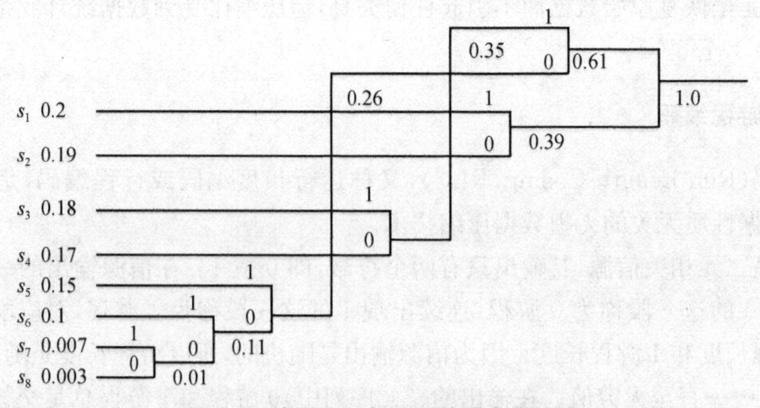

图6.2 离散无记忆信源的霍夫曼编码

表 6.3　霍夫曼编码各个符号的码长和码字

消息符号 s_i	码长 L_i	码字 W_i	消息符号 s_i	码长 L_i	码字 W_i
s_1	2	01	s_5	3	101
s_2	2	00	s_6	4	1001
s_3	3	111	s_7	5	10001
s_4	3	110	s_8	5	10000

6.2.3　香农编码

香农第一定理的证明过程给出了一种编码方法，称为香农编码。这种编码方法是选择每个码长 L_i，使其满足

$$-\log_2 p(s_i) \leqslant L_i < -\log_2 p(s_i)+1 \qquad (i=1,2,\cdots,q) \tag{6.4}$$

香农编码的基本思想是概率匹配原则，即概率大的信源符号用短码，概率小的信源符号用长码，以减小平均码长，提高编码效率。香农编码的步骤如下：

(1) 将信源发出的 q 个消息按其出现概率递减的次序排列。

(2) 计算各个消息的 $-\log_2 p(s_i)$，确定满足式(6.4)的码长 L_i。

(3) 计算第 i 个消息的累加概率 $P_i=\sum_{k=1}^{i-1} p(s_k)$。

(4) 将累加概率 P_i 转换为二进制数。

(5) 取 P_i 二进制数的小数点后 L_i 位作为第 i 个符号的二进制码字 W_i。

在香农编码中，累积分布函数 F_i 将区间[0,1)分为许多互不重叠的小区间，每个信源符号 s_i 对应的码字 W_i 位于不同区间 $[F_i, F_{i+1})$ 内。根据二进制小数的特性，在区域[0,1)之间，不重叠区间的二进制小数的前缀部分是不相同的，所以这样编得的码一定满足异前缀条件，一定是即时码。

例如，对包含 6 个符号的信源序列进行香农编码，其信源概率为

$$\begin{bmatrix} s_i \\ p(s_i) \end{bmatrix} = \begin{bmatrix} s_1 & s_2 & s_3 & s_4 & s_5 & s_6 \\ 0.2 & 0.19 & 0.18 & 0.17 & 0.15 & 0.11 \end{bmatrix}$$

下面以消息 s_3 为例介绍香农编码过程。

首先计算 $-\log_2(0.18)=2.47$，于是取整数 $L_3=3$ 作为 s_3 的码长。然后计算累加概率 P_3，有

$$P_3=\sum_{k=1}^{2} p(s_k)=0.2+0.19=0.39$$

将 0.39 转换为二进制数：$(0.39)_{10}=(0.0110001)_2$，取小数点后面三位即 011 作为 s_3 的码字。依此类推，其余符号的码字也可以计算得到，如表 6.4 所示。

表 6.4　香农编码结果

消息符号 s_i	消息概率 $p(s_i)$	累加概率 P_i	$-\log_2 p(s_i)$	码长 L_i	码字 W_i
s_1	0.2	0	2.34	3	000
s_2	0.19	0.2	2.41	3	001
s_3	0.18	0.39	2.48	3	011
s_4	0.17	0.57	2.56	3	100
s_5	0.15	0.74	2.74	3	101
s_6	0.11	0.89	3.18	4	1110

6.2.4　算术编码

算术编码的基本思想是：将输入序列的各个符号按照出现的概率映射到 0～1 之间的数字区域内，该区域用可以改变精度的二进制小数表示，其中出现频率越低的数据利用精度越高的小数表述。

算术压缩算法可以大幅度地减小文件长度，可以达到 100∶1的压缩比，针对不同的图像文件，其压缩比主要与源文件的数据分布和所采用标准模式的精度有关。事实上，有研究人员测试过，对于许多实际图像，算术编码的压缩效果比霍夫曼编码提高了 5%～10%。

例如，输入数据为 aabbc，其出现概率和所设定的取值范围如表 6.5 所示。

表 6.5　数据出现概率和取值范围

字符	概率	取值范围
a	0.4	[0,0.4)
b	0.4	[0.4,0.8)
c	0.2	[0.8,1]

取值范围给出了字符的赋值区间，这个区间是根据字符出现的概率来划分的，具体把字符 a、b 和 c 分在哪个区间对编码本身没有影响，只要保证在编码端和解码端对字符的概率区间有相同的定义即可。

读入新字符后的上、下限可按下式计算：

High＝Low＋Range * High_range(char)

Low＝Low＋Range * Low_range(char)

式中：High、Low 分别表示当前取值范围的上、下限，Range 为上、下限之差，High_range(char)、Low_range(char)分别表示新输入字符概率的上、下限。重复上述编码过程，直到输入序列结束为止。具体的编码过程如表 6.6 所示。

表 6.6　算术编码过程

字符	Low	High	Range
a	0	0.4	0.4
a	0	0.16	0.16
b	0.064	0.128	0.064
b	0.0896	0.1152	0.0256
c	0.1108	0.1152	0.0044

由上述编码过程可以看出，随着字符的输入，编码输出的取值范围越来越小。当输入序列全部被编码后，编码输出被映射成区间[0.1108, 0.1152]内的一个小数，可以取这个区间的下限 0.1108 作为输入序列“aabbc”的编码输出。

算术编码的解码非常简单，具体过程为：去掉第一个字符对编码输出的影响，即用 0.1108减去已译字符 a 的概率区间[0,0.4)的下限 0，得 0.1108，再除以范围 0.4，得 0.277，由概率分布的定义可知，第二个符号应是 a。继续按上述方法译码，如果代码处理完毕，则结束。

6.3　有损压缩技术

有损压缩方法利用了人类视觉的掩盖效应，即对于图像边缘部分的急剧变化不敏感、对亮度信息敏感，但对色度分辨力弱等特点，允许压缩过程中损失一部分信息，由压缩后的数据恢复的原始数据虽然有信息量的减少，但仍然有令人满意的主观效果。

6.3.1　预测编码

若有一个离散信号序列，序列中各离散信号之间有一定的关联性，则利用这个序列中若干个信号作为依据，对下一个信号进行预测，然后将实际值与预测值的差进行量化编码后传输，这就是预测编码的基本原理。

1952 年，贝尔实验室的 C. C. Cutler 提出了差值脉冲编码调制(DPCM)系统，其基本思想是：根据过去的样本估算下一个样本信号的幅度大小(这个值称为预测值)，然后对实际信号值与预测值之差进行量化编码，从而减少表示每个样本信号的位数。DPCM 是对实际信号值与预测值之差进行量化编码，存储或者传送的是差值而不是幅度绝对值，这就降低了传送或存储的数据量。

DPCM 系统的基本原理如图 6.3 所示。

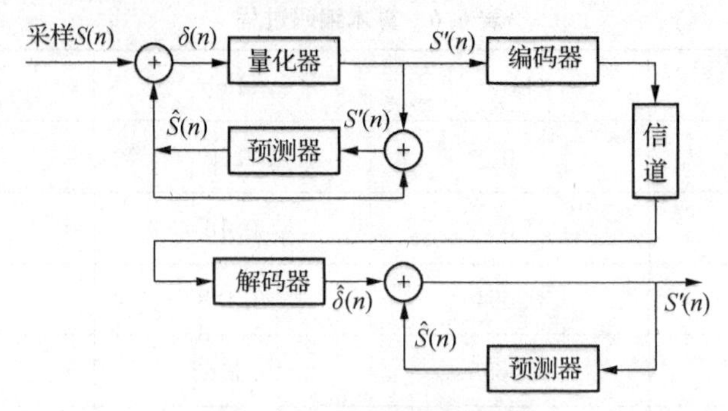

图 6.3 DPCM 系统原理图

图 6.3 中，$S(n)$为信源数据，$S'(n)$为引入了量化误差的信源数据，$\hat{S}(n)$为预测值，$\delta(n)$为预测误差，$\delta(n)$经量化后输出$\hat{\delta}(n)$。

在 DPCM 系统中，发送端先发送一个初始值 S，然后就只发送预测误差 δ，接收端将收到的量化后的预测误差$\hat{\delta}$和本地计算出的预测值$\hat{S}(n)$相加，得到恢复后的信号 S'。如果信道传输无误，则接收端重建信号 S' 与发送端原始信号 S 间的误差为 $S-S'=S-(\hat{S}+\hat{\delta})=(S-\hat{S})-\hat{\delta}=\delta-\hat{\delta}=q$，这就是量化误差，即预测编码系统的失真来自发送端量化器。

预测器的设计是 DPCM 系统的核心问题，因为预测越准确，预测误差越小，码率就能压缩得越多。常用的线性预测公式是 $\hat{S}_k=\sum_{i=1}^{N}a_i(k)s'_i, N<k$，预测误差 $q_k=S_k-\sum_{i=1}^{N}a_i(k)s'_i$。为了使预测误差在某种测度下最小，要按照一定的准则对线性预测系数进行优化，采用最小均方误差准则来设计是很经典的方法。

6.3.2 变换编码

变换编码是一种间接编码方法，其中的关键是在时域或空域描述时，数据之间相关性大，数据冗余度大，通过变换为在变换域中描述，数据相关性大大减少，数据冗余量减少，参数独立，数据量少，这样再进行量化，编码就能得到较大的压缩比。

正交变换的种类很多，典型的有 DCT(离散余弦变换)、K-L 变换、小波变换等。基于变换的多媒体压缩编码技术已经有 60 多年的发展历史，技术已经比较成熟，被广泛应用于各种图像、音频、视频等多媒体数据的压缩，现有的视频和图像编码标准中几乎都使用了变换编码的思想。

1) 最佳正交变换——K-L 变换

K-L(Karhunen-Loeve，卡角-洛伊夫)变换，也称为主分量变换，是以多媒体数据的统计特性为基础的一种正交变换，其变换核矩阵是与待处理的数据相关的，即其变换核是变化的。K-L 变换具有以下两个特性：

(1) 使向量信号的各个分量互不相关，即变换域信号的协方差矩阵为对角线型。

(2) K-L 变换是在均方误差准则下失真最小的一种最佳变换。

变换的选择很大程度上影响着编码系统的整体性能，要最大限度地集中信号功率，取得最大的压缩效率。如果信号是一个平稳随机过程，经过 K-L 变换后，所有的变换系数都不相关，且数值较大的方差仅存于少数系数中，这就利于在一定的失真度限制下，将数据压缩至最小。虽然 K-L 变换具有均方误差准则下的最佳性能，但是要先知道信源的协方差矩阵，并求特征值和特征向量，运算量相当大，即使借助计算机求解，也很难满足系统的实时性要求。因此 K-L 变换实用性差，一般情况下只是作为衡量其他正交变换性能的参考方式来使用。

对向量信号 $\boldsymbol{X}$ 进行 K-L 变换的具体过程是：首先求出向量信号 $\boldsymbol{X}$ 的协方差矩阵 $\boldsymbol{\varphi}_X$，然后求出 $\boldsymbol{\varphi}_X$ 的归一化正交特征向量 $\boldsymbol{q}_i$ 所构成的正交矩阵 $\boldsymbol{Q}$，最后用矩阵 $\boldsymbol{Q}$ 对该向量信号进行正交变换 $\boldsymbol{Y}=\boldsymbol{QX}$。

2）离散余弦变换（DCT）

DCT 是在图像和视频编码中应用得最多的一种变换方法，其实质是通过线性变换 $\boldsymbol{X}=\boldsymbol{Hx}$，将一个 N 维向量 $\boldsymbol{x}$ 变换为变换系数向量 $\boldsymbol{X}$。DCT 变换核 $\boldsymbol{H}$ 的第 k 行第 n 列的元素定义为

$$\boldsymbol{H}(k,n)=c_k\sqrt{\frac{2}{N}}\cos\frac{(2n+1)k\pi}{2N} \tag{6.5}$$

其中，$k=0,1,\cdots,N-1$，$n=0,1,\cdots,N-1$，$c_0=\sqrt{2}$，$c_k=1$。由于 DCT 是线性正交变换，因此 DCT 是完全可逆的，且逆矩阵就是其转置矩阵。

为了降低运算量，图像编码中一般将图像分为相互独立的子块，以子块为单位进行二维 DCT，$N\times N$ 点二维 DCT 公式为

$$F(u,v)=\frac{2}{N}C(u)C(v)\sum_{x=0}^{N-1}\sum_{y=0}^{N-1}f(x,y)\cos\frac{(2x+1)u\pi}{2N}\cos\frac{(2y+1)v\pi}{2N} \tag{6.6}$$

逆 IDCT 公式为

$$f(x,y)=\frac{2}{N}C(u)C(v)\sum_{u=0}^{N-1}\sum_{v=0}^{N-1}F(u,v)\cos\frac{(2x+1)u\pi}{2N}\cos\frac{(2y+1)v\pi}{2N} \tag{6.7}$$

其中，x,y 是空间坐标，$x,y=0,1,\cdots,N-1$；u,v 是 DCT 空间坐标，$u,v=0,1,\cdots,N-1$；可变系数 $C(0)=1/\sqrt{2}$，$C(i)=1$，$i=1,2,\cdots,N-1$。

3）小波变换

小波变换（Wavelet Transform，WT）是一种新的变换分析方法，它继承和发展了短时傅里叶变换局部化的思想，同时克服了窗口大小不随频率变化等缺点，能够提供一个随频率改变的时间-频率窗口，是进行信号时频分析和处理的理想工具。

在图像编码中使用的二维离散小波变换等同于一个分层的子带系统，各子带的频率按对数划分，表示二倍程分解。因为二维小波可分离构造，也就是说，二维小波变换先经过一次列变换，如图 6.4(b)所示；再经过一次行变换，如图 6.4(c)所示，即通过总共两次一维小波变换来实现。这样一幅图像在二维频域可以分解为 4 个子带。进一步地，可以将 X_1^{LL} 分解为 4 个子带 X_2^{LL}、X_2^{LH}、X_2^{HL} 和 X_2^{HH}，如图 6.4(d)所示。就这样，分别对图像的列、行实施一维小波分解并迭代以形成多级塔形分解结构。在多级塔形分解结构中，不同级的子带系数实质上反映了图像在不同尺度下的低频和高频分量。分解的级数越高，则相应子带对应的尺度越大，而子带本身的大小就越小，因为每进行一次分解都要进行抽样，级数越高则抽样次数越多，子带自然就越小。

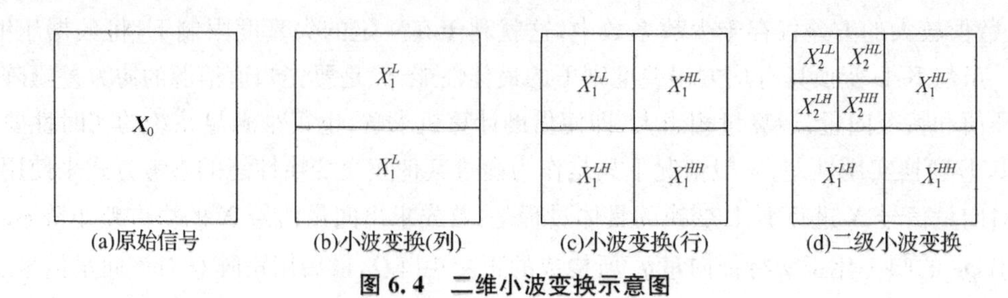

图 6.4　二维小波变换示意图

6.4　基于 JPEG 的图像压缩

JPEG 提供了两种基本的压缩编码技术，即基于 DCT 的有损压缩和基于 DPCM(差值编码)的无损压缩，两者均可采用多种操作模式实现，JPEG 提供的操作模式有以下 4 种。

(1) 顺序编码：即每个图像分量从左到右，从上到下，一次扫描完成编码。

(2) 累进编码：图像编码在多次扫描中完成，接收端能体验到图像多次扫描，从模糊逐渐变清晰的过程。

(3) 无损编码：采用 DPCM 预测编码，可以精确恢复原始图像。

(4) 分层编码：在多个分辨率下进行编码，在信道较慢或接收端分辨率较低时，可以只完成低分辨率的解码。

顺序编码和累进编码采用 DCT 技术，无损编码采用 DPCM 技术，而分层编码既可以采用 DCT 技术，也可以采用 DPCM 技术。对于每一种操作模式，实际应用中采用的大部分为基本顺序编码模式，称为 JPEG 基本系统。采用 JPEG 时在码率低于 0.25 bit/像素的情况下，图像会出现明显的防控效应，抗噪能力差，为了弥补这些不足，JPEG2000 标准于 2000 年正式推出。JPEG2000 使用离散小波变换作为变换编码方法，对变换后的 DWT 系数进行量化，再做熵编码，最后根据需求将熵编码后的数据组织成压缩码流输出。

本节在 MATLAB 中实现一个简单的图像压缩编码器，原理与 JPEG 类似，采用 DCT 和霍夫曼编码技术，并且与 JPEG 一样，在 DCT 变换后对系数用量化表进行量化，最后编码生成压缩数据。具体压缩过程如下：

(1) 将原始图像分为 8×8 的小块，每个小块里有 64 个像素。

(2) 将图像中每个 8×8 的小块进行 DCT 变换。8×8 的图像经过 DCT 变换后，其低频分量都集中在左上角，高频分量分布在右下角。由于该低频分量包含了图像的主要信息(如亮度)，而高频分量与之相比并不那么重要，所以可以忽略高频分量。

(3) 利用量化表抑制高频变量。量化操作就是将某一个值除以量化表中对应的值。由于量化表左上角的值较小，右上角的值较大，这样就起到了保持低频分量、抑制高频分量的作用。压缩时将彩色图像的颜色空间由 RGB 格式转化为 YUV 格式，其中 Y 分量代表了亮度信息，UV 分量代表了色差信息。相比而言，Y 分量更重要一些。因此可以对 Y 分量采用细量化，对 UV 分量采用粗量化来进一步提高压缩比。所以量化表通常有两张，一张是针对 Y 分量的标准亮度量化表，一张是针对 UV 分量的标准色彩量化表。

(4) 经过量化之后图像右下角大部分数据变成了 0,左上角为非零数据。这时使用 Z 字形的顺序来重新排列数据,生成一个整数数组,这样 0 就位于数组的后端。找到数组最后一个非零元素,将其后的数据都舍弃并加上结束标志。

MATLAB 代码如下:

```
Main.m 程序流程:读图- - 转为灰度图像- - 转为双精度型- - 电平平移 128 个单位以便做
DCT 变换- - - 8 * 8 DCT 变换- - 量化- - - 编码- -
% % 直接反量化 DCT- - 恢复出原始图像
close all;clear all;clc;
I= imread('lena.bmp');
info= imfinfo('lena.bmp')
% 原始图像为 RGB 图像,转为灰度图像
I= rgb2gray(I);
A= double(I);
% 做 DCT 变换时需要把图像转为双精度型,并把电平平移 128 个单位
I= double(I)- 128;
[H,L]= size(I);
% 8 * 8 DCT 变换;DCTI 为做完 DCT 变换后的矩阵
DCTI= blkproc(I,[8 8],'dct2');
% ro 为亮度量化矩阵
ro= [16 11 10 16 24 40 51 61
    12 12 14 19 26 58 60 55
    14 13 16 24 40 57 69 56
    14 17 22 29 51 87 80 62
    18 22 37 56 68 109 103 77
    24 35 55 64 81 104 113 92
    49 64 78 87 103 121 120 101
    72 92 95 98 112 100 103 99];
% 8 * 8 量化;DCTI1 为 DCTI 的量化矩阵
DCTI1= blkproc(DCTI,[8 8],'round(x./P1)',ro);
DCTI2= [];
DCTI2= DCTI1;
% 分成 8 * 8 的块,以便提取 DC 系数
i= 0;
for h= 1:H/8
    for l= 1:L/8
        i= i+ 1;
        block88(:,:,i)= DCTI1(((h- 1) * 8+ 1):((h- 1) * 8+ 8),((l- 1) * 8+ 1):((l-
1) * 8+ 8));
    end
end
% 提取直流系数到 DC 矩阵
for i= 1:H * L/64
    DC(:,:,i)= block88(1,1,i);
end
  DC1(:,:,1)= DC(:,:,1);
for i= 2:H * L/64
    DC1(:,:,i)= DC(:,:,i)- DC(:,:,i- 1);
end
```

```
% 把 DC1 添至量化后矩阵,DCTI1 此时是 DC 系数替换后的矩阵
h= H/8;
l= L/8;
k= 0;
for i= 1:h
    for j= 1:l
        k= k+ 1;
        DCTI1(1+ (i- 1) * 8,1+ (j- 1) * 8)= DC1(:,:,k);
    end
end
% 编码
ImageSeq= [];
ImageLen= [];
for r= 1:H/8
    for c= 1:L/8
        % 对块矩阵进行 zigzag 编码
        m(1:8,1:8)= DCTI1((r- 1) * 8+ 1:(r- 1) * 8+ 8,(c- 1) * 8+ 1:(c- 1) * 8+ 8);
        k1= zigzag(m);
        % 找出最后一位不为 0 的 zigzag 矩阵的下标
        w= 0;
        u= 64;
        while u ~= 0
             if k1(u) ~= 0
                w= u;
             break;
          end
             u= u- 1;
end
% 63 个系数全为 0 的情况,对 w= 0 无法编码,所以把矩阵下标赋值为 1
if w== 0
  w= 1;
end
% w 为最后一个不为 0 的系数的下标,e 为 zigzag 扫描结果 t 去掉末尾 0 后得到的一维行向量
e(w)= 0;
for i= 1:w
  e(i)= k1(i);
end

% 对 DC 系数进行霍夫曼编码
[DC_seq,DC_len]= DCEncoding(e(1) );
DC_seq;
DC_len;
% zerolen 为连 0 串中 0 的个数,amplitude 为连 0 串后非 0 值的幅度,enb= 1010(块结束
% 符 EOB)
end_seq= dec2bin(10,4);
AC_seq= [];
blockbit_seq= [];
zrl_seq= [];
trt_seq= [];
zerolen= 0;
```

```
zeronumber= 0;

% 分块中只有第一个 DC 系数为 0 或不为 0,AC 系数全为 0 的情况
if numel(e)== 1
   AC_seq= [];
   blockbit_seq= [DC_seq,end_seq];
   blockbit_len= length(blockbit_seq);
else
  for i= 2:w
    if ( e(i)== 0 & zeronumber<16)
       zeronumber= zeronumber+ 1;
    % 16 个连续 0 的表示
    elseif (e(i)== 0 & zeronumber== 16);
       bit_seq= dec2bin(2041,11);
       zeronumber=1;
       AC_seq= [AC_seq,bit_seq];
    elseif (e(i)~= 0 & zeronumber== 16)
        zrl_seq= dec2bin(2041,11);
        amplitude= e(i);
    trt_seq= ACEncoding(0,amplitude);
        bit_seq= [zrl_seq,trt_seq];
        AC_seq= [AC_seq,bit_seq];
        zeronumber= 0;
    elseif(e(i))
        zerolen= zeronumber;
        amplitude= e(i);
        zeronumber= 0;
        bit_seq= ACEncoding(zerolen,amplitude);
        AC_seq= [AC_seq,bit_seq];
      end
    end
end
blockbit_seq= [DC_seq,AC_seq,end_seq];
blockbit_len= length(blockbit_seq);

% blockbit_seq 为整个块的编码序列,blockbit_len 为整个块的编码长度
blockbit_seq;
blockbit_len;
ImageSeq= [ImageSeq,blockbit_seq];
ImageLen= numel(ImageSeq);
    end
end

% 恢复图像
Q= blkproc(DCTI2,[8,8],'x.* P1',ro);

Recover= blkproc(Q,[8,8],'idct2(x)');
RecoverImage= round(Recover)+ 128;

RecoverImage= uint8(RecoverImage);
```

```
imwrite(RecoverImage,'new.jpeg');
```

ACEncoding.m子函数

```
functionbit_seq= ACEncoding(x,y)
Z= x;
v0= y;
R= abs(y);
if R= = 1;amplen= 1;
elseif(R >= 2 & R <= 3);amplen =  2;
elseif(R >= 4 & R <= 7);amplen =  3;
elseif(R >= 8 & R <= 15);amplen =  4;
elseif(R >= 16 & R <=  31);amplen =  5;
elseif(R >= 32 & R <=  63);amplen =  6;
elseif(R >= 64 & R <= 127);amplen =  7;
elseif(R >= 128 & R <= 255);amplen =  8;
elseif(R >= 256 & R <= 511);amplen =  9;
elseif(R >= 512 & R <= 1023);amplen =  10;
end
if (Z== 0 &amplen== 1); codelen= 2;accode= 0;
elseif (Z== 0 &amplen== 2);codelen= 2;accode= 1;
elseif (Z== 0 &amplen== 3);codelen= 3;accode= 4;
elseif (Z== 0 &amplen== 4);codelen= 4;accode= 11;
elseif (Z== 0 &amplen== 5);codelen= 5;accode= 26;
elseif (Z== 0 &amplen== 6);codelen= 7;accode= 120;
elseif (Z== 0 &amplen== 7);codelen= 8;accode= 248;
elseif (Z== 0 &amplen== 8);codelen= 10;accode= 1014;
elseif (Z== 0 &amplen== 9);codelen= 16;accode= 65410;
elseif (Z== 0 &amplen== 10);codelen= 16;accode= 65411;

elseif (Z== 1 &amplen== 1); codelen= 4;accode= 12;
elseif (Z== 1 &amplen== 2); codelen= 5;accode= 27;
elseif (Z== 1 &amplen== 3); codelen= 7;accode= 121;
elseif (Z== 1 &amplen== 4); codelen= 9;accode= 502;
elseif (Z== 1 &amplen== 5);codelen= 11;accode= 2038;
elseif (Z== 1 &amplen== 6);codelen= 16;accode= 65412;
elseif (Z== 1 &amplen== 7);codelen= 16;accode= 65413;
elseif (Z== 1 &amplen== 8);codelen= 16;accode= 65414;
elseif (Z== 1 &amplen== 9);codelen= 16;accode= 65415;
elseif (Z== 1 &amplen== 10);codelen= 16;accode= 65416;

elseif (Z== 2 &amplen== 1);codelen= 5;accode= 28;
elseif (Z== 2 &amplen== 2);codelen= 8;accode= 249;
elseif (Z== 2 &amplen== 3);codelen= 10;accode= 1015;
elseif (Z== 2 &amplen== 4);codelen= 12;accode= 4084;
elseif (Z== 2 &amplen== 5);codelen= 16;accode= 65417;
elseif (Z== 2 &amplen== 6);codelen= 16;accode= 65418;
elseif (Z== 2 &amplen== 7);codelen= 16;accode= 65419;
elseif (Z== 2 &amplen== 8);codelen= 16;accode= 65420;
elseif (Z== 2 &amplen== 9);codelen= 16;accode= 65421;
elseif (Z== 2 &amplen== 10);codelen= 16;accode= 65422;
```

```
elseif (Z== 3 &amplen== 1);codelen= 6;accode= 58;
elseif (Z== 3 &amplen== 2);codelen= 9;accode= 503;
elseif (Z== 3 &amplen== 3);codelen= 12;accode= 4085;
elseif (Z== 3 &amplen== 4);codelen= 16;accode= 65423;
elseif (Z== 3 &amplen== 5);codelen= 16;accode= 65424;
elseif (Z== 3 &amplen== 6);codelen= 16;accode= 65425;
elseif (Z== 3 &amplen== 7);codelen= 16;accode= 65426;
elseif (Z== 3 &amplen== 8);codelen= 16;accode= 65427;
elseif (Z== 3 &amplen== 9);codelen= 16;accode= 65428;
elseif (Z== 3 &amplen== 10);codelen= 16;accode= 65429;
elseif (Z== 4 &amplen== 1);codelen= 6;accode= 59;
elseif (Z== 4 &amplen== 2);codelen= 10;accode= 1016;
elseif (Z== 4 &amplen== 3);codelen= 16;accode= 65430;
elseif (Z== 4 &amplen== 4);codelen= 16;accode= 65431;
elseif (Z== 4 &amplen== 5);codelen= 16;accode= 65432;
elseif (Z== 4 &amplen== 6);codelen= 16;accode= 65433;
elseif (Z== 4 &amplen== 7);codelen= 16;accode= 65434;
elseif (Z== 4 &amplen== 8);codelen= 16;accode= 65435;
elseif (Z== 4 &amplen== 9);codelen= 16;accode= 65436;
elseif (Z== 4 &amplen== 10);codelen= 16;accode= 65437;

elseif (Z== 5 &amplen== 1);codelen= 7;accode= 122;
elseif (Z== 5 &amplen== 2);codelen= 11;accode= 2039;
elseif (Z== 5 &amplen== 3);codelen= 16;accode= 65438;
elseif (Z== 5 &amplen== 4);codelen= 16;accode= 65439;
elseif (Z== 5 &amplen== 5);codelen= 16;accode= 65440;
elseif (Z== 5 &amplen== 6);codelen= 16;accode= 65441;
elseif (Z== 5 &amplen== 7);codelen= 16;accode= 65442;
elseif (Z== 5 &amplen== 8);codelen= 16;accode= 65443;
elseif (Z== 5 &amplen== 9);codelen= 16;accode= 65444;
elseif (Z== 5 &amplen== 10);codelen= 16;accode= 65445;

elseif (Z== 6 &amplen== 1);codelen= 7;accode= 123;
elseif (Z== 6 &amplen== 2);codelen= 12;accode= 4086;
elseif (Z== 6 &amplen== 3);codelen= 16;accode= 65446;
elseif (Z== 6 &amplen== 4);codelen= 16;accode= 65447;
elseif (Z== 6 &amplen== 5);codelen= 16;accode= 65448;
elseif (Z== 6 &amplen== 6);codelen= 16;accode= 65449;
elseif (Z== 6 &amplen== 7);codelen= 16;accode= 65450;
elseif (Z== 6 &amplen== 8);codelen= 16;accode= 65451;
elseif (Z== 6 &amplen== 9);codelen= 16;accode= 65452;
elseif (Z== 6 &amplen== 10);codelen= 16;accode= 65453;

elseif (Z== 7 &amplen== 1);codelen= 8;accode= 250;
elseif (Z== 7 &amplen== 2);codelen= 12;accode= 4087;
elseif (Z== 7 &amplen== 3);codelen= 16;accode= 65454;
elseif (Z== 7 &amplen== 4);codelen= 16;accode= 65455;
elseif (Z== 7 &amplen== 5);codelen= 16;accode= 65456;
elseif (Z== 7 &amplen== 6);codelen= 16;accode= 65457;
elseif (Z== 7 &amplen== 7);codelen= 16;accode= 65458;
```

```
elseif (Z== 7 &amplen== 8);codelen= 16;accode= 65459;
elseif (Z== 7 &amplen== 9);codelen= 16;accode= 65460;
elseif (Z== 7 &amplen== 10);codelen= 16;accode= 65461;

elseif (Z== 8 &amplen== 1);codelen= 9;accode= 504;
elseif (Z== 8 &amplen== 2);codelen= 15;accode= 32704;
elseif (Z== 8 &amplen== 3);codelen= 16;accode= 65462;
elseif (Z== 8 &amplen== 4);codelen= 16;accode= 65463;
elseif (Z== 8 &amplen== 5);codelen= 16;accode= 65464;
elseif (Z== 8 &amplen== 6);codelen= 16;accode= 65465;
elseif (Z== 8 &amplen== 7);codelen= 16;accode= 65466;
elseif (Z== 8 &amplen== 8);codelen= 16;accode= 65467;
elseif (Z== 8 &amplen== 9);codelen= 16;accode= 65468;
elseif (Z== 8 &amplen== 10);codelen= 16;accode= 65469;

elseif (Z== 9 &amplen== 1);codelen= 9;accode= 505;
elseif (Z== 9 &amplen== 2);codelen= 16;accode= 65470;
elseif (Z== 9 &amplen== 3);codelen= 16;accode= 65471;
elseif (Z== 9 &amplen== 4);codelen= 16;accode= 65472;
elseif (Z== 9 &amplen== 5);codelen= 16;accode= 65473;
elseif (Z== 9 &amplen== 6);codelen= 16;accode= 65474;
elseif (Z== 9 &amplen== 7);codelen= 16;accode= 65475;
elseif (Z== 9 &amplen== 8);codelen= 16;accode= 65476;
elseif (Z== 9 &amplen== 9);codelen= 16;accode= 65477;
elseif (Z== 9 &amplen== 10);codelen= 16;accode= 65478;

elseif (Z== 10 &amplen== 1);codelen= 9;accode= 506;
elseif (Z== 10 &amplen== 2);codelen= 16;accode= 65479;
elseif (Z== 10 &amplen== 3);codelen= 16;accode= 65480;
elseif (Z== 10 &amplen== 4);codelen= 16;accode= 65481;
elseif (Z== 10 &amplen== 5);codelen= 16;accode= 65482;
elseif (Z== 10 &amplen== 6);codelen= 16;accode= 65483;
elseif (Z== 10 &amplen== 7);codelen= 16;accode= 65484;
elseif (Z== 10 &amplen== 8);codelen= 16;accode= 65485;
elseif (Z== 10 &amplen== 9);codelen= 16;accode= 65486;
elseif (Z== 10 &amplen== 10);codelen= 16;accode= 65487;

elseif (Z== 11 &amplen== 1);codelen= 10;accode= 1017;
elseif (Z== 11 &amplen== 2);codelen= 16;accode= 65488;
elseif (Z== 11 &amplen== 3);codelen= 16;accode= 65489;
elseif (Z== 11 &amplen== 4);codelen= 16;accode= 65490;
elseif (Z== 11 &amplen== 5);codelen= 16;accode= 65491;
elseif (Z== 11 &amplen== 6);codelen= 16;accode= 65492;
elseif (Z== 11 &amplen== 7);codelen= 16;accode= 65493;
elseif (Z== 11 &amplen== 8);codelen= 16;accode= 65494;
elseif (Z== 11 &amplen== 9);codelen= 16;accode= 65495;
elseif (Z== 11 &amplen== 10);codelen= 16;accode= 65496;

elseif (Z== 12 &amplen== 1);codelen= 10;accode= 1018;
elseif (Z== 12 &amplen== 2);codelen= 16;accode= 65497;
```

```
elseif (Z== 12 &amplen== 3);codelen= 16;accode= 65498;
elseif (Z== 12 &amplen== 4);codelen= 16;accode= 65499;
elseif (Z== 12 &amplen== 5);codelen= 16;accode= 65500;
elseif (Z== 12 &amplen== 6);codelen= 16;accode= 65501;
elseif (Z== 12 &amplen== 7);codelen= 16;accode= 65502;
elseif (Z== 12 &amplen== 8);codelen= 16;accode= 65503;
elseif (Z== 12 &amplen== 9);codelen= 16;accode= 65504;
elseif (Z== 12 &amplen== 10);codelen= 16;accode= 65505;

elseif (Z== 13 &amplen== 1);codelen= 11;accode= 2040;
elseif (Z== 13 &amplen== 2);codelen= 16;accode= 65506;
elseif (Z== 13 &amplen== 3);codelen= 16;accode= 65507;
elseif (Z== 13 &amplen== 4);codelen= 16;accode= 65508;
elseif (Z== 13 &amplen== 5);codelen= 16;accode= 65509;
elseif (Z== 13 &amplen== 6);codelen= 16;accode= 65510;
elseif (Z== 13 &amplen== 7);codelen= 16;accode= 65511;
elseif (Z== 13 &amplen== 8);codelen= 16;accode= 65512;
elseif (Z== 13 &amplen== 9);codelen= 16;accode= 65513;
elseif (Z== 13 &amplen== 10);codelen= 16;accode= 65514;

elseif (Z== 14 &amplen== 1);codelen= 16;accode= 65515;
elseif (Z== 14 &amplen== 2);codelen= 16;accode= 65516;
elseif (Z== 14 &amplen== 3);codelen= 16;accode= 65517;
elseif (Z== 14 &amplen== 4);codelen= 16;accode= 65518;
elseif (Z== 14 &amplen== 5);codelen= 16;accode= 65519;
elseif (Z== 14 &amplen== 6);codelen= 16;accode= 65520;
elseif (Z== 14 &amplen== 7);codelen= 16;accode= 65521;
elseif (Z== 14 &amplen== 8);codelen= 16;accode= 65522;
elseif (Z== 14 &amplen== 9);codelen= 16;accode= 65523;
elseif (Z== 14 &amplen== 10);codelen= 16;accode= 65524;

elseif (Z== 15 &amplen== 1);codelen= 16;accode= 65525;
elseif (Z== 15 &amplen== 2);codelen= 16;accode= 65526;
elseif (Z== 15 &amplen== 3);codelen= 16;accode= 65527;
elseif (Z== 15 &amplen== 4);codelen= 16;accode= 65528;
elseif (Z== 15 &amplen== 5);codelen= 16;accode= 65529;
elseif (Z== 15 &amplen== 6);codelen= 16;accode= 65530;
elseif (Z== 15 &amplen== 7);codelen= 16;accode= 65531;
elseif (Z== 15 &amplen== 8);codelen= 16;accode= 65532;
elseif (Z== 15 &amplen== 9);codelen= 16;accode= 65533;
elseif (Z== 15 &amplen== 10);codelen= 16;accode= 65534;
end
if v0> 0;
  bit_seq= [dec2bin(accode,codelen),dec2bin(R,amplen)];
else bit_seq= [dec2bin(accode,codelen),dec2bin(bitcmp(R),amplen)];
end
```

DCEncoding.m 子函数

```
% DC码表
function [seq,len]= DCEncoding(x)
v0= x;
```

```
val= abs(x);
if (val== 0);amplen= 1;codelen= 2;dccode= 0;
elseif(val== 1);amplen= 1;codelen= 3;dccode= 2;
elseif(val >= 2 & val <= 3);amplen= 2;codelen = 3;dccode= 3;
elseif(val >= 4 & val <= 7);amplen= 3;codelen = 3;dccode= 4;
elseif(val >= 8 & val <= 15);amplen= 4;codelen = 3;dccode= 5;
elseif(val >=  16 & val <= 31);amplen= 5;codelen = 3;dccode= 6;
elseif(val >=  32 & val <= 63);amplen= 6;codelen = 4;dccode= 14;
elseif(val >=  64 & val <= 127);amplen= 7;codelen = 5;dccode= 30;
elseif(val >= 128 & val <= 255);amplen= 8;codelen = 6;dccode= 62;
elseif(val >= 256 & val <= 511);amplen= 9;codelen = 7;dccode= 126;
elseif(val >= 512 & val <= 1023);amplen= 10;codelen = 8;dccode= 254;
elseif(val >=  1024 & val <= 2047);amplen= 11;codelen = 9;dccode= 510;
end
if v0> 0;seq= [dec2bin(dccode,codelen),dec2bin(val,amplen)];
else  seq= [dec2bin(dccode,codelen),dec2bin(bitcmp(val),amplen)];
end
len = numel(seq);

zigzag.m 子函数
functionzigzaged= zigzag(block)
zzscan= [1,2,9,17,10,3,4,11,18,25,33,26,19,12,5,6,13,20,27,34,41,49,42,35,...
         28,21,14,7,8,15,22,29,36,43,50,57,58,51,44,37,30,23,16,24,31,38,...
         45,52,59,60,53,46,39,32,40,47,54,61,62,55,48,56,63,64];
block1d= reshape(block',1,64);
zigzaged= block1d(zzscan)
```

原始图像的大小为 193 KB,压缩后的图像大小为 12 KB,压缩率为 6.22%。图 6.5 中最终的压缩结果与原始图像看上去并没有太大的区别,人眼难以分辨出明显的区别。

(a)原始图像

(b)压缩后图像

图 6.5　JPEG 压缩前后对比图

6.5　小结

本章首先对图像压缩的基础和图像数据冗余进行了简单介绍,随后介绍了图像的编码质量评价的标准,并根据无损压缩技术和有损压缩技术对图像压缩技术进行了分类介绍。最后举例介绍了一个简单的图像压缩编码器的 MATLAB 实现。

第 7 章　图像复原

由于天气条件和场景环境的复杂性，光学图像传感器获取的图像中常出现目标模糊的现象，导致对图像的后续处理误差增大，如目标的质心提取误差增加、图像监控的虚警率和漏警率增加等，因此采用合适的图像复原技术对模糊图像进行清晰化处理是十分必要的。本章特介绍运动模糊图像、散焦模糊图像等退化图像的复原方法。

7.1　图像复原的理论模型

图像复原技术是图像处理领域中一类非常重要的处理技术，与图像增强等其他基本图像处理技术类似，也是以获取视觉质量某种程度的改善为目的，所不同的是图像复原过程实际上是一个估计过程，需要根据某些特定的图像退化模型，对退化图像进行复原。

7.1.1　图像退化的原因

引起图像退化的因素众多且性质各不相同，具体来说，常见的退化原因大致有：

(1) 成像系统的像差、畸变和有限孔径造成的衍射；

(2) 成像系统的离焦和噪声干扰；

(3) 成像系统与景物的相对移动产生的运动模糊；

(4) 遥感图像辐射和大气湍流等造成的照片失真；

(5) 模拟图像在数字化的过程中会损失掉部分细节，因而造成图像质量下降；

(6) 底片感光特性曲线的非线性；

(7) 遥感摄像机的运动和扫描速度的不稳定。

7.1.2　图像退化/复原模型

图像复原技术是面向退化模型的，并且采用相反的过程进行处理，以便恢复出原始图像。可以采用退化函数把退化过程模型化，它和加性噪声 $n(x,y)$ 一起作用于输入图像 $f(x,y)$，产生一幅退化的图像 $g(x,y)$：

$$g(x,y)=H[f(x,y)]+n(x,y) \tag{7.1}$$

给定 $g(x,y)$、一些关于退化函数 H 的知识以及一些关于加性噪声 $n(x,y)$ 的知识，复原的目标就是得到原始图像的一个近似估计 $\hat{f}(x,y)$。我们要使这个估计尽可能地接近原始的输入图像。通常，我们对 H 和 $n(x,y)$ 知道得越多，$\hat{f}(x,y)$ 就越接近 $f(x,y)$。图像退化/复原模型如图 7.1 所示。

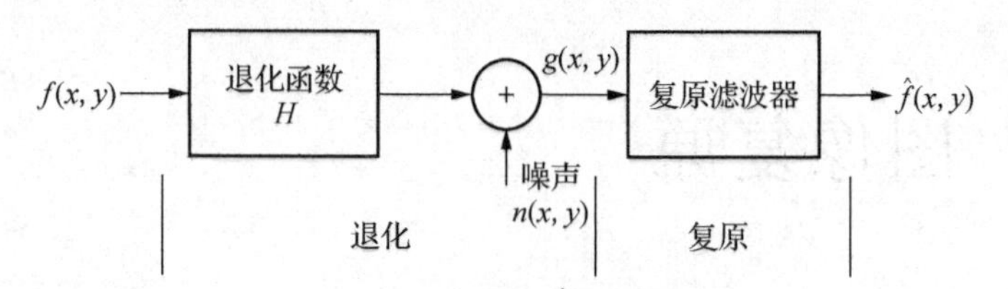

图 7.1　图像退化/复原模型

若 H 是线性的、空间不变的过程，则退化图像在空间域中通过下式给出：

$$g(x,y)=h(x,y)*f(x,y)+n(x,y) \tag{7.2}$$

其中，$h(x,y)$是退化函数的空间表示，符号“$*$”表示卷积。空间域的卷积和频域的乘法组成了一个傅里叶变换对，所以可以用等价的频域表示来写出前面的模型：

$$G(u,v)=H(u,v)F(u,v)+N(u,v) \tag{7.3}$$

其中，用大写字母表示的项是卷积方程式中相应项的傅里叶变换。退化函数 $H(u,v)$有时被称为光学传递函数(OTF)，该名词来源于光学系统的傅里叶分析。在空间域，$h(x,y)$有时被称为点扩散函数(PSF)。对于任何种类的输入，让 $h(x,y)$作用于光源的一个点来得到退化的特征，点扩散函数就是来源于此的一个名词。OTF 和 PSF 是一个傅里叶变换对，MATLAB 工具箱提供了 otf2psf 和 psf2otf 函数，用于 OTF 和 PSF 之间的转换。

7.1.3　图像模糊化

基于公式(7.1)所表示的复原模型，图像复原的基本原理是使用可以精确描述失真的 PSF 对模糊图像进行去卷积计算。去卷积计算是卷积计算的逆运算。

MATLAB 提供了 fspecial 函数来创建一个确定类型的 PSF，然后使用这个 PSF 函数对原始图像进行卷积，从而得到模糊化的图像，其调用格式如下：

```
h= fspecial(type, parameters)
```

其中，type 指定滤波器的种类，parameters 是与滤波器种类有关的参数。当 type 设定为运动滤波器时，该函数的调用格式为

```
h= fspecial('motion', len , theta)
```

这表示指定按角度 theta 移动 len 个像素的运动滤波器。

表 7.1 详细列出了 fspecial 函数的参数及其功能描述，后文会给出进行不同参数调整之后的效果比较。

表 7.1　fspecial 函数的参数及其功能描述

参数	功能描述
'average'	均值滤波器
'disk'	圆形均值滤波器
'gaussian'	高斯低通滤波器

续表 7.1

参数	功能描述
'laplacian'	近似于二维 Laplacian 算子
'log'	高斯滤波器的 Laplacian 算子
'motion'	近似于摄像头的线性移动
'prewitt'	Prewitt 水平边缘强化滤波器
'sobel'	Sobel 水平边缘强化滤波器
'unsharp'	锐化滤波器

【例 7.1】 将一幅清晰的图像进行运动模糊处理。

在 MATLAB 中调用 fspecial 和 imfilter 这两个函数能很方便地实现运动模糊化。进行运动模糊时最复杂的就是构造卷积矩阵。卷积矩阵由两个参数决定，即模糊半径 r 和模糊角度 theta，通过这两个参数，就能构造不同的模板矩阵。

```
clc
clear all
close all
I= imread('Saturn.bmp');% 载入原始图像
len= 31;
ang= 11;
PSF = fspecial('motion',len,ang); % 建立扩散算子,len是模糊长度,ang是模糊角度
img2= imfilter(I,PSF,'circular','conv'); % 图像卷积运算,生成模糊图像
subplot(2,2,1)
imshow(I)
title('清晰图像')
subplot(2,2,2)
imshow(img2)
title('运动模糊图像')
```

程序运行结果如图 7.2 所示。

(a)清晰图像

(b)运动模糊图像

图 7.2　运动模糊处理效果

【例 7.2】 将一幅清晰的图像进行圆形均值滤波模糊处理。

```
clc
clear all
```

```
close all
I= imread('Saturn.bmp');% 载入原始图像
len= 31;
ang= 11;
PSF =  fspecial('disk',10); % 进行散焦模糊,散焦半径为 10
img2= imfilter(I,PSF,'circular','conv'); % 图像卷积运算,生成模糊图像
subplot(2,2,1)
imshow(I)
title('清晰图像')
subplot(2,2,2)
imshow(img2)
title('散焦模糊图像')
```

程序运行结果如图 7.3 所示。

(a)清晰图像

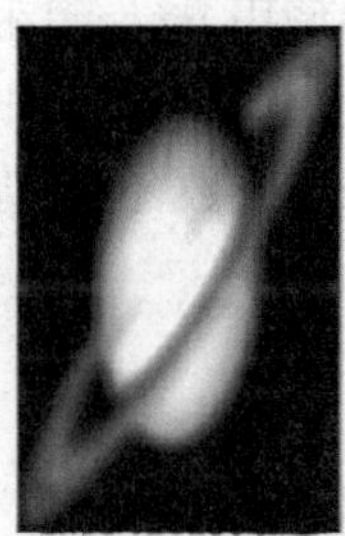
(b)散焦模糊图像

图 7.3　散焦模糊处理效果

7.2　逆滤波复原

7.2.1　逆滤波的原理

复原由退化函数 H 退化的图像的最简单方法是直接做逆滤波。设图像退化前的傅里叶变换为 $F(u,v)$，退化后的傅里叶变换为 $G(u,v)$，系统函数即退化函数的傅里叶变换为 $H(u,v)$。所谓直接逆滤波，就是用退化函数的傅里叶变换除退化后图像的傅里叶变换，得到退化前图像的傅里叶变换的估计。

如果退化图像为 $g(x,y)$，原始清晰图像为 $f(x,y)$，在不考虑噪声的情况下，其退化模型可用式(7.4)表示：

$$g(x,y)=\int_{-\infty}^{\infty}\int_{-\infty}^{\infty} f(\alpha,\beta)\delta(x-\alpha,y-\beta)\,\mathrm{d}\alpha\mathrm{d}\beta \tag{7.4}$$

由傅里叶变换的卷积定理可知，其频域退化模型由下式给出：

$$G(u,v)=H(u,v)F(u,v) \tag{7.5}$$

式中：$G(u,v)$、$H(u,v)$、$F(u,v)$ 分别是退化图像、点扩散函数和原始图像的傅里叶变换。对其取傅里叶逆变换即可得到复原的图像：

$$\hat{f}(x,y)=F^{-1}[F(u,v)]=F^{-1}\left[\frac{G(u,v)}{H(u,v)}\right] \tag{7.6}$$

其中，$G(u,v)$除以$H(u,v)$起到了反向滤波的作用，这就是逆滤波复原的基本原理，又叫去卷积法。在有噪声的情况下，逆滤波的原理式可以写为

$$F(u,v)=\frac{G(u,v)}{H(u,v)}-\frac{N(u,v)}{H(u,v)} \tag{7.7}$$

但是退化过程的传递函数是不可知的，且噪声项也无法精确得到。另外，在上式中，传递函数$H(u,v)$充当分母，在很多情况下，传递函数的值为零或接近零，此时得到的结果往往是极度不准确的。一种解决方法是，仅对半径在一定范围内的傅里叶系数进行运算，由于通常低频系数数值较大，高频系数接近零，因此这种方法能大大减少遇到零值的概率。

7.2.2　逆滤波的 MATLAB 实现

下面以使用不同大小的半径对图像做逆滤波复原为例来详细介绍。

1）退化处理

对原始灰度图像 Saturn. bmp 按照式(7.8)进行频域退化处理：

$$H(u,v)=\exp\{-k*[(u-M/2)^2+(v-N/2)^2]^{5/6}\} \tag{7.8}$$

其中，k取0.0025；M和N分别为傅里叶变换矩阵的宽和高，因此$(u-M/2)$、$(v-N/2)$为频谱的中心位置。退化程序代码如下所示，其退化结果如图7.4所示：

```
clc
clear all
close all
I= imread('Saturn.bmp');% 载入原始图像
I= im2double(I);
FFTImage= fft2(I);% 傅里叶变换
FFTImage= fftshift(FFTImage);
[M,N]= size(FFTImage);
[u,v]= meshgrid(1:M,1:N);
H= exp(-0.025*((u- M/2).^2+ (v- N/2).^2).^(5/6));
FFTImage= FFTImage.*H';% 退化处理
X= ifftshift(FFTImage);
x= ifft2(X);% 逆傅里叶变换
x= uint8(abs(x)*256);
subplot(2,2,1)
imshow(I)
title('清晰图像')
subplot(2,2,2)
imshow(x)
title('退化图像')
```

(a)清晰图像

(b)退化图像

图 7.4　退化处理效果

2）复原

分别采用逆滤波半径 128、108、78 和 48 对上述退化图像进行逆滤波处理。逆滤波处理程序代码如下所示，逆滤波结果如图 7.5 所示：

```
clc
clear all
close all
I= imread('Saturn.bmp');% 载入原始图像
I= im2double(I);
I= imresize(I,[256,256]);
FFTImage= fft2(I);% 傅里叶变换
FFTImage= fftshift(FFTImage);
[M,N]= size(FFTImage);
[u,v]= meshgrid(1:M,1:N);
H= exp(-0.0025 * ((u- M/2).^2+ (v- N/2).^2).^(5/6));
FFTImage= FFTImage. * H';% 退化处理
X= ifftshift(FFTImage);
x= ifft2(X);% 逆傅里叶变换
x= uint8(abs(x) * 256);
subplot(2,2,1)
imshow(I)
title('清晰图像')
subplot(2,2,2)
imshow(x)
title('退化图像')
I_new1= rev_fileter(x,H,128);% 逆滤波处理,逆滤波半径为 128
I_new2= rev_fileter(x,H,108);% 逆滤波处理,逆滤波半径为 108
I_new3= rev_fileter(x,H,78);% 逆滤波处理,逆滤波半径为 78
I_new4= rev_fileter(x,H,48);% 逆滤波处理,逆滤波半径为 48
si= zeros(M,N,4,'uint8');
si(:,:,1)= I_new1;
si(:,:,2)= I_new2;
si(:,:,3)= I_new3;
si(:,:,4)= I_new4;
figure(2)
montage(si)
title('逆滤波半径分别为 128、108、78 和 48 的复原图像')
```

```
% rev_filter()是自定义的实现一定半径内的逆滤波复原的函数
function I_new= rev_fileter(I,H,threshold)
% 逆滤波复原函数
% I:原始图像
% H:传递函数
% threshold:逆滤波半径
% I_new:复原图像
% 彩色图像转灰度图像
if(ndims(I)> 3)
    I= rgb2gray(I);
end

Id= im2double(I);
% 傅里叶变换
f_Id= fft2(Id);
f_Id= fftshift(f_Id);
fH_Id= f_Id;
[M,N]= size(fH_Id);
% 逆滤波
if threshold> M/2
    % 全滤波
    fH_Id= fH_Id./(H+ eps);
else
    % 在一定半径范围内进行逆滤波
    for i= 1:M;
        for j= 1:N;
            if sqrt((i- M/2).^2+ (j- N/2).^2)< threshold
                fH_Id(i,j)= fH_Id(i,j)./(H(i,j)+ eps);
            end
        end
    end
end
% 逆傅里叶变换
fH_Id1= ifftshift(fH_Id);
I_new= ifft2(fH_Id1);
I_new= uint8(abs(I_new) * 255);
```

在图 7.5 中，左上角的图像采用的逆滤波半径是 128(图像大小是 256×256)，相当于全滤波，此时得不到正确的结果；阈值取 108 时(右上角)可以观察到细小的高频失真；阈值取 78 时(左下角)效果良好；阈值取 48 时(右下角)逆滤波半径过小，丢失了部分图像细节信息。

图 7.5 不同半径的逆滤波复原效果对比

7.3 维纳滤波复原

7.3.1 维纳滤波的原理

维纳滤波由 Winer 提出，其复原效果良好，计算量较低，并且抗噪性能优良，因而在图像复原领域得到了广泛的应用。

维纳滤波器是一种自适应最小均方误差滤波器，是一种统计方法，它所用的最优准则是基于图像和噪声各自的相关矩阵，图像的局部方差越大，滤波器的平滑作用就越强。它的最终目的是使复原图像 $\hat{f}(x,y)$ 与原始图像 $f(x,y)$ 的均方误差最小，即

$$E\{[\hat{f}(x,y)-f(x,y)]^2\}=\min \tag{7.9}$$

其中，$E[\,]$ 为数学期望算子。维纳滤波器通常又称为最小均方误差滤波器。

从退化图像 $g(x,y)$ 复原出原始图像 $f(x,y)$ 的估计值，该估计值符合一定的准则。用向量 $\boldsymbol{f}$、$\boldsymbol{g}$ 和 $\boldsymbol{n}$ 来表示 $f(x,y)$、$g(x,y)$ 和 $n(x,y)$，$\boldsymbol{Q}$ 为对 $\boldsymbol{f}$ 的线性算子，此时最小二乘方复原问题可看成使形式为 $\|\boldsymbol{Q}\|^2$ 的函数服从约束条件 $\|\boldsymbol{f}-\boldsymbol{Hf}\|^2=\|\boldsymbol{n}\|^2$ 的最小化问题，也就是说，在约束条件 $\|\boldsymbol{f}-\boldsymbol{Hf}\|^2=\|\boldsymbol{n}\|^2$ 下求 $\boldsymbol{Qf}$ 的最小值而得到 $\boldsymbol{f}$ 的最佳估计。这种有条件的极值问题可以用拉格朗日乘法来处理。用拉格朗日乘法建立目标函数：

$$\min J(\hat{\boldsymbol{f}})=\|\boldsymbol{Q}\hat{\boldsymbol{f}}\|^2+\lambda[\|\boldsymbol{g}-\boldsymbol{H}\hat{\boldsymbol{f}}\|^2-\|\boldsymbol{n}\|^2] \tag{7.10}$$

其中，λ 为常数，称为拉格朗日乘数。加上约束条件后，就可以按一般求极小值的方法进行求解。将上式两边对 $\hat{\boldsymbol{f}}$ 微分并令其结果为零，得

$$J(\hat{\boldsymbol{f}})=2\boldsymbol{Q}^{\mathrm{T}}\boldsymbol{Q}\hat{\boldsymbol{f}}-2\lambda\boldsymbol{H}^{\mathrm{T}}(\boldsymbol{f}-\boldsymbol{H}\hat{\boldsymbol{f}})=0$$

求解得

$$\boldsymbol{Q}^{\mathrm{T}}\boldsymbol{Q}\hat{\boldsymbol{f}}+\lambda\boldsymbol{H}^{\mathrm{T}}\boldsymbol{H}\hat{\boldsymbol{f}}\boldsymbol{g}=0$$

$$\frac{1}{\lambda}\boldsymbol{Q}^{\mathrm{T}}\boldsymbol{Q}\hat{\boldsymbol{f}}+\boldsymbol{H}^{\mathrm{T}}\boldsymbol{H}\hat{\boldsymbol{f}}=\boldsymbol{H}^{\mathrm{T}}\boldsymbol{g}$$

$$\hat{\boldsymbol{f}}=(\boldsymbol{H}^{\mathrm{T}}\boldsymbol{H}+s\boldsymbol{Q}^{\mathrm{T}}\boldsymbol{Q})^{-1}\boldsymbol{H}^{\mathrm{T}}\boldsymbol{g} \tag{7.11}$$

式中：$s=\frac{1}{\lambda}$，可以调节，以满足约束条件。式(7.11)为维纳滤波复原方法的基础。

设 $\boldsymbol{R}_f$ 和 $\boldsymbol{R}_n$ 分别为 $\boldsymbol{f}$ 和 $\boldsymbol{n}$ 的相关矩阵，即

$$\boldsymbol{R}_f=E\{\boldsymbol{f}\boldsymbol{f}^{\mathrm{T}}\},\boldsymbol{R}_n=E\{\boldsymbol{n}\boldsymbol{n}^{\mathrm{T}}\}$$

$\boldsymbol{R}_f$ 的第(i,j)个元素是 $E\{f_i f_j\}$，代表 $\boldsymbol{f}$ 的第 i 个和第 j 个元素的相关。因为 $\boldsymbol{f}$ 和 $\boldsymbol{n}$ 中的元素都是实数，所以 $\boldsymbol{R}_f$ 和 $\boldsymbol{R}_n$ 都是对称矩阵。对于大多数图像而言，相邻像素之间相关性很强，而在 20～30 个像素外则趋于零。在此条件下，$\boldsymbol{R}_f$ 和 $\boldsymbol{R}_n$ 可以近似为分循环矩阵，进行对角化处理后有：

$$\boldsymbol{R}_f=\boldsymbol{W}\boldsymbol{A}\boldsymbol{W}^{-1},\boldsymbol{R}_n=\boldsymbol{W}\boldsymbol{B}\boldsymbol{W}^{-1}$$

式中：$\boldsymbol{A}$ 和 $\boldsymbol{B}$ 为对角矩阵，$\boldsymbol{W}$ 为酉阵。$\boldsymbol{A}$ 和 $\boldsymbol{B}$ 中的元素对应 $\boldsymbol{R}_f$ 和 $\boldsymbol{R}_n$ 中的相关元素的傅里叶变换。这些相关元素的傅里叶变换称为图像和噪声的功率谱。

若 $\boldsymbol{Q}^{\mathrm{T}}\boldsymbol{Q}$ 用 $\boldsymbol{R}_f^{-1}\boldsymbol{R}_n$ 来代替，则式(7.11)变为

$$\hat{\boldsymbol{f}}=(\boldsymbol{H}^{\mathrm{T}}\boldsymbol{H}+s\boldsymbol{R}_f^{-1}\boldsymbol{R}_n)^{-1}\boldsymbol{H}^{\mathrm{T}}\boldsymbol{g} \tag{7.12}$$

由循环矩阵对角化的知识可知，分块循环矩阵为

$$\boldsymbol{H}=\boldsymbol{W}\boldsymbol{D}\boldsymbol{W}^{-1},\boldsymbol{H}^{\mathrm{T}}=\boldsymbol{W}\boldsymbol{D}^{*}\boldsymbol{W}^{-1}$$

其中，$\boldsymbol{D}$ 是对角矩阵，其元素正是 $\boldsymbol{H}$ 的本征值；$\boldsymbol{D}^{*}$ 为 $\boldsymbol{D}$ 的复共轭。因而式(7.12)变为

$$\hat{\boldsymbol{f}}=(\boldsymbol{W}\boldsymbol{D}^{*}\boldsymbol{D}\boldsymbol{W}^{-1}+s\boldsymbol{W}\boldsymbol{A}^{-1}\boldsymbol{B}\boldsymbol{W}^{-1})^{-1}\boldsymbol{W}\boldsymbol{D}^{*}\boldsymbol{W}^{-1}\boldsymbol{g} \tag{7.13}$$

将式(7.13)两边同乘以 $\boldsymbol{W}^{-1}$，得

$$\boldsymbol{W}^{-1}\hat{\boldsymbol{f}}=(\boldsymbol{D}^{*}\boldsymbol{D}+s\boldsymbol{R}_f^{-1}\boldsymbol{R}_n)^{-1}\boldsymbol{D}^{*}\boldsymbol{W}^{-1}\boldsymbol{g} \tag{7.14}$$

写成频域的形式为

$$F(u,v)=\left[\frac{1}{H(u,v)}\cdot\frac{|H(u,v)|^2}{|H(u,v)|^2+s-\dfrac{P_n(u,v)}{P_f(u,v)}}\right]G(u,v) \tag{7.15}$$

式(7.15)就称为维纳滤波器。其中，$G(u,v)$是退化图像的傅里叶变换；$H(u,v)$是退化函数；$|H(u,v)|^2=H^{*}(u,v)-H(u,v)$；$H^{*}(u,v)$是退化函数 $H(u,v)$的复共轭；$P_n(u,v)$是噪声的功率谱；$P_f(u,v)$是原始图像的功率谱；$s=\frac{1}{\lambda}$，λ 为拉格朗日乘数。

7.3.2　维纳滤波器的传递函数

由前面的推导可知，维纳滤波器的传递函数为

$$H_w(u,v)=\frac{1}{H(u,v)}\cdot\frac{|H(u,v)|^2}{|H(u,v)|^2+s-\dfrac{P_n(u,v)}{P_f(u,v)}} \tag{7.16}$$

如果噪声为零，则噪声的功率谱消失，并且维纳滤波器退化为逆滤波器，所以逆滤波器

可看作维纳滤波器的特例。

当处理白噪声时，谱 $|N(u,v)|^2$ 是一个常数，大大简化了处理过程。然而，未退化图像的功率谱很少是已知的，当这些值未知或不能估计时，经常使用下面的表达式来近似维纳滤波器的传递函数：

$$H_w(u,v)=\frac{1}{H(u,v)}\cdot\frac{|H(u,v)|^2}{|H(u,v)|^2+K} \tag{7.17}$$

其中，K 是一个特殊常数，计算时可多次迭代，以确定合适的 K 值。

7.3.3 维纳滤波的 MATLAB 实现

在 MATLAB 中调用 deconvwnr 函数，可以实现利用维纳滤波方法对图像进行复原处理。该函数的调用格式如下：

```
① J= deconvwnr(I ,PSF,NCORR,ICORR)
② J=  deconvwnr(I ,PSF,NSR)
```

其中，J 为复原后的图像；I 为原始图像；PSF 为点扩散函数；NSR(默认值为 0)为可选参数，表示信噪比；NCORR 为可选参数，表示噪声的自相关函数；ICORR 为可选参数，表示原始图像的自相关函数。

【例 7.3】 使用维纳滤波器进行图像复原。

(1) 模拟运动模糊过程

代码如下：

```
clc
clear all
close all
I= imread('Saturn.bmp');% 载入原始图像
I= im2double(I);
I= imresize(I,[256,256]);
len= 31;
ang= 11;
PSF =  fspecial('motion',len,ang); % 建立扩散算子,len 是模糊长度,ang 是模糊角度
blurred= imfilter(I,PSF,'circular','conv'); % 图像卷积运算,生成模糊图像
subplot(2,2,1)
imshow(I)
title('清晰图像')
subplot(2,2,2)
imshow(blurred)
title('运动模糊图像')
```

(2) 模糊图像复原

本例分别使用了真实 PSF 值和估计 PSF 值对模糊图像进行维纳滤波，代码如下所示。从复原结果可见，当估计 PSF 值偏离真实 PSF 值较大时，图像复原效果非常不好，如图 7.6 所示。

```
restoreImg1= deconvwnr(blurred,PSF);% 使用真实 PSF 值进行图像复原
restoreImg2= deconvwnr(blurred,fspecial('motion',len,2*ang));
% 使用估计 PSF 值进行图像复原
subplot(2,2,3)
imshow(restoreImg1)
title('使用真实 PSF 值恢复的图像')
subplot(2,2,4)
imshow(restoreImg2)
title('使用估计 PSF 值恢复的图像')
```

(a)清晰图像

(b)运动模糊图像

(c)使用真实PSF值恢复的图像

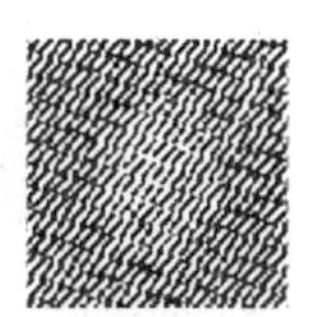
(d)使用估计PSF值恢复的图像

图 7.6　采用维纳滤波复原运动模糊图像的结果

(3) 模拟加入噪声信号

使用正态分布随机数模拟生成噪声信号,加入模糊图像中,代码如下,结果如图 7.7 所示:

```
noise= 0.1*randn(size(I));                % 生成噪声信号
blurredNoise= imadd(blurred,noise);       % 加入图像
figure(2)
subplot(2,2,1)
imshow(I)
title('清晰图像')
subplot(2,2,2)
imshow(blurredNoise)
title('运动模糊噪声图像')
```

(a)清晰图像　　(b)运动模糊噪声图像

图 7.7　运动模糊噪声图像

(4) 模糊噪声图像复原

使用逆滤波器恢复原模糊噪声图像,假设噪声为零均值的,代码如下,结果如图 7.8 所示:

```
restoreImg3= deconvwnr(blurredNoise,PSF);% 图像复原
NSR= sum(noise(:).^2)/sum(im2double(I(:)).^2);% 计算信噪比
restoreImg4= deconvwnr(blurredNoise,PSF,NSR);% 图像复原
figure(3)
subplot(2,2,1)
```

```
imshow(restoreImg3)
title('使用噪声逆滤波复原的图像')
subplot(2,2,2)
imshow(restoreImg4)
title('使用 NSR 复原的图像')
```

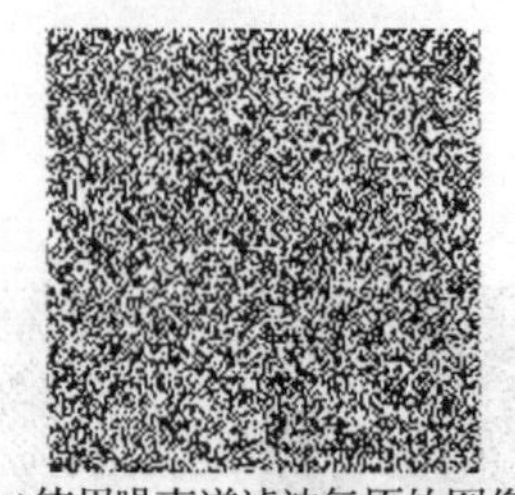
(a)使用噪声逆滤波复原的图像

(b)使用NSR复原的图像

图 7.8　运动模糊噪声图像的复原结果

将复原图像进行对比可以发现，采用噪声逆滤波复原图像后，噪声信号被显著放大了。为了改善模糊噪声图像的复原效果，使用完全自相关函数处理噪声参数 NCORR 和信号参数 ICORR。程序代码如下，结果如图 7.9 所示：

```
NP= abs(fftn(noise)).^2;
NPOW= sum(NP(:))/prod(size(noise));
NCORR= fftshift(real(ifftn(NP)));
IP= abs(fftn(im2double(I))).^2;
IPOW= sum(IP(:))/prod(size(I));
ICORR= fftshift(real(ifftn(IP)));
restoreImg5= deconvwnr(blurredNoise,PSF,NCORR,ICORR);% 图像复原
```

图 7.9　采用自相关函数复原图像的结果

可以看到，相对于图 7.8，自相关函数复原图像结果中噪声信号减弱了许多。

7.4　有约束最小二乘方滤波复原

在前面介绍维纳滤波复原时讲过，维纳滤波要求未退化图像和噪声的功率谱必须是已知的，通常这两个功率谱很难估计，尽管可以用一个常数去估计功率谱比，然而这并不总是一个合适的解。有约束最小二乘方滤波要求噪声的方差和均值，而这些参数可通过给定的

退化图像计算出来，这正是有约束最小二乘方滤波的一个重要优点。

一个图像采集系统的输入输出关系可以表示为 $g(x,y)=H[f(x,y)]+\eta(x,y)$，用向量-矩阵形式表示为 $\boldsymbol{g}=\boldsymbol{Hf}+\boldsymbol{\eta}$，明确地以矩阵形式来表达问题可以简化复原技术的推导。有约束最小二乘方滤波的核心是解决退化函数 $\boldsymbol{H}$ 对噪声的敏感性问题，而减少噪声敏感性问题的一种方法是以平滑度量的最佳复原为基础的，如图像的二阶导数即拉普拉斯变换。于是，可以找到一个带约束条件的最小准则函数 C，定义如下：

$$C=\sum_{x=0}^{M-1}\sum_{y=0}^{N-1}[\nabla^2 f(x,y)]^2 \tag{7.18}$$

其约束条件为

$$\|\boldsymbol{g}-\boldsymbol{H}\hat{\boldsymbol{f}}\|^2=\|\boldsymbol{\eta}\|^2 \tag{7.19}$$

其中，$\|\boldsymbol{w}\|^2\triangleq\boldsymbol{w}^{\mathrm{T}}\boldsymbol{w}$ 是欧几里得向量范数，$\hat{\boldsymbol{f}}$是未退化图像的估计，∇^2是拉普拉斯算子。求出函数 C 的最小值，便可得到最佳平滑效果即最佳复原。这里采用拉格朗日乘数法来求 C 的最小值。在频域中，函数 C 可表示为 $C=\|\boldsymbol{P}\hat{\boldsymbol{F}}\|^2$，其中 $\boldsymbol{P}$ 是拉普拉斯算子的傅里叶变换。因此，在频域中，拉格朗日函数为

$$L(\hat{\boldsymbol{F}},\lambda)=\|\boldsymbol{P}\hat{\boldsymbol{F}}\|^2+\lambda(\|\boldsymbol{G}-\boldsymbol{H}\hat{\boldsymbol{F}}\|^2-\|\boldsymbol{N}\|^2) \tag{7.20}$$

其中，$\boldsymbol{N}$ 是加性噪声 $\boldsymbol{\eta}$ 的傅里叶变换。对$\hat{\boldsymbol{F}}$求导，得到$\hat{\boldsymbol{F}}$的最小值表达式如下：

$$\hat{F}(u,v)=\left[\frac{H^*(u,v)}{|H(u,v)|^2+\gamma|P(u,v)|^2}\right]G(u,v) \tag{7.21}$$

其中，$\gamma=1/\lambda$ 为待调整的参数，它应使式(7.20)成立；$P(u,v)$是函数 $p(x,y)$的傅里叶变换，$p(x,y)$为拉普拉斯算子：

$$p(x,y)=\begin{bmatrix}0 & -1 & 0\\ -1 & 4 & -1\\ 0 & -1 & 0\end{bmatrix} \tag{7.22}$$

假如 $\gamma=0$，则复原图像表示为

$$\hat{F}(u,v)=\frac{H^*(u,v)}{|H(u,v)|^2}G(u,v)=\frac{G(u,v)}{H(u,v)} \tag{7.23}$$

此时，有约束最小二乘方滤波复原退化为逆滤波复原。

【例 7.4】 使用有约束最小二乘方滤波复原运动模糊图像。

```
clc
clear all
close all
I= imread('Saturn.bmp');% 载入原始图像
I =  im2double(I);
[hei,wid,~ ] = size(I);
subplot(2,2,1),imshow(I);
title('原始图像');
% 模拟运动模糊
LEN =  21;
THETA =  11;
PSF =  fspecial('motion', LEN, THETA);% 产生运动模糊算子,即点扩展函数
blurred =  imfilter(I, PSF, 'conv', 'circular');
```

```
subplot(2,2,2), imshow(blurred); title('运动模糊图像');
Pf = psf2otf(PSF,[hei,wid]);% 退化函数的 FFT
% 添加加性噪声
noise_mean = 0;
noise_var = 0.00001;
blurred_noisy = imnoise(blurred, 'gaussian',noise_mean, noise_var);
subplot(2,2,3), imshow(blurred_noisy)
title('运动模糊噪声图像')
p = [0 -1 0;-1 4 -1;0 -1 0];% 拉普拉斯模板
P = psf2otf(p,[hei,wid]);
gama = 0.001;
If = fft2(blurred_noisy);
numerator = conj(Pf);% conj 函数,用于求一个复数的复共轭
denominator = Pf.^2+ gama * (P.^2);
deblurred2 = ifft2( numerator. * If./ denominator );
% 有约束最小二乘方滤波在频域中的表达式
subplot(2,2,4), imshow(deblurred2)
title('有约束最小二乘方滤波后的图像');
```

(a)原始图像

(b)运动模糊图像

(c)运动模糊噪声图像

(d)有约束最小二乘方滤波后的图像

图 7.10 有约束最小二乘方滤波复原结果

程序运行结果如图 7.10 所示,可以看出,有约束最小二乘方滤波在一定程度上能改善模糊噪声图像的质量。

7.5 Lucy-Richardson 滤波复原

7.5.1 Lucy-Richardson 滤波的原理

Lucy-Richardson(露西-理查森)滤波算法是一种典型的非线性复原方法,在噪声未知的情况下仍能得到较好的复原结果。Lucy-Richardson 算法能够按照泊松噪声统计标准求出与给定 PSF 卷积后最有可能成为输入模糊图像的图像。

由成像方程和泊松统计,有下式成立:

$$I(i) = \sum_{i} P(i/j)O(j) \tag{7.24}$$

其中,$P(i/j)$是 PSF;I 是无噪声模糊图像。在已知 $I(i)$时,在每个像素点估计$D(i)$的联合似然函数为

$$\ln\prod = \sum_{i} D(i)\ln I(i) - I(i) - \ln D(i) \tag{7.25}$$

当下式满足时，最大联合似然函数的解存在：

$$\frac{\partial \ln \prod}{\partial O(j)} = \sum_i \left[\frac{D(i)}{I(i)} - 1\right] P(i/j) = 0 \tag{7.26}$$

则可以得到 Lucy-Richardson 迭代式为

$$O_{\text{new}}(j) = O(j) \sum_i P(i/j) \frac{D(i)}{I(i)} / \sum_i P(i/j) \tag{7.27}$$

可以看出，每次迭代都可以提高解的似然性，随着迭代次数的增加，最终会收敛在具有最大似然性的解处。

7.5.2　Lucy-Richardson 滤波的 MATLAB 实现

MATLAB 工具箱提供了 deconvlucy 函数，可以利用加速收敛的 Lucy-Richardson 算法对图像进行复原。deconvlucy 函数还能够用于实现复杂图像重建的多种算法，这些算法都是基于 Lucy-Richardson 最大似然性的算法。deconvlucy 函数的调用格式如下：

```
J= deconvlucy( I, PSF,NUMIT, DAMPAR, WEIGHT, READOUT, SUBSMPL)
```

其中，I 为输入图像；PSF 为点扩散函数；NUMIT 为可选参数，表示算法的迭代次数，默认值为 10；DAMPAR 为可选参数，表示偏差阈值，默认值为 0(无偏差)；WEIGHT 为可选参数，表示像素加权值，默认值为原始图像的数值；READOUT 为可选参数，表示噪声矩阵，默认值为 0；SUBSMPL 为可选参数，表示子采样时间，默认值为 1。

【例 7.5】　使用 Lucy-Richardson 算法复原被高斯噪声污染的图像。

```
clc
clear all
close all
I= imread('Saturn.bmp');% 载入原始图像
I =  im2double(I);
PSF= fspecial('gaussian',7,10);% 点扩散函数
SD= 0.01;
blurredimg= imnoise(imfilter(I,PSF),'gaussian',0,SD^2);
subplot(3,3,1)
imshow(I)
title('原始图像')
subplot(3,3,2)
imshow(blurredimg)
title('退化图像')
DAMPAR= 10 * SD;
LIM= ceil(size(PSF,1)/2);
WEIGHT= zeros(size(blurredimg));
WEIGHT(LIM+1:end-LIM,LIM+1:end-LIM)= 1;
NUMIT= 5;
enhanceImg= deconvlucy(blurredimg,PSF,NUMIT,DAMPAR,WEIGHT);
subplot(3,3,3)
imshow(enhanceImg)
title('迭代 5 次复原图像')
```

```
NUMIT= 10;
enhanceImg= deconvlucy(blurredimg,PSF,NUMIT,DAMPAR,WEIGHT);
subplot(3,3,4)
imshow(enhanceImg)
title('迭代 10 次复原图像')
NUMIT= 20;
enhanceImg= deconvlucy(blurredimg,PSF,NUMIT,DAMPAR,WEIGHT);
subplot(3,3,5)
imshow(enhanceImg)
title('迭代 20 次复原图像')
NUMIT= 30;
enhanceImg= deconvlucy(blurredimg,PSF,NUMIT,DAMPAR,WEIGHT);
subplot(3,3,6)
imshow(enhanceImg)
title('迭代 30 次复原图像')
NUMIT= 50;
enhanceImg= deconvlucy(blurredimg,PSF,NUMIT,DAMPAR,WEIGHT);
subplot(3,3,7)
imshow(enhanceImg)
title('迭代 50 次复原图像')
NUMIT= 100;
enhanceImg= deconvlucy(blurredimg,PSF,NUMIT,DAMPAR,WEIGHT);
subplot(3,3,8)
imshow(enhanceImg)
title('迭代 100 次复原图像')
NUMIT= 200;
enhanceImg= deconvlucy(blurredimg,PSF,NUMIT,DAMPAR,WEIGHT);
subplot(3,3,9)
imshow(enhanceImg)
title('迭代 200 次复原图像')
```

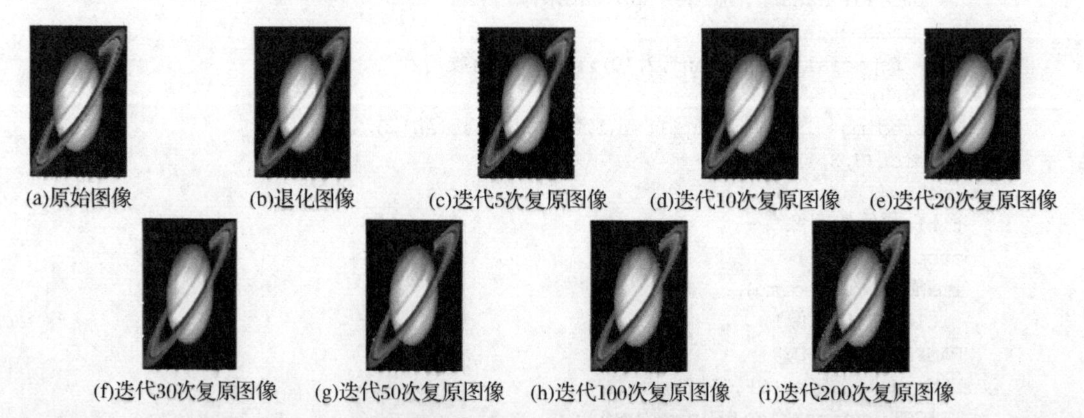

图 7.11　不同迭代次数 Lucy-Richardson 算法的复原结果

图 7.11 显示了不同迭代次数 Lucy-Richardson 算法的复原结果，经过观察可知，复原图像整体差别不大，图像质量随着迭代次数的增加而提高，提高的幅度越来越大，但迭代至几十次后，图像质量基本没有太大变化。

7.6　小结

图像复原，首先要对图像退化的整个过程加以适当的估计，在此基础上建立近似的退化数学模型；还需要对模型进行适当的修正，以对退化过程出现的失真进行补偿，保证复原之后得到的图像趋近于原始图像，实现图像的最优化。但是在图像退化模糊的过程中，噪声与干扰同时存在，这给图像的复原带来了诸多的不确定性。

本章为读者介绍了 MATLAB 中模糊处理的相关函数，以及如何使用图像复原的 4 种算法进行图像复原，这 4 种算法分别是：逆滤波、维纳滤波、有约束最小二乘方滤波和 Lucy-Richardson 滤波。

第 8 章　神经网络

人工神经网络（Artificial Neural Networks，ANN）也称为神经网络或连接模型，它是一种模仿动物神经网络行为特征，进行分布式并行信息处理的数学模型。网络根据系统的复杂程度，调整内部大量节点之间相互连接的关系，从而达到处理信息的目的。随着神经网络理论的深入研究，神经网络技术的并行计算能力、非线性映射和自适应能力等得到了充分挖掘，各种神经网络模型在图像处理领域中得到了广泛的应用。

8.1　人工神经网络简介

人工神经网络研究从大脑的神经系统结构出发，研究大量简单的神经元集团的处理能力及其动态行为。人工神经网络研究重点是模拟和实现人的认知过程中的感知、形象思维、分布记忆和自学习、自组织过程，特别是对并行搜索、联想记忆、时空数据统计描述的自组织以及从一些互联的活动中自动获取知识。人工神经网络的信息处理通过神经元之间的相互作用来实现，知识与信息的存储表现为互连网络元件间的分布式物理联系，网络的学习和识别取决于各神经元连接权值的动态演化过程。

8.1.1　人工神经元

人工神经元模型是生物神经元的抽象与模拟，所谓抽象是从数学角度而言的，所谓模拟是对神经元的结构和功能而言的。如图 8.1 所示是一种典型的人工神经元模型，它模拟了生物神经元的细胞体、树突、轴突、突触等主要部分。

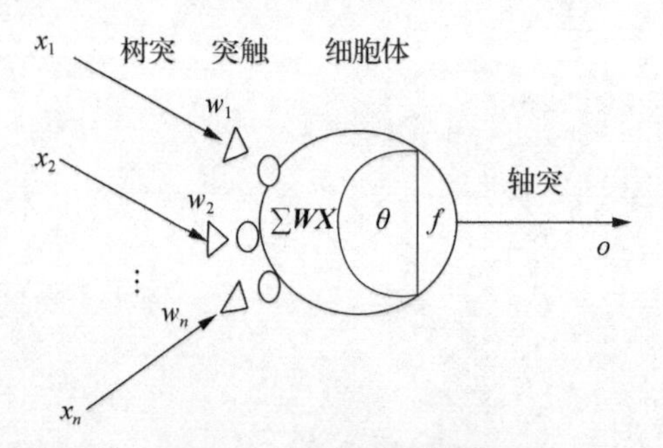

图 8.1　人工神经元模型

人工神经元相当于一个多输入、单输出的非线性阈值元件。图 8.1 中的 $x_1, x_2, \cdots, x_n$ 代表 n 个输入；$w_1, w_2, \cdots, w_n$ 代表与它相连的 n 个突触的连接强度，其值为权值；$\sum \boldsymbol{WX}$ 为激活值，代表人工神经元的输入总和，对应生物细胞的膜电位；o 代表人工神经元的输出；θ 代表人工神经元的阈值。如果输入信号的加权和超过 θ，则人工神经元被激活。人工神经元

的输出可描述为

$$o = f(\sum \boldsymbol{WX} - \theta) \tag{8.1}$$

其中，f 为神经元输入-输出关系函数；o 为激活函数或输出函数；$\boldsymbol{W}$ 为权值向量：

$$\boldsymbol{W} = \begin{bmatrix} w_1 \\ w_2 \\ \vdots \\ w_n \end{bmatrix}$$

$\boldsymbol{X}$ 为输入向量：

$$\boldsymbol{X} = \begin{bmatrix} x_1 \\ x_2 \\ \vdots \\ x_n \end{bmatrix}$$

设 $net = \boldsymbol{W}^{\mathrm{T}}\boldsymbol{X}$ 为权值与输入的向量积，相当于生物神经元由外加刺激引起的膜电位的变化。激活函数可写成 $f(net)$。阈值 θ 一般不是一个常数，它随着神经元的兴奋程度而变化。

8.1.2　激活函数

激活函数有多种类型，比较常用的激活函数可归结为三种形式：阈值函数、Sigmoid 函数和分段线性函数。

1）阈值函数

阈值函数也称为阶跃函数，其定义为

$$f(t) = \begin{cases} 1, & t \geqslant 0 \\ 0, & t < 0 \end{cases} \tag{8.2}$$

若激励函数采用如图 8.2(a)所示的阶跃函数，人工神经元模型即为 MP(McCulloch-Pitts，麦卡洛克-匹兹)模型。神经元的输出取值为 1 或 0，反映了神经元的兴奋或抑制状态。此外，式(8.3)所示的符号函数 sgn(t)也常作为神经元的激励函数，如图 8.2(b)所示。

$$\mathrm{sgn}(t) = \begin{cases} 1, & t \geqslant 0 \\ -1, & t < 0 \end{cases} \tag{8.3}$$

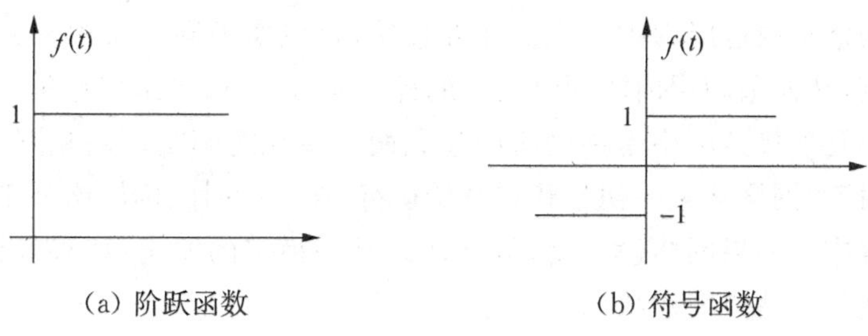

(a) 阶跃函数　　(b) 符号函数

8.2　阈值函数

2）sigmoid 函数

sigmoid 函数也称为 S 型函数，是人工神经网络中最常用的激励函数。sigmoid 函数的定义为

$$f(t)=\frac{1}{1+e^{-\alpha t}} \tag{8.3}$$

其中，α 为斜率参数，可以通过改变它获取不同斜率的 sigmoid 函数。当斜率参数接近无穷大时，sigmoid 函数转化为简单的阈值函数。sigmoid 函数对应 0～1 的连续区域，而阈值函数对应的只有 0 和 1 两个点。此外，sigmoid 函数是可微分的，阈值函数则是不可微分的。

sigmoid 函数可用如下双曲正切函数来表示：

$$f(t)=\tanh(t) \tag{8.4}$$

3）分段线性函数

分段线性函数的定义为

$$f=\begin{cases}1, & t\geqslant 1\\ t, & -1<t<1\\ -1, & t\leqslant -1\end{cases} \tag{8.5}$$

分段线性函数在线性区间[-1,1]内的放大系数是一致的，这种形式的激励函数可看作非线性放大器的近似。分段线性函数具有两种特殊形式：

（1）若在执行过程中保持线性区域而使其不进入饱和状态，则会产生线性组合器。

（2）若线性区域的放大倍数无限大，则分段线性函数转化为阈值函数。

8.2 人工神经网络模型

根据神经元之间连接的拓扑结构的不同，神经网络结构分为分层网络和相互连接型网络两大类。分层网络指网络中所有的神经元按功能分为若干层，一般有输入层、隐含层和输出层，各层顺序连接。分层网络的连接形式有三种：简单的前馈网络、具有反馈的前馈网络以及层内互连前馈网络。简单的前馈网络是给定输入模式，网络产生相应的输出模式，并保持不变，输入由输入层进入网络，经过隐含层的变换，由输出层产生输出；具有反馈的前馈神经网络指神经元之间存在循环连接，因此信息可以在神经元之间反复传递；层内互连前馈网络指通过层内神经元的相互连接，可以实现同一层神经元之间的横向抑制或兴奋的机制，从而限制层内能同时动作的神经元数，一些自组织竞争型神经网络就属于这种类型。相互连接型网络是指网络中任意两个单元之间都可以相互连接，对于给定的输入，相互连接型网络从某一初始状态开始运行，在一段时间内网络处于不断更新输出状态的变化过程中。如果网络设计得好，会产生某一稳定的输出；如果设计得不好，网络有可能进入周期性振荡或发散状态。

本节详细介绍了 3 种基本的人工神经网络模型结构及其算法。

8.2.1　BP 神经网络

1）BP 神经网络结构

BP(Back Propagation,反向传播)神经网络结构如图 8.3 所示。

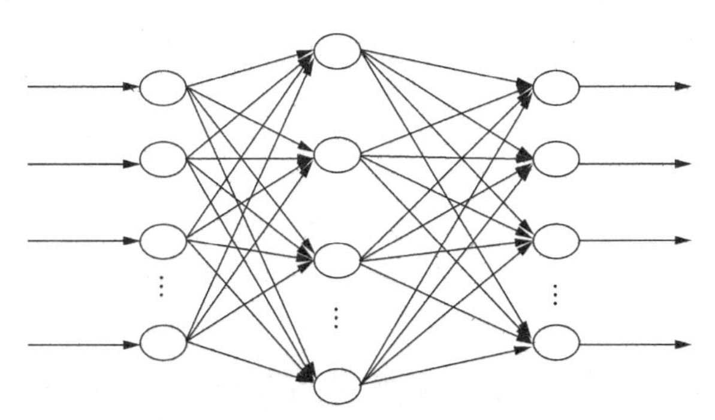

图 8.3　BP 神经网络结构图

BP 神经网络是一种多层的前馈神经网络,其主要特点为:信号是前向传播的,误差是反向传播的。BP 神经网络的学习过程分为两个阶段:第一阶段是信号前向传播,从输入层经过隐藏层,最后到达输出层;第二阶段是误差反向传播,从输出层到隐藏层,最后到输入层,依次调节隐藏层到输出层的权重和偏置,输入层到隐藏层的权重和偏置。

BP 神经网络常用的传递函数有 logsig、tansig、线性函数 purelin。当网络最后一层采用曲线函数时,输出被限制在一个很小的范围内;如果采用线性函数,则输出可为任意值。

(2) 在 BP 神经网络中,传递函数可求导是非常重要的,logsig、tansig 和 purelin 都有对应的导函数,分别为:dtansig、dlogsig 和 dpurelin。为了得到更多传递函数的导函数,可以使用带字符 deriv 的传递函数,如下所示:

```
tansig('deriv')
Ans= dtansig
```

2）网络构建和初始化

训练前馈网络的第一步是建立网络对象。newff 函数可用来建立一个可训练的前馈网络,它有 4 个输入参数:第一个参数是一个 $R\times2$ 的矩阵,定义 R 个输入向量的最小值和最大值;第二个参数是每层神经元个数的数组;第三个参数是每层用到的传递函数的元胞数组;最后一个参数是训练函数。例如:

```
net= newff([- 1 2;0 5],[3,1],{'tansig', 'purelin'}, 'traingd')
```

该命令将创建一个二层网络,它的输入是含有两个元素的向量,输入层有 2 个神经元,输出层有 1 个神经元。输入层的传递函数为 tansig,输出层的传递函数为 purelin,训练函数为 traingd。

训练前馈网络之前,权重和偏置必须被初始化。初始化权重和偏置的工作用 init 函数来实现。init 函数初始化权重和偏置后返回网络对象,其调用格式为

```
net= init(net)
```

初始化函数被 newff 调用，当网络创建时，根据默认的参数自动初始化。例如，用 newff 创建的网络，它默认用 initnw 来初始化第一层。

3）网络模拟

sim 函数可用来模拟一个神经网络。例如，用 sim 函数模拟带一个输入向量的神经网络的代码如下：

```
P= [1;2]
A= sim(net,p);
```

其中，P 为神经网络输入，net 为神经网络对象，A 为神经函数输出。

4）网络训练

网络权重和偏置被初始化后，就可以训练神经网络了。在训练期间，神经网络的权重和偏置不断地把神经网络性能函数 net. performFcn 减少到最小。

8.2.2 Elman 神经网络

反馈型神经网络是一种从输出到输入具有反馈连接的神经网络，其结构比简单前馈网络要复杂得多。典型的反馈型神经网络有 Elman 网络和 Hopfield 网络。本节主要介绍 Elman 神经网络，它是两层反向传播网络，隐藏层和输入向量连接神经元，其输出不仅作为输出层的输入，而且连接隐藏层内的另外一些神经元，反馈到隐藏层的输入。其输入表示信号的空域信息，反馈支路是一个延迟单元，反映了信号的时序信息，所以 Elman 网络可以在时域和空域上进行模式识别。

1）Elman 神经网络结构

Elman 神经网络一般分为 4 层：输入层、隐藏层、承接层和输出层，如图 8.4 所示。输入层、隐藏层和输出层的连接类似于前馈网络。输入层单元起到信号传输作用，输出层单元起到加权作用。隐藏层单元有线性和非线性两类激励函数，通常激励函数采用 sigmoid 非线性函数。承接层则用来记忆隐藏层单元前一时刻的输出值，可以认为它是一个延时算子。隐藏层的输出通过承接层延迟与存储，自联到隐藏层的输入，这种自联方式对历史数据具有敏感性。内部反馈网络增加了网络本身处理动态信息的能力，从而达到动态建模的目的。

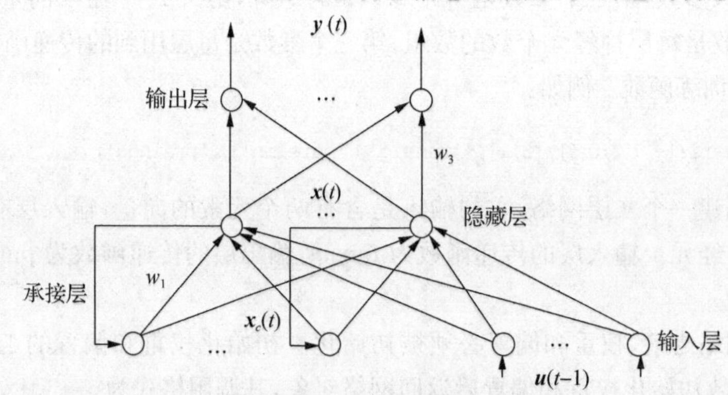

图 8.4　Elman 神经网络模型图

2）Elman 神经网络的学习过程

以图 8.4 为例，Elman 网络的非线性状态空间表达式为

$$
\begin{aligned}
&\boldsymbol{y}(k)=g(w_3\boldsymbol{x}(k))\\
&\boldsymbol{x}(k)=f(w_1\boldsymbol{x}_c(k)+w_2\boldsymbol{u}(k-1))\\
&\boldsymbol{x}_c(k)=\boldsymbol{x}(k-1)
\end{aligned}
\tag{8.6}
$$

其中，$\boldsymbol{y},\boldsymbol{x},\boldsymbol{u},\boldsymbol{x}_c$ 分别为 m 维输出向量、n 维中间层单元向量、r 维输入向量和 n 维反馈状态向量；w_3,w_2,w_1 分别为中间层到输出层、输入层到中间层、承接层到中间层的连接权值；$g(\cdot)$为输出神经元的传递函数，是中间层输出的线性组合；$f(\cdot)$为中间层神经元的传递函数，常采用 S 型函数。Elman 神经网络也采用 BP 算法进行权值修正，学习函数采用误差平方和函数：

$$
E(w)=\sum_{k=1}^{n}[\boldsymbol{y}_k(w)-\bar{\boldsymbol{y}}_k(w)]^2 \tag{8.7}
$$

其中，$\boldsymbol{y}_k(w)$为目标输出向量。

3）Elman 神经网络的重要函数

8.1　Elman 神经网络的主要函数及功能描述

函数名	功能描述
newelm	生成一个 Elman 神经网络
trains	根据已设置的权值和阈值对网络进行顺序训练
traingdx	自适应学习速率动量梯度下降反向传播训练函数
learngdm	动量梯度下降权值和阈值学习函数

8.2.3　竞争学习神经网络

人眼的视网膜中存在一种侧抑制现象，即一个神经细胞兴奋后，该神经细胞会对周围的神经细胞产生抑制作用。侧抑制使神经细胞之间出现竞争，开始可能多个神经细胞同时兴奋，但兴奋程度最强的神经细胞对周围神经细胞的抑制作用也最强，从而使周围神经细胞的兴奋度减弱，则该神经细胞为本次竞争的胜利者。

1）基本竞争型神经网络结构

竞争型神经网络有很多具体形式和不同的学习算法，本节介绍一种比较简单的网络结构和学习算法。基本竞争型神经网络结构如图 8.5 所示。其中，$x_i(i=1,2,\cdots,n)$为输入；w_{ij} 为权值向量；$y_j(j=1,2,\cdots,m)$为输出。竞争学习策略采用的典型学习规则为胜者为王(Winner Takes All，WTA)。算法可分为 3 个步骤。

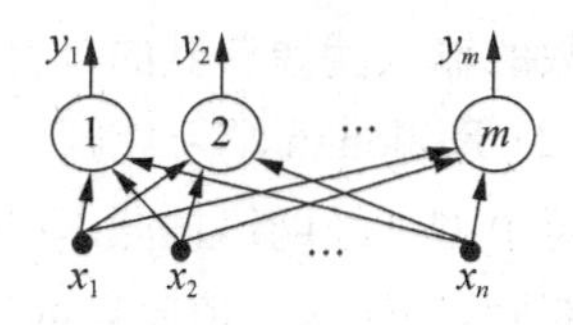

图 8.5　基本竞争型神经网络模型图

(1) 向量归一化

首先，将当前输入向量 $\boldsymbol{X}$ 和竞争层各神经元对应的权值向量 $w_{1j},w_{2j},\cdots,w_{nj}$ 全部进行归一化处理($j=1,2,\cdots,m$)，归一化方法为

$$\hat{\boldsymbol{X}}=\frac{\boldsymbol{X}}{\|\boldsymbol{X}\|}=\left(\frac{x_1}{\sqrt{\sum_{i=1}^{n}x_i^2}}\quad\frac{x_2}{\sqrt{\sum_{i=1}^{n}x_i^2}}\cdots\frac{x_n}{\sqrt{\sum_{i=1}^{n}x_i^2}}\right)^{\mathrm{T}}\tag{8.8}$$

(2) 寻找优胜神经元

当网络得到一个输入向量 $\hat{\boldsymbol{X}}$ 时，竞争层各神经元对应的权值向量 $\hat{\boldsymbol{W}}_j(j=1,2,\cdots,m)$ 与 $\hat{\boldsymbol{X}}$ 进行比较，将与 $\hat{\boldsymbol{X}}$ 最为相似的 $\hat{\boldsymbol{W}}_j$ 判定为获胜神经元，该神经元编号为 j^*。度量相似性的方法是计算 $\hat{\boldsymbol{W}}_j$ 与 $\hat{\boldsymbol{X}}$ 的欧氏距离(或夹角余弦)：

$$\begin{aligned}\|\hat{\boldsymbol{X}}-\hat{\boldsymbol{W}}_j\|&=\min_{j\in\{1,2,\cdots,m\}}\{\|\hat{\boldsymbol{X}}-\hat{\boldsymbol{W}}_j\|\}=\sqrt{(\hat{\boldsymbol{X}}-\hat{\boldsymbol{W}}_j)^{\mathrm{T}}(\hat{\boldsymbol{X}}-\hat{\boldsymbol{W}}_j)}\\&=\sqrt{\hat{\boldsymbol{X}}^{\mathrm{T}}\hat{\boldsymbol{X}}-2\hat{\boldsymbol{W}}_j^{\mathrm{T}}\hat{\boldsymbol{X}}+\hat{\boldsymbol{W}}_j^{\mathrm{T}}\hat{\boldsymbol{W}}_j}=\sqrt{2(1-\hat{\boldsymbol{W}}_j^{\mathrm{T}}\hat{\boldsymbol{X}})}\end{aligned}\tag{8.9}$$

从式(8.9)可以看出，要使两向量的欧氏距离最小，则必须令两向量的点积最大，即 $\hat{\boldsymbol{W}}_{j^*}^{\mathrm{T}}\hat{\boldsymbol{X}}=\max\limits_{j\in\{1,2,\cdots,m\}}(\hat{\boldsymbol{W}}_j^{\mathrm{T}}\hat{\boldsymbol{X}})$，这就是竞争层神经元的净输入。

(3) 网络输出与权值调整

根据 WTA 学习规则，获胜神经元的输出为 1，其余为 0，即

$$y_j(t+1)=\begin{cases}1, & j=j^*\\0, & j\neq j^*\end{cases}$$

竞争后只有获胜的神经元才需调整权值，即

$$\boldsymbol{W}_j(t+1)=\begin{cases}\hat{\boldsymbol{W}}_j(t)+\alpha(\hat{\boldsymbol{X}}-\hat{\boldsymbol{W}}_j), & j=j^*\\\hat{\boldsymbol{W}}_j(t), & j\neq j^*\end{cases}$$

其中，α 为学习参数，$0<\alpha<1$，随着学习的进展，逐渐趋近于 0，权值之和始终为 1。

2) 学习规则

(1) 阈值学习规则

竞争型神经网络存在局限性，那就是某些神经元可能永远也派不上用场，换言之，某些神经元的权值向量与输入向量相差过大，使得这些神经元无论被训练多久也不会赢得竞争，这些神经元被称为"死神经元"，其权值无法得到任何学习训练的机会。

为避免这一现象的发生，可以给那些很少获胜的神经元赋以较大的阈值，给那些经常获胜的神经元赋以较小的阈值。正的阈值与距离的负值增加，使很少获胜的神经元竞争层传递函数的输入就像获胜的神经元一样。

(2) Kohonen 学习规则

竞争型神经网络按照 Kohonen 学习规则对获胜神经元的权值进行调整。假设第 i 个神经元获胜，则输入权值向量的第 i 行元素(即获胜神经元的各连接权值)按式(8.10)进行调整，其他神经元的权值不变。

$$\boldsymbol{W}_i(k)=\boldsymbol{W}_i(k-1)+\alpha\{p(k)-\boldsymbol{W}_i(k-1)\}\tag{8.10}$$

Kohonen 学习规则通过输入向量对神经元权值进行调整，使那些最接近输入向量的神经元权值向量得到修正，使它们更接近输入向量，结果是获胜的神经元在下一次相似的输入向量出现时，获胜的可能性会更大；对于那些与输入向量相差很远的神经元权值向量，获胜的可能性则变得很小。这样，经过越来越多的训练样本学习后，神经网络中的神经元权值向

量很快被调整为最接近某一类输入向量的值。如果神经元的数量足够多,则具有相似输入向量的各类模式作为输入向量时,对应神经元输出为1;而对于其他模式的输入向量,对应的神经元输出为0。因此,竞争型神经网络具有对输入向量进行学习分类的能力。

3) 竞争型神经网络常用函数

MATLAB工具箱提供了丰富的竞争学习神经网络函数,下面介绍一些常用的函数及其用法。

(1) competlayer函数

competlayer函数用于创建一个竞争层,根据输入样本之间的相似性对它们进行分类,类别数是给定的。competlayer函数能尽量均衡地进行分配,即尽量给每一个类别分配相同数量的样本。competlayer函数的调用格式如下:

```
net=competlayer (numClasses,kohonenLR,conscienceLR);
```

其中,numClasses为数据类别的数目,即竞争层神经元的数目;kohonenLR和conscienceLR分别为网络的权值学习率和阈值学习规则的学习率;net为一个新的竞争层。竞争型网络在训练时不需要目标输出,网络通过对数据分布特性的学习,自动地将数据划分为指定类别数。

(2) selforgmap函数

selforgmap函数用于创建一个自组织特征映射网络,利用数据本身的相似性和拓扑结构对数据进行聚类。selforgmap函数的调用格式如下:

```
net=selforgmap (dimensions,coverSteps,initNeighbor,topologyFcn,distanceFcn)
```

其中,dimensions为拓扑结构的行向量;coverSteps为训练次数;initNeighbor为邻域大小的初始值;topologyFcn为拓扑核函数,其可选值有hextop、gridtop、randtop等;distanceFcn为距离函数,其可选值有boxdist、dist、linkdist和mandist等。

(3) lvqnet函数

lvqnet函数用于创建一个学习向量量化(Learning Vector Quantization, LVQ)网络,其调用格式如下:

```
net=lvqnet(hiddenSize,lvqLR,lvqLF)
```

其中,hiddenSize为竞争层神经元的数目,lvqLR为学习率,lvqLF为学习函数。

(4) midpoint函数

网络权值通过使用midpoint函数进行初始化。

```
W=midpoint(S,PR)
```

其中,S为神经元的数目;PR为输入向量取值范围矩阵;W为函数返回权值矩阵。

(5) gridtop函数

gridtop函数用于创建自组织映射网络中输出层的网络拓扑结构,其调用格式如下:

```
pos=gridtop(dim1,dim2,...,dimN)
```

其中，dimi 为第 i 层的长度。

(6) plotsom 函数

plotsom 函数用于绘制自组织特征映射网络的权值图。

8.3 基于 BP 神经网络的印刷体数字识别系统

本节主要介绍印刷体数字识别系统的 MATLAB 实现，包括神经网络结构的构建、网络参数的调整以及系统的测试。

8.3.1 BP 神经网络分类器结构设计

系统采用三层 BP 神经网络结构，包括：输入层、隐藏层和输出层。提取了印刷体数字的 21 个特征作为输入，因此输入层神经元数目为 21 个；隐藏层神经元数目为 15 个；输出层神经元数目为 1 个，代表神经网络输出的数字类别。

8.3.2 BP 神经网络参数调整方法

BP 神经网络有 9 种调整连接权值和阈值的方法，如表 8.2 所示。

表 8.2 神经网络常用的参数调整方法

参数调整方法	标识符	参数调整方法	标识符
梯度下降法	traingd	Fletcher-Reeves 共轭梯度法	traincgf
有动量的梯度下降法	traingdm	Polak-Ribière 共轭梯度法	traincgp
有自适应 lr 的梯度下降法	traingda	Powell-Beale 共轭梯度法	traincgb
有动量和自适应 lr 的梯度下降法	traingdx	量化共轭梯度法	trainscg
弹性梯度下降法	trainrp		

1）梯度下降法

样本被训练之前，需要先构建 BP 神经网络，MATLAB 工具箱提供了 newff 函数来实现构建 BP 神经网络的功能。newff 函数的最后一个参数为调整 BP 神经网络连接权值和阈值的方法，若设置为“traingd”，表示采用梯度下降法调整神经网络参数。梯度下降法的参数如表 8.3 所示。

表 8.3 梯度下降法参数说明

参数	说明	参数	说明
epochs	最大训练次数(默认为 10)	min_grad	最小梯度(默认为 1e−10)
goal	训练误差指标(默认为 0)	show	显示训练迭代过程(默认为 25)
lr	学习率(默认为 0.01)	time	最大训练时间(默认为 inf)
max_fail	最大失败次数(默认为 5)		

学习率是梯度下降法的重要参数,它和负梯度的乘积决定了权值和阈值的调整量,学习率越大,调整步伐越大。但是,学习率过大,算法会变得不稳定;学习率过小,则算法收敛的时间会增加。只要满足下面4个条件之一,训练就会停止:

① 超过最大训练次数 epochs;

② 两次迭代之间的差值小于训练误差指标 goal;

③ 梯度值小于要求的最小梯度 min_grad;

④ 最大失败次数超过次数限制 max_fail。

2）有动量的梯度下降法

动量法降低了神经网络对误差曲面局部细节的敏感性。梯度下降法在修正权值时,只按照 k 时刻的负梯度方向修正,并没有考虑到以前积累的经验,即以前时刻的梯度方向,因而会导致学习过程发生振荡,收敛缓慢。为此,提出了如下的改进算法:

$$\omega_{ji}(t+1)=\omega_{ji}(t)+\eta[(1-\alpha)d(t)+\alpha d(t-1)] \tag{8.11}$$

其中,$d(t)$为 t 时刻的负梯度;$d(t-1)$为 $t-1$ 时刻的负梯度;η 为学习速率;$\alpha\in[0,1]$为动量因子,当 $\alpha=0$ 时权值修正只与当前负梯度有关,当 $\alpha=1$ 时权值修正完全取决于上一次循环的负梯度。加入的动量项实质上相当于阻尼项,减小了学习过程的振荡,从而改善了收敛性。若 newff 函数的最后一个参数设为“traingdm”,表示用有动量的梯度下降法调整参数,与梯度下降法不同的是它增加了一个动量因子 mc,默认值为 0.9。

3）有自适应 lr 的梯度下降法

学习率对神经网络的训练有较大的影响,训练成功与否与学习率的取值有很大关系。在神经网络训练过程中合理地改变学习率可以避免上述缺点。有自适应 lr 的梯度下降法能够自适应调整学习率,可以改善神经网络的稳定性,提高速度和精度。若 newff 函数的最后一个参数设为“traingda”,表示用有自适应 lr 的梯度下降法调整参数。和上述两种方式不同的是,lr 的值可以是增长的也可以是下降的。

4）有动量和自适应 lr 的梯度下降法

若 newff 函数的最后一个参数设为“traingdx”,表示用有动量和自适应 lr 的梯度下降法调整参数。

5）共轭梯度法

共轭梯度法是梯度法的一种改进方法,可以改进梯度法有振荡和收敛性差的缺点。其基本思想是寻找与负梯度方向和上一次搜索方向共轭的方向作为新的搜索方向,从而加快训练速度,并提高训练精度。

所有的共轭梯度方法都采用负梯度方向作为初始搜索方向:

$$p(0)=-g(0) \tag{8.12}$$

然后,沿着该方向作一维搜索:

$$\omega(t+1)=\omega(t)+\alpha(t)p(t) \tag{8.13}$$

利用共轭方向作为新一轮的搜索方向,通常在当前负梯度方向上附加一次搜索方向:

$$p(t)=-g(t)+\beta(t)p(t-1) \tag{8.14}$$

β的不同选择衍生出各种共轭梯度法,如 Fletcher-Reeves、Polak-Ribière 和 Powell-

Beale等修正方法。共轭梯度法通常比有自适应 lr 的梯度下降法速度快，并且共轭梯度法占用的存储空间较少，因此在训练复杂网络的时候通常选用共轭梯度法。

6）量化共轭梯度法

共轭梯度法的每一步都需要进行一维搜索，这样会耗费较多时间。Moller 提出的量化共轭梯度法融合了可信区间法和共轭梯度法，避免了耗时的一维搜索。若 newff 函数的最后一个参数设为“trainscg”，表示用量化共轭梯度法调整参数，该方法有不同于其他方法的两个参数：二次求导对权值调整的影响参数 sigma（默认值为 5.0e−5）和 Hessian 矩阵不确定性调节参数 lambda（默认值为 5.0e−7）。

8.3.3 实现步骤

（1）初始化输入、输出矩阵 ***p***、***t***。***p*** 为训练样本，***t*** 为训练样本所属的类别。

（2）构建 BP 神经网络，设置参数调整方式。通过修改 newff 函数的最后一个参数值来设置 BP 神经网络的参数调整方法，如表 8.4 所示。newff 函数的第一个参数为 21 个特征值范围，第二个参数为隐藏层和输出层的节点数目。

表 8.4 BP 神经网络的核心函数

BP 神经网络参数调整方法	核心语句
梯度下降法	newff(x,[15,1],{'tansig', 'purelin'},'traingd')
有动量的梯度下降法	newff(x,[15,1],{'tansig', 'purelin'},'traingdm')
有自适应 lr 的梯度下降法	newff(x,[15,1],{'tansig', 'purelin'},'traingda')
有动量和自适应 lr 的梯度下降法	newff(x,[15,1],{'tansig','purelin'},'traingdx')
弹性梯度下降法	newff(x,[15,1],{'tansig','purelin'},'trainrp')
Fletcher-Reeves 共轭梯度法	newff(x,[15,1],{'tansig','purelin'},'traincgf')
Polak-Ribière 共轭梯度法	newff(x,[15,1],{'tansig','purelin'},'traincgp')
Powell-Beale 共轭梯度法	newff(x,[15,1],{'tansig','purelin'},'traincgb')
量化共轭梯度法	newff(x,[15,1],{'tansig','purelin'},'trainscg')

（3）调用 MATLAB 的 train(bpnet, p, t)函数，训练 BP 神经网络。其中，bpnet 为已经构建好 BP 神经网络，p 为训练样本，t 为训练样本所属的类别。

（4）调用 MATLAB 的 sim 函数，利用已经训练好的 BP 神经网络识别待测试样本。sim 函数的调用格式为

```
[t, x, y]=sim(model, timespan, options, ut )
```

其中，model 为神经网络结构名；timespan 为循环次数；options 为可选条件；ut 为神经网络输入向量；t 为神经网络输出向量；x 为仿真状态矩阵；y 为仿真输出矩阵。

```
%%%%%%%%%%%%%%%%%%%%%%%%%%%%%%%%%%%%%%%%%
% 函数功能：获得训练样本特征
```

```
%%%%%%%%%%%%%%%%%%%%%%%%%%%%%%%%%%%%%%%%
dir= '.\\样本\\';
for L= 0:9;% 数字的种类是 10 个
    filename1= strcat(int2str(L),'.bmp');
    fullpath = [dir filename1]; % 形成训练样本图像的文件名
    x= imread(fullpath,'bmp');% 读入训练样本图像文件
    bw= im2bw(x);% 将读入的样本图像转换为二值图像
    [i,j]= find(bw= = 0);% 寻找二值图像中像素点为黑色的行号和列号
    imin= min(i);% 寻找二值图像中像素点为黑色的最小行号
    imax= max(i);% 寻找二值图像中像素点为黑色的最大行号
    jmin= min(j);% 寻找二值图像中像素点为黑色的最小列号
    jmax= max(j);% 寻找二值图像中像素点为黑色的最大列号
    bw1= bw(imin:imax,jmin:jmax);% 截取图像像素点为黑色的最大矩形区域
    bw1= imresize(bw1,[16 16]);% 将截取图像转换为 16*16 的二值图像
    p1= ~bw1;% 反色处理
```

即从每个字符中提取 21 个特征点。首先，把字符平均分成 4×4 大小的块，统计每一块内白色像素点的个数作为 16 个特征点；然后，统计水平方向中间两行和竖直方向中间两列的白色像素点的个数作为 4 个特征点；最后，统计所有白色像素点的个数作为第 21 个特征点。具体代码如下：

```
    for i=1:4
        % 计算每个区域的白色像素点的数目
        for j=1:4;
            imagesignal2(1:4, 1:4)=p1((i-1)*4+1:i*4, (j-1)*4+1:j*4);
            % 将图像分割成 4*4 大小的区域，统计每块区域的白色像素
            numpoint=0;
            for x=1:4;
                for y=1;4;
                    if imagesignal2(x,y)==1
                        numpoint=numpoint+1;
                    end
                end
            end
            p((i-1)*4+j)=numpoint/16;
        end
    end
    p2=p;
      p2(17)=p(2)+p(6)+p(10)+p(14);% 中间一列的白色像素点的个数
      p2(18)=p(3)+p(7)+p(11)+p(15);% 中间另一列的白色像素点的个数
      p2(19)=p(8)+p(5)+p(6)+p(7);% 中间一行的白色像素点的个数
      p2(20)=p(9)+p(10)+p(11)+p(12);% 中间另一行的白色像素点的个数
      p2(21)=sum(p);% 统计所有白色像素点的个数
    input_data(:, L+1)=p2;
    % 形成神经网络目标向量，有 10 个数字，所以输出有 1 个神经元就够了
    switch L
        case 0
            t(1)=0;
        case 1
            t(2)=1;
```

```
            case 2
                t(3)=2;
            case 3
                t(4)=3;
            case 4
                t(5)=4;
            case 5
                t(6)=5;
            case 6
                t(7)=6;
            case 7
                t(8)=7;
            case 8
                t(9)=8;
            case 9
                t(10)=9;
        end
    end
    T_data=t;
    save input_data
    save T_data;  % 存储形成的训练样本集
    msgbox('输入向量和目标向量生成结束','');

    %%%%%%%%%%%%%%%%%%%%%%%%%%
    % 函数功能:训练神经网络
    %%%%%%%%%%%%%%%%%%%%%%%%%%%%%%%%%%%%%%%%
    load input_data
    load T_data;% 加载训练样本
    input_train=input_data;
    T_train=T_data;
    % 创建 BP 网络
    threshold=minmax(input_train);
    net=newff(threshold,[15,1],{'tansig','purelin'},' traingd ');
    net.trainParam.show=10;
    net.trainParam.epoch=2000;
    net.trainParam.goal=0.001;
    LP.lr=0.01;
    net=train(net,input_train,T_train);
    save  net
    msgbox('训练完毕');

    %%%%%%%%%%%%%%%%%%%%%%%%%%
    % 函数功能:测试网络
    %%%%%%%%%%%%%%%%%%%%%%%%%%%%%%%%%%%%%%%%
    clear all
    clear all
    load net;
    [filename, pathname]=uigetfile({'* .bmp;* .tif;* .png;* .gif',
    'All Image Files';'* .* ', '所有文件' }, '选择图像文件');
    if filename==0
        return;
```

```
end
testfilename=fullfile(pathname, filename); % 文件名
x=imread(testfilename);
subplot(2,2,1)
imshow(x)
title('原始图像')
% 灰度化处理
grayimage=rgb2gray(x);
subplot(2,2,2)
imshow(grayimage)
title('灰度图像')
% 二值化处理
bw=im2bw(grayimage);
subplot(2,2,3)
imshow(bw)
title('二值图像')
[i,j]=find(bw==0);% 寻找二值图像中像素点为黑色的行号和列号
imin=min(i);% 寻找二值图像中像素点为黑色的最小行号
imax=max(i);% 寻找二值图像中像素点为黑色的最大行号
jmin=min(j);% 寻找二值图像中像素点为黑色的最小列号
jmax=max(j);% 寻找二值图像中像素点为黑色的最大列号
bw1=bw(imin:imax,jmin:jmax);% 截取图像像素点为黑色的最大矩形区域
bw1=imresize(bw1,[16 16]);% 将截取图像转换为 16* 16 的二值图像
p1=~bw1;% 反色处理
figure(2)
imshow(p1);
title('待测试的字符')
% 即从每个字符中提取 21 个特征点。把字符平均分成 4* 4 大小的块,统计每一块内白色像素
点的个数作为 16 个特征点
for i=1:4
    % 计算每个区域的白点的数目
    for j=1:4;
        imagesignal2(1:4, 1:4)=p1((i-1)*4+1:i*4, (j-1)*4+1:j*4);
        % j 将图像分割成 4*4 大小的区域,统计每块区域的白色像素
        numpoint=0;
        for x=1:4;
            for y=1;4;
                if imagesignal2(x,y)==1
                    numpoint=numpoint+1;
    end
            end
        end
        p((i-1)*4+j)=numpoint/16;
    end
end
p2=p;
  p2(17)=p(2)+p(6)+p(10)+p(14);% 中间一列的白色像素点的个数
  p2(18)=p(3)+p(7)+p(11)+p(15);% 中间另一列的白色像素点的个数
  p2(19)=p(8)+p(5)+p(6)+p(7);% 中间一行的白色像素点的个数
  p2(20)=p(9)+p(10)+p(11)+p(12);% 中间另一行的白色像素点的个数
  p2(21)=sum(p);% 统计所有白色像素点的个数
```

```
input_test=p2;
[a,Pf,Af]=sim(net,input_test);
a=round(a);
switch a
    case 0
        result='0';
    case 1
        result='1';
    case 2
        result='2';
    case 3
        result='3';
    case 4
        result='4';
    case 5
        result='5';
    case 6
        result='6';
    case 7
        result='7';
    case 8
        result='8';
    case 9
        result='9';
end
msgbox(['识别的结果为:',result],'识别结果');
```

如果从测试样本库中选择某一个样本进行测试,测试结果如图 8.6 所示。

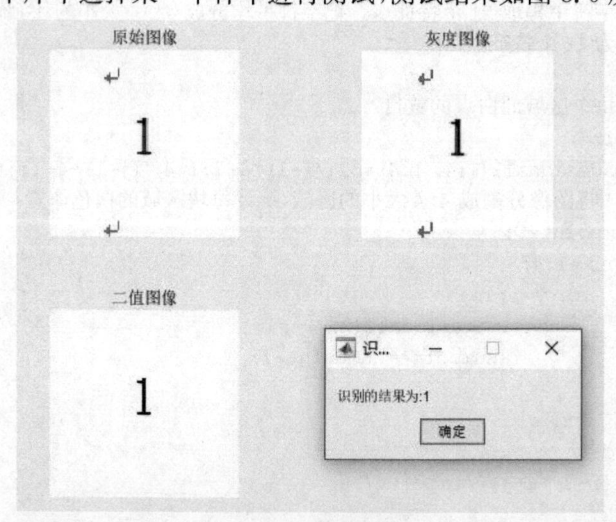

图 8.6　测试结果

8.4　小结

本章主要介绍了几种比较典型的神经网络类型,并介绍了这些网络的结构、学习算法以及 MATLAB 的实现方法。

第 9 章　卷积神经网络

研究卷积神经网络(Convolutional Neural Networks，CNN)的历史可以追溯到 20 世纪 80 至 90 年代。它是一种特殊类型的神经网络，卷积神经网络的设计使其特别适用于处理二维或多维网格数据，如图像。它能够自动从原始数据中学习特征，并逐层组合这些特征，最终实现复杂的任务，如图像分类、物体检测、语义分割等。随着时间的推移，卷积神经网络不仅在计算机视觉领域取得了重大成功，还在自然语言处理等其他领域得到了应用。

9.1　卷积神经网络简史及应用

9.1.1　卷积神经网络的发展历史

对卷积神经网络的研究可以追溯至由日本科学家神经计算研究所的 Kunihiko Fukushima 在 20 世纪 80 年代开发的 Neocognitron 模型。Neocognitron 的设计受到了人类视觉系统的启发，旨在模拟人脑处理视觉信息的方式。Neocognitron 是一个具有深度结构的神经网络，被认为是最早提出的深度学习算法之一。它的结构包含 S 层(Simple-layer，简单细胞层)和 C 层(Complex-layer，复杂细胞层)，这两层交替构成了隐藏层。S 层单元负责在感知野(receptivefield)内对输入图像进行特征提取，C 层的神经元之间共享权重，使得模型可以更好地适应不同位置出现的相似特征。这种 S 层—C 层的组合能够实现特征的提取和筛选，类似于现代卷积神经网络中的卷积层和池化层的功能。尽管 Neocognitron 在卷积神经网络的发展中扮演了重要角色，但它也有一些局限性，例如无法灵活地处理复杂的视觉任务，并且对于大规模的数据集和深层网络来说可能存在训练困难。

时间延迟网络(Time-Delay Neural Network，TDNN)作为卷积神经网络的先驱之一，由 Alexander Waibel 等人于 1989 年提出。时间延迟网络的目标是处理时间序列数据，例如语音信号，从而识别出语音中的不同音素或单词。该网络引入了一种特殊的结构来捕捉时间序列中的模式，这与后来的卷积神经网络中的卷积操作有些相似。特别是在 TDNN 出现之前，人工智能领域已经取得了反向传播算法的突破性进展。因此，TDNN 可以在反向传播框架内进行学习，这使得网络的训练变得更加高效和可行。

尽管时间延迟网络最初是为语音识别而设计的，但它的思想为后来的卷积神经网络提供了启示，特别是在处理时间序列数据和图像数据时。随着深度学习的发展，更复杂的网络结构和卷积操作被引入，进一步改进了各种任务的性能。

在深度学习历史的发展中，卷积神经网络在 20 世纪 80 年代末至 90 年代初得到了进一步发展。1988 年，Wei Zhang 提出了第一个二维卷积神经网络，名为平移不变人工神经网络，并成功地将其应用于医学影像检测。Yann LeCun 是一位深度学习领域的先驱，他于

1989 年开发了 LeNet 的最初版本，他的研究旨在设计一种能够自动学习图像特征并进行分类的模型。LeNet 模型的结构包含 2 个卷积层和 2 个全连接层，这种结构使 LeNet 能够自动学习逐层的特征表示，从而提高了识别准确性。LeNet 的最初版本为卷积神经网络的发展奠定了基础，并在计算机视觉领域产生了重大影响。LeNet 的成功也在一定程度上推动了神经网络在其他领域的应用，如自然语言处理和推荐系统等。

1998 年，Yann LeCun 等人在 LeNet 的基础上构建了 LeNet-5 模型，专门用于手写数字识别任务，它是 LeNet 系列的第五个版本。LeNet-5 通过层层叠加的卷积和池化操作，逐渐提取图像的低级到高级特征。这种特征层级结构使网络能够更好地理解图像的层次性特征。LeNet-5 的成功对深度学习和卷积神经网络的发展产生了重要影响，为后来更复杂的神经网络模型的设计和应用奠定了基础，也让人们开始认识到神经网络的潜力，不仅仅限于手写数字识别。

随着数值计算设备的不断更新，卷积神经网络得到了持续发展。从 2012 年的 AlexNet 开始，复杂的卷积神经网络开始受到广泛关注，并在 ImageNet 大规模视觉识别竞赛中屡次获得优胜。2012 年的 AlexNet 在 GPU 计算集群的支持下取得了重大突破，标志着卷积神经网络在图像识别任务上的卓越性能。紧接着，2013 年的 ZFNet、2014 年的 VGGNet 和 GoogLeNet 以及 2015 年的 ResNet 等网络模型相继涌现，并在 ImageNet 竞赛中取得了卓越成绩。

这些复杂的卷积神经网络不仅在图像识别任务中拥有显著的优势，而且在其他计算机视觉和深度学习领域也展现出了强大的能力。它们的成功得益于更深层次的网络结构、更复杂的卷积模块以及更大规模的数据集和更强大的计算资源。

9.1.2 卷积神经网络的应用

近年来，卷积神经网络在多个领域取得了巨大的突破，包括图像识别、视频分析、声音识别和自然语言处理等。在围棋领域，2016 年 3 月，谷歌的 AlphaGo 采用了 13 层 CNN 的配置，以 4∶1 的比分轻松击败了围棋世界冠军李世石九段。随后，升级到 40 层 CNN 的 AlphaGo 2.0 在 2017 年 5 月再次以 3∶0 的成绩击败了柯洁九段。这些成就展示了卷积神经网络在复杂游戏上具备出色的决策能力和搜索能力。

在工业界，互联网企业巨头和创业公司将 CNN 作为重点研究方向。CNN 在图像分类任务中表现出色，它们可以自动学习和提取图像中的特征，从而将图像分为不同的类别，如动物、物体、人物等。经典的例子包括将猫和狗的图像分类，或将交通标志分类，大大提高了计算机视觉应用的性能。

在金融领域，CNN 被用来进行基于时间序列的股价预测和算法交易，帮助投资者做出更精准的决策。

在电商和零售行业，CNN 被用来分析客户的商品浏览方式和购买决定，提高了推荐系统的准确性和个性化体验。

在艺术和创意领域，一些项目使用 CNN 来生成艺术品、风格化图像或图像修复，将神经网络的创造力应用于创意领域。

在医疗领域,CNN 被用于识别疾病标记物、肿瘤、病变等。CNN 能够从 X 射线、MRI、CT 等图像中提取有用的信息,辅助医生进行诊断和治疗决策,甚至对某类癌症等疾病进行筛查的准确率已远超过医生,有望在医学影像分析中发挥重要作用。

这些应用案例充分证明了卷积神经网络在多个领域的广泛应用和巨大潜力。其强大的特征学习能力和平移不变性,使得它成为处理视觉和语音等数据的理想选择,推动了人工智能技术在现实世界中的应用和创新。随着技术的不断发展,人们可以期待卷积神经网络在更多领域发挥重要作用,并为社会带来更多的创新和进步。

9.2　卷积神经网络的原理

9.2.1　卷积的数学意义

在工程和数学中,卷积是一种重要的数学运算,从卷积定义式(9.1)来看,卷积可以看作两个函数 f 和 h 的积分运算。以 (x, y) 为中心,把距离中心 $(-m, -n)$ 位置上 h 的值乘以权值 f 在 (m, n) 处的值,最后将乘积的结果累加。卷积也可以看作一个函数在另一个函数上滑动,多次滑动得到一系列叠加值,构成卷积函数。

$$z(x,y) = \int_{-\infty}^{\infty}\int_{-\infty}^{\infty} f(m,n) \times h(x-m,y-n)\mathrm{d}m\mathrm{d}n \tag{9.1}$$

卷积公式可写成离散形式,如式(9.2)所示:

$$z(x,y) = \sum_{m=-\infty}^{\infty}\sum_{n=-\infty}^{\infty} F(m,n) \times H(x-m,y-n) \tag{9.2}$$

图 9.1 清晰展示出卷积过程中一次相乘再相加的结果,F 可以看作一个 3×3 的卷积核,原像素值经过卷积后由 1 变成−8。

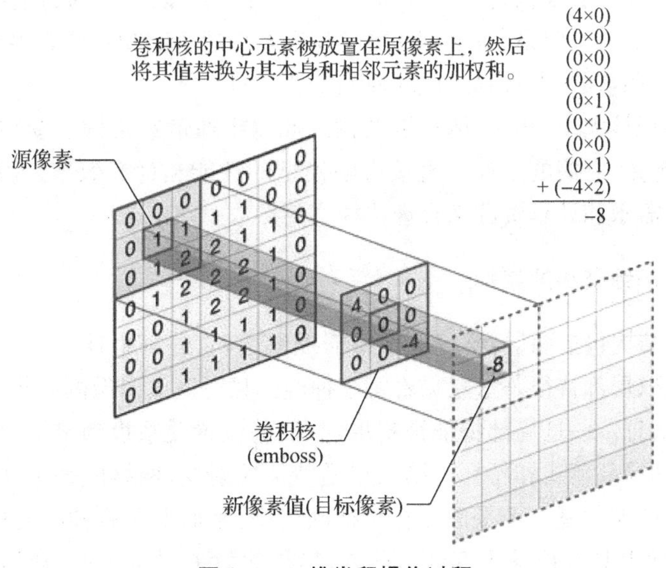

图 9.1　二维卷积操作过程

若将卷积运算与深度学习联系起来，可以更好地理解卷积神经网络中卷积层的工作原理。在卷积神经网络中，卷积层通过卷积核对输入特征图进行滑动并进行乘积运算，从而提取局部特征。这种局部特征的提取类似于数学中的卷积操作，因此得名卷积层。在CNN中，有几个关键参数的计算和选取，包括卷积核大小、步长、填充以及输入和输出通道数。

(1) 卷积核大小：定义了卷积操作涵盖的区域，也称为感受野的大小。常见的二维卷积核大小是3×3，也可以选择其他大小如5×5或7×7，以便提取不同尺度的图像特征。更大的卷积核可以获得更大的感受野，从而捕捉到更广阔的图像信息，有利于提取全局特征。然而，大卷积核会导致计算量增加，不利于增加模型深度，同时计算性能也会降低。通常，3×3的卷积核在实践中被广泛采用。

(2) 步长：指定了卷积核对图像进行卷积操作时的移动距离。默认情况下，步长为1，即每次移动一个像素。步长的设置会影响特征图的尺寸。

对于大小为3×3的卷积核，如果步长为1，相邻感受野之间会有重叠区域；如果步长为2，相邻感受野不会重叠，也不会出现覆盖不到的地方；如果步长为3，相邻感受野之间会有1个像素的间隔，这可能导致信息遗漏。因此，步长的选择需要平衡特征图尺寸和信息捕捉的精度。

(3) 填充：当卷积核的大小与输入图像尺寸不匹配时，为了保持特征图的尺寸与输入图像一致，需要进行填充操作。

例如，如果原始图像尺寸是5×5，卷积核大小是3×3，不进行填充，在步长为1的情况下，卷积核只能滑动出一个3×3的特征图，导致输出图像尺寸缩小。为了避免这种情况的发生，要先对原始图像做边界填充处理，这样可以保持特征图的大小不变。

(4) 输入和输出通道数：卷积核的输入通道数由输入矩阵的通道数所决定，通常代表着图像的深度或者特征的数量。输出矩阵的通道数则由卷积核的输出通道数所决定。CNN可以通过堆叠多个卷积层来构建深度模型。每一层卷积可以有不同的输出通道数，这样可以增加模型的表征能力。但是，对于每一层卷积有多少通道数和一共有多少层卷积，通常是基于经验和试验来调整的，以找到最佳的模型配置。

综上所述，卷积核大小、步长、填充以及输入和输出通道数是构建卷积神经网络时需要重点考虑的关键参数，它们的选择会直接影响模型的性能和计算效率。因此，在设计CNN时，需要根据任务需求和计算资源来合理选择这些参数。

9.2.2 卷积神经网络的结构

CNN的基本结构包括两层：第一层是特征提取层，它的每个神经元与前一层的局部感知域相连，从中提取局部特征。这意味着每个神经元只对输入图像的一小块区域感兴趣，捕捉图像中的局部信息。一旦局部特征被提取，它们的位置关系也确定了。这样的结构有助于网络学习图像的局部模式和特征。第二层是特征映射层，网络的每个计算层由多个特征映射组成，每个特征映射是一个平面。在特征映射中，平面上所有神经元的权值相等，这使得它们在整个平面上具有位移不变性。此外，特征映射采用sigmoid函数作为卷积网络的激活函数，这有助于引入非线性特性，增强网络的表达能力。每个映射面上的神经元共享权值，这减少了网络的参数量，降低了过拟合的风险。

在卷积神经网络中，每个卷积层都紧跟着一个用来求局部平均并进行二次提取的计算层。这种两次特征提取结构有助于逐步减小特征图的尺寸，从而降低了特征的分辨率。低分辨率特征图有助于捕捉更高级别的抽象特征，同时减少计算量和内存消耗。

1）输入层

卷积神经网络的输入层可以处理多维数据。一维卷积神经网络的输入层可以接收一维或二维数组，其中一维数组通常表示时间序列或频谱采样数据，二维数组可能包含多个通道。二维卷积神经网络的输入层可以接收二维或三维数组，其中二维数组代表图像数据，可以是灰度图像（单通道）或彩色图像（多通道）；三维数组则可以表示更复杂的数据，例如视频数据，其中的维度可以理解为时间、高度和宽度。三维卷积神经网络的输入层可以接收四维数组。通常，四维数组用于处理多个样本的批量数据，其中的维度包括样本数、时间（或通道）、高度和宽度。

与其他神经网络算法类似，卷积神经网络的输入特征在输入前需要经过标准化处理。这个标准化过程通常是在通道或时间/频率维度上对输入数据进行归一化。通过标准化输入特征，可以帮助网络更快地收敛，减少训练时间，并提高整体性能。因此，在将数据输入卷积神经网络之前，对输入特征进行标准化是一个重要的预处理步骤，有助于优化网络的训练过程和性能表现。

2）卷积层

卷积层是CNN的核心组件，是CNN特有的。在卷积层中，通常使用ReLU作为激活函数，即 $\mathrm{ReLU}(x)=\max(0, x)$。激活函数的作用是在特征映射中引入非线性，使得网络可以学习更复杂的特征表示。在卷积层之后通常是池化层，也是CNN独有的组件。池化层没有激活函数，它的主要目的是减小特征图的尺寸，从而减少网络的参数量和计算复杂度。常见的池化操作有最大池化和平均池化，它们分别选取局部区域中的最大值和平均值作为池化后的输出。

卷积层和池化层的组合可以在隐藏层中多次出现，次数可以根据模型的需要灵活决定。这样的多次组合有助于逐渐提取更高级别的抽象特征，并减小特征图的尺寸。此外，卷积层之后也可以接多个卷积层的组合，或者卷积层和池化层的组合，这在构建模型时没有严格的限制。根据不同的任务和数据特点，可以灵活地设计CNN模型的结构，以达到更好的性能和适应性。

(1) 卷积核

在卷积层内部包含着多个卷积核。每个卷积核都由一组权重系数和一个偏置量组成，类似于前馈神经网络中的神经元。卷积层的每个神经元都与前一层中位置接近的区域的多个神经元相连，这个区域的大小由卷积核的尺寸决定，称为感受野。感受野可以类比为视觉皮层细胞在视觉处理中的感受野概念。卷积核以一定的规律扫描输入特征，对于每个感受野内的输入特征，进行矩阵元素乘法求和并叠加偏置量。这个过程可以看作在对输入特征进行滤波操作，从而提取出不同的特征信息。假设第 L 层的输出特征图为 $\boldsymbol{Z}_L$，卷积核为

$\boldsymbol{W}_{L+1}$，步长为 $\boldsymbol{S}_{L+1}$，那么第 $L+1$ 层的输出特征图 $\boldsymbol{Z}_{L+1}$ 可以由式(9.3)计算：

$$\boldsymbol{Z}_{L+1}(i,j)=\sigma\left(\sum_{m}\sum_{n}\boldsymbol{Z}_{L}(i\cdot\boldsymbol{S}_{L+1}+m,x,j\cdot\boldsymbol{S}_{L+1}+n)\cdot\boldsymbol{W}_{L+1}(m,n)+\boldsymbol{b}_{L+1}\right)\tag{9.3}$$

其中，(i,j) 表示第 $L+1$ 层输出特征图上的位置坐标；$\boldsymbol{Z}_{L}(i\cdot\boldsymbol{S}_{L+1}+m,x,j\cdot\boldsymbol{S}_{L+1}+n)$ 表示第 L 层输出特征图中与第 $L+1$ 层位置 (i,j) 对应的输入特征区域；$\boldsymbol{W}_{L+1}(m,n)$ 表示第 $L+1$ 层卷积核在位置 (m,n) 上的权重；$\boldsymbol{b}_{L+1}$ 表示第 $L+1$ 层的偏置；σ 代表激活函数。

当卷积核为 1×1、步长为 1 且不包含填充的单位卷积核时，卷积操作实际上等价于矩阵乘法。这种情况下，可以将卷积层之间的连接看作全连接网络，可以使用式 (9－4)将卷积层之间的连接等价地表示为矩阵乘法：

$$\boldsymbol{Z}_{L+1}=\boldsymbol{Z}_{L}\cdot\boldsymbol{W}_{L+1}+\boldsymbol{b}_{L+1}\tag{9.4}$$

由单位卷积核组成的卷积层也被称为网中网或多层感知器卷积层，其主要作用是在保持特征图尺寸的同时减少通道数，从而降低卷积层的计算量。由单位卷积核构建的卷积神经网络是一种多层感知器结构，并且在多层感知器内部实现了参数共享，从而有效地减少了模型的参数数量。

除了线性卷积外，还有一些更为复杂的卷积操作，包括平铺卷积、反卷积和扩张卷积。平铺卷积的卷积核只扫描特征图的一部分区域，特征图的其他部分则由同一层的其他卷积核进行处理。这样，卷积层间的参数仅在局部区域共享，有利于神经网络捕捉输入图像的旋转不变特征。反卷积是一种放大输入特征图的操作，它将单个输入激活与多个输出激活相连接，从而对输入图像进行放大。由反卷积和向上池化层构成的卷积神经网络在图像语义分割领域得到广泛应用，常用于构建卷积自编码器。扩张卷积在线性卷积的基础上引入扩张率，以增加卷积核的感受野，从而获取更多的特征图信息。在处理序列数据时，扩张卷积有助于捕捉学习目标之间的长距离依赖关系。

(2) 卷积层参数

卷积层是卷积神经网络中的一个重要组件，其参数包括卷积核大小、卷积步长和填充层数。这三个参数共同决定了卷积层输出特征图的尺寸，它们是卷积神经网络的超参数。卷积核大小可以指定为小于输入图像尺寸的任意值。较大的卷积核能够捕捉更复杂的输入特征，因此通常可以提取更高级别的抽象特征。

卷积步长是在卷积操作中用来指定滑动窗口在输入数据上的移动步幅。如果步长为 1，则卷积核每次在输入数据上移动 1 个像素。如果步长大于 1，例如步长为 2，那么滤波器每次在输入数据上移动 2 个像素，这样就会降低输出的空间维度，因为卷积核之间的重叠部分变得更大，从而减少了输出的像素数量。

通过卷积核的交叉相关计算，随着卷积层的叠加，特征图的尺寸逐渐减小是常见现象。例如，当一个 16×16 的输入图像通过一个单位步长、无填充的 3×3 卷积核进行处理时，将会得到一个 14×14 的特征图。为了抵消这种由计算过程导致的特征图尺寸减小，常常会采取填充的方法，常用填充方法有以下两种：

① 无填充：不使用任何填充，不会对输入特征图边缘进行补充 0 元素的操作，因此卷积核不能超出输入特征图的边界，输出特征图的尺寸会相应地减小。

② 相同填充：为了保证输出和输入的特征图尺寸相同，需要在输入特征图的边缘周围

添加合适数量的 0 元素，使卷积核能够在特征图上滑动而不越过边界。

若要保持 16×16 的输入图像通过一个单位步长的 3×3 卷积核之后尺寸不变，则可在卷积操作之前先进行相同填充，在输入图像的周围各添加 1 行和 1 列的 0 元素。这样，在进行 3×3 的卷积操作时，卷积核能够完全覆盖输入图像的边缘像素，而不会导致输出尺寸的减小。卷积步长的选择通常与其他超参数(如卷积核大小、填充方式等)一起调整，以获得最佳的网络性能和特征提取能力。

(3) 激活函数

在卷积层中，为了表达更加复杂的特征，通常会引入激活函数，其表示形式如(9.5)所示：

$$f(x)=\sigma(x) \tag{9.5}$$

其中，x 表示输入的特征值，$f(x)$表示经激活变换后的值，σ 表示激活函数本身。常见的激活函数包括 sigmoid 函数、ReLU 函数、tanh 函数等。在卷积神经网络中，选择合适的激活函数有助于网络学习复杂的非线性关系，从而提高网络的表示能力。

3) 池化层

池化层是卷积神经网络中的另一个重要组件，它对卷积层输出的特征图进行特征选择和信息过滤。池化层包含预设定的池化函数，用于减少特征图的空间维度，从而降低计算负担，提取特征，并增强模型的鲁棒性。池化操作通过在输入特征图的局部区域上进行聚合操作，从而生成更小尺寸的输出特征图。

(1) Lp 池化

Lp 池化是一类受视觉皮层内阶层结构启发而建立的池化模型，其一般表示形式为

$$f(x)=\left[\sum_{i,j} \mid x(i,j) \mid p\right]^{\frac{1}{p}} \tag{9.6}$$

其中，$x(i,j)$代表池化窗口内的元素；p 为一个可调节的超参数，用来控制池化的方式。当 $p=1$ 时，称为 L1 池化，它将池化窗口内的值的绝对值相加，然后取平均值。因为它对异常值不敏感，这种池化方式适用于处理稀疏特征或者噪声较多的情况。当 $p=2$ 时，称为欧几里得池化，它计算池化区域内特征的平方和再开平方，这种池化方式对于提取图像中的主要特征非常有效。当 $p=\infty$ 时，称为最大池化，它在池化窗口内选择了最大的值作为输出，有助于捕捉图像中的显著特征。Lp 池化可以在一定程度上增强网络的表达能力，并且提供了更大的灵活性。不同的 p 值可以对不同类型的特征进行强调或抑制，从而适应不同的任务需求。

(2) 随机池化和混合池化

混合池化和随机池化都是对传统的 Lp 池化概念的扩展和改进。随机池化在池化窗口内随机选择一个元素作为输出，这种随机性有助于增加模型的多样性，从而提高鲁棒性。然而，随机池化可能需要更多的训练样本来适应不确定性，因为随机性会引入一定的噪声。在混合池化中，不同的池化方式(如最大池化、L1 池化等)可以应用在不同的子区域或通道上，然后将它们的结果 P_i 组合起来，如式(9.7)所示。有助于让网络在不同的特征上采用不同的池化策略，以更好地捕捉多样性的信息。

$$P_{\text{mixed}} = \sum_{i=1}^{N} w_i \cdot P_i \tag{9.7}$$

其中，w_i 是权重，权重的选择和组合方式可以根据实验进行调优，以获得最佳的性能。混合池化结果 P_{mixed} 作为下一层的输入，继续进行后续的卷积和全连接等操作。

(3) 谱池化

与传统的空间池化不同，谱池化侧重于利用数据的频域信息。谱池化的基本思想是将数据通过傅里叶变换转换到频域，然后对频域表示进行池化。在频域中，可以应用不同的池化操作，如选择频率分量的最大值或平均值。谱池化的优点在于它能够捕获数据的频率信息，适用于处理周期性或频域相关的数据，如音频信号中的音调变化、图像中的纹理信息等。然而，谱池化在频域进行池化可能导致信息的损失。

(4) Inception 模块

Inception 模块是一个在深度卷积神经网络中广泛使用的特殊卷积结构，旨在提高网络的效率和表达能力。它的特点是可以同时应用多个不同大小的卷积核，然后将它们的输出在通道维度上拼接在一起。这样可以捕获不同尺度下的特征，还在不增加参数数量的情况下提高了网络的宽度，有助于网络在不同层级上捕获丰富的特征信息。

Inception 模块的设计可以根据具体任务进行调整，并且可以堆叠在一起构建更深的网络架构。它在卷积神经网络的设计中起到了重要作用，为模型提供了一种高效且有效地捕获多尺度特征的方法。

4) 全连接层

全连接层，也称为密集层，通常应用于卷积神经网络的最后几层，以将高级特征映射到最终的输出类别或数值。全连接层的每个神经元都与上一层的所有神经元相连，每个神经元都会接收上一层的所有输出。这种连接方式使得全连接层能够对来自上一层的特征进行综合和组合，从而在网络的最后一步进行最终的预测或决策。

近年来，有研究表明全连接层在某些情况下可能导致过拟合问题，而且其参数量巨大，增加了网络的复杂度。因此随着深度学习领域的发展，一些架构和方法开始倾向于减少全连接层的使用，尤其是在卷积神经网络的中间层或使用全局平均池化来代替全连接层，以减少模型的参数量和计算开销，并提高泛化能力。

9.3 经典的 CNN 模型

在 CNN 的发展历程中，有几个经典模型具有里程碑意义，对卷积神经网络的发展产生了重要影响，在不同的任务和领域中取得了显著的成果。下面将对这些经典模型进行详细介绍。

9.3.1 LeNet-5 模型

LeNet-5 是由 Yann LeCun 在 1998 年提出的一个经典的卷积神经网络模型，它是卷积神经网络的早期代表之一，被广泛应用于手写数字识别任务。LeNet-5 是一个相对较小的网络，包含卷积层、池化层和全连接层。正是通过 LeNet-5 的探索，深度学习研究人员开始意识到卷积神经网络在图像识别任务中的巨大潜力。虽然 LeNet-5 在当今大规模数据集上的性能可能相对较低，但它作为卷积神经网络的先驱之一，在深度学习领域具有重要意义。

LeNet-5 的网络结构如图 9.2 所示。

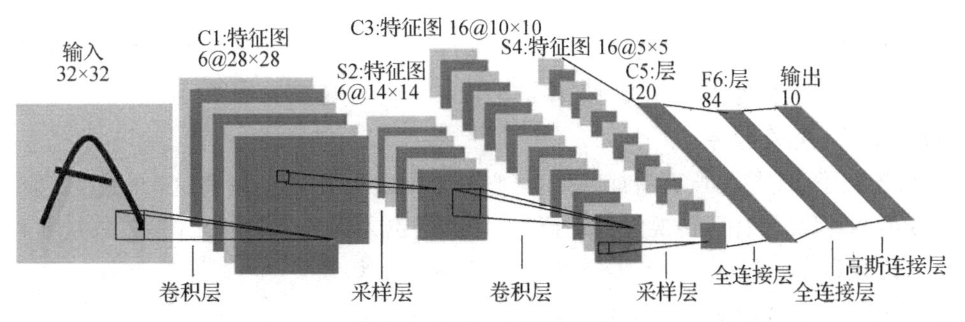

图 9.2　LeNet-5 网络结构

由图 9.2 可知，LeNet-5 模型由输入层、两个卷积层、两个采样层、两个全连接层和一个高斯连接层构成。这种结构的设计使得 LeNet-5 能够在手写数字识别任务中取得优异表现，并为后续深度学习模型的发展提供了重要启示。

1）输入层

由于计算资源和网络设计的限制，LeNet-5 中的输入层更加简单，使用的卷积核也相对较小。LeNet-5 最初设计用于手写数字识别任务，因此输入层接受的输入是灰度图像，尺寸通常为 32×32。

2）C1 层（卷积层）

C1 层是该网络的第一个卷积层，用于从输入图像中提取基本特征。在 LeNet-5 中，C1 层使用多个卷积核来扫描输入图像，每个卷积核对应一个特征映射（特征图）。这些特征映射捕捉了输入图像中的不同特征，如边缘、角点等。它为网络捕获了图像中的低级特征，并将这些特征传递给后续的层进行更高级的特征组合和分类。

输入图像经过卷积层的处理后，该层的输出特征图尺寸＝（输入尺寸－卷积核尺寸＋1）/步长＝（32－5＋1）/1＝28。每个卷积核的参数包括权重和一个偏置项。由于卷积核尺寸为 5×5，深度为 1，且有 6 个卷积核，所以总的参数数量为：5×5×1×6＋6＝156。连接数量是指连接输入和输出特征图的权重参数数量。在该层中，连接数量为 28×28×6×（5×5＋1）＝122304。

3）S2 层（采样层）

S2 层用于对 C1 层的特征图进行下采样，以减小特征图的尺寸并保留主要特征。S2 层实际上是池化层，用于减少计算量和参数数量，同时增强网络的鲁棒性。S2 层使用最大池化操作，将 2×2 的邻域中的最大值作为采样结果，将特征图的尺寸减半。输出特征图尺寸为 14×14×6。

4) C3 层(卷积层)

C3 层的主要目的是对前面层的特征进行更多的组合和抽象,以便进行更准确的分类。C3 层包含 16 个卷积核,每个卷积核的尺寸为 5×5,深度为 16,不使用全 0 填充,步长为 1。同样地,卷积核在输入特征图上进行卷积操作,提取更高级别的特征。该层的参数数量为 1516,连接数量为 151600,输出特征图尺寸为 10×10×16。

5) S4 层(采样层)

S4 层在 C3 层生成的更高级别的特征上进行下采样,以减小特征图的尺寸并保留主要特征,为网络的后续全连接层提供更紧凑的输入。S4 层的输出特征图尺寸为 5×5×16。

6) C5 层(全连接层)

C5 层连接了 S4 层的所有特征映射,将它们铺平成一个向量,并将这个向量传递给输出层进行分类,即将高级特征转换为类别概率。C5 层包含 120 个神经元,参数数量＝神经元数量 ×(连接数量＋1)＝120 ×(5×5×16＋1)＝48120。

7) F6 层(全连接层)

F6 层的输入为 120 个节点,输出为 84 个节点,参数数量为 10164(即 120×84＋84)。

8) 高斯连接层

高斯连接层的输入为 84 个节点,输出为 10 个节点,参数数量为 850(即 84×10＋10)。

9.3.2 AlexNet 模型

AlexNet 是由 Alex Krizhevsky、Geoffrey Hinton 和 Ilya Sutskever 在 2012 年设计的深度卷积神经网络模型,它在 ImageNet 大规模视觉识别挑战(ILSVRC)中获得了胜利,奠定了深度卷积神经网络在计算机视觉领域的地位,也推动了深度学习在其他领域的应用。AlexNet 的网络结构如图 9.3 所示。

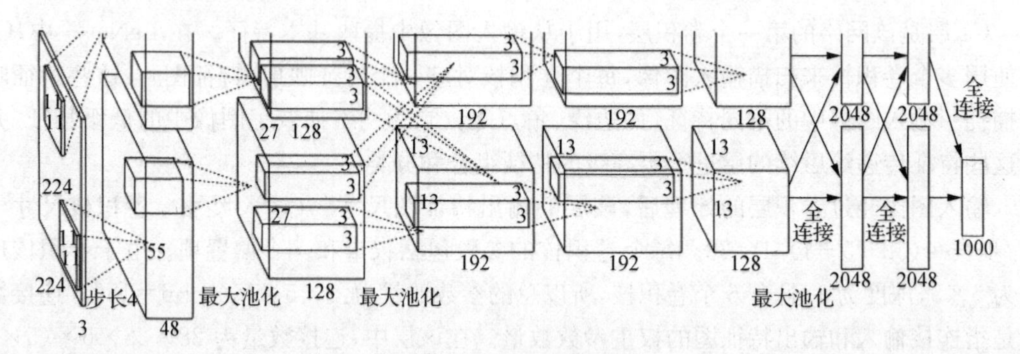

图 9.3 AlexNet 网络结构

AlexNet 包括多个卷积层、池化层和全连接层。它的设计受益于大规模的 ImageNet 数据集,从而能够从海量的图像数据中学习到丰富的特征表示。AlexNet 的参数如表 9.1 所示。

表 9.1　AlexNet 的参数

层	类型	特征图数量	特征图尺寸	卷积核尺寸	步长	填充	激活函数
OUT	全连接	—	1000	—	—	—	softmax
F9	全连接	—	4096	—	—	—	ReLU
F8	最大池化	256	13×13	3×3	2	VALID	—
C7	卷积	256	13×13	3×3	1	SAME	ReLU
C6	卷积	384	13×13	3×3	1	SAME	ReLU
C5	卷积	384	13×13	3×3	1	SAME	ReLU
S4	最大池化	256	13×13	3×3	2	VALID	—
C3	卷积	256	27×27	5×5	1	SAME	ReLU
S2	最大池化	96	27×27	3×3	2	VALID	—
C1	卷积	96	55×55	11×11	4	SAME	ReLU
In	输入	3	224×224	—	—	—	—

AlexNet 的设计在当时引入了以下创新元素，这些元素在现代深度学习中仍然被广泛应用。

1）深度

AlexNet 是一个相对深的卷积神经网络，相较于之前的网络，它引入了更多的卷积层和全连接层，使得网络可以学习更多抽象的特征。

2）使用 ReLU 激活函数

AlexNet 首次广泛使用了 ReLU(Rectified Linear Unit，修正线性单元)作为激活函数。相比传统的 sigmoid 或 tanh 函数，ReLU 可以加速网络的收敛速度，并避免梯度消失问题。ReLU 函数的公式为：$f(x)=\max(0,x)$，当输入信号小于 0 时，输出都是 0；当输入信号大于 0 时，输出等于输入，函数图像如图 9.4 所示。

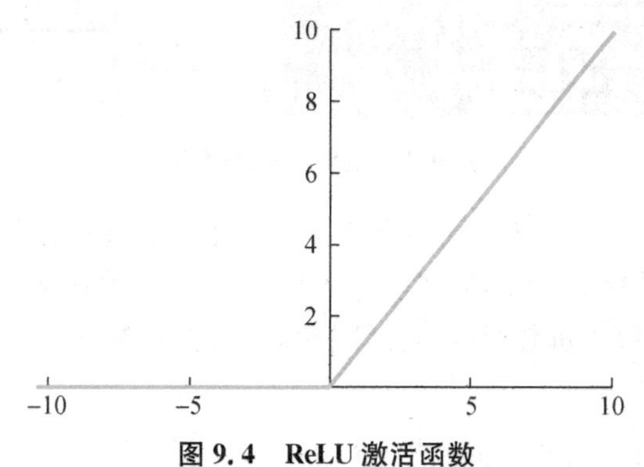

图 9.4　ReLU 激活函数

3）数据扩充

在 AlexNet 的训练中，数据扩充是一种常用的技术，用于增加训练数据的多样性，从而改善模型的泛化能力。数据扩充可以通过对训练图像应用一系列变换来生成新的训练样本，从而使模型对不同角度、尺寸、光照条件等更具鲁棒性。AlexNet 通常按以下方式处理数据扩充：

（1）随机裁剪：随机从原始图像中裁剪出固定大小的区域，可以引入一定的平移和旋转变换，从而增加数据的多样性。

（2）随机水平翻转：以一定的概率对图像进行水平翻转，生成镜像样本。这样可以增加数据的多样性，同时不改变图像的标签。

（3）随机颜色扰动：对图像的颜色通道进行微小的扰动，使得模型对光照变化更具鲁棒性。

（4）随机缩放：以一定的概率对图像进行随机缩放，模拟不同尺度的物体。

4）重叠池化

在 AlexNet 模型中，对于池化层使用的是重叠池化技术，这是一种在池化操作中允许池化窗口之间有重叠区域的方法，如图 9.5 所示。重叠池化与传统的非重叠池化相比，可以更好地捕捉特征，提高特征的丰富性。

在 AlexNet 的前两个池化层中，池化窗口的尺寸为 3×3，步长为 2。这意味着每次池化窗口滑动的距离为 2 个像素，所以每个像素都会被多个不同的池化窗口所包含。因此，重叠池化可以在一定程度上增加特征图的空间信息，并且能够保留更多的细节，使得网络能够更好地学习到图像中的特征。

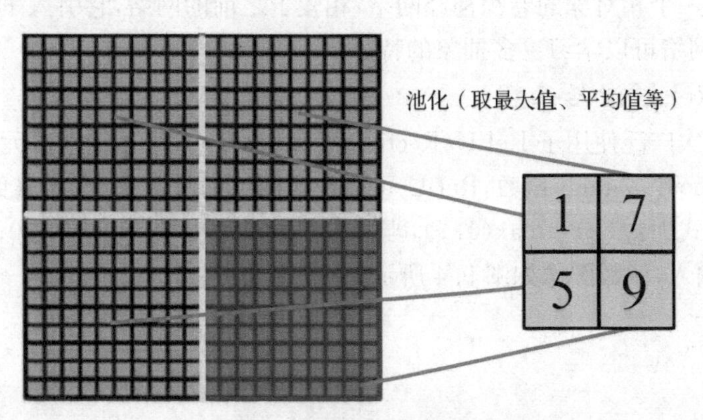

图 9.5 重叠池化示意图

重叠池化的优点之一是可以减轻信息损失，特别是在网络的上层，保留更多的细节信息，有助于提高模型的性能。然而，需要注意的是，过大的重叠区域可能导致计算量的增加，因此在实际应用中需要权衡重叠程度与计算效率之间的关系。

5）局部响应归一化

在神经生物学中存在一种“侧抑制”现象，即被激活的神经元会抑制其相邻神经元的活动。为了在卷积神经网络中借鉴这种生物学思想，局部响应归一化被引入。局部响应归一化的主要思想是在每个神经元的输出上应用一种归一化操作，这有助于抑制较大的响应，从而增强网络对不同输入模式的鲁棒性。在 AlexNet 中，局部响应归一化被应用于网络的 C1 层和 C3 层之间的特征图上。局部响应归一化的输出可由式(9.8)得到：

$$y_i = x_i / \left(k + \alpha \sum_{j=\max(0, i-n/2)}^{\min(N-1, i+n/2)} (x_i)^2\right)^{\beta} \tag{9.8}$$

其中，x_i 为每个神经元的输出；N 为每个特征图最内层向量的列数；常数 k，α，β 是超参数；n 是局部响应归一化的窗口大小。

6）dropout 正则化

AlexNet 采用了 dropout 正则化技术，以减少深度神经网络的过拟合现象。dropout 通过在训练过程中随机丢弃一部分神经元，使得网络不会过于依赖特定的神经元，从而提高模型的泛化能力。dropout 的核心思想是让每个神经元都有可能被随机丢弃，从而使网络在不同的子集上训练多个模型，最终将它们集成起来。这样，网络不会过度依赖于某些特定的神经元，从而有效减少了过拟合风险。

在 AlexNet 中，dropout 技术被广泛应用于全连接层(如 C5 层和 F6 层)，以及之后的全连接层，如输出层。这有助于提高模型的泛化能力，使得网络能够在测试集上更好地表现。

7）多 GPU 训练

为了加速训练过程，AlexNet 采用了两个 GPU 进行训练。多 GPU 训练可以通过数据并行或模型并行的方式来实现。

(1) 数据并行：在数据并行训练中，每个 GPU 负责处理不同的训练数据子集。每个 GPU 在自己的数据上计算梯度，并将梯度聚合后更新模型参数。数据并行适用于模型较大且内存需求较高的情况，但需要高效的通信机制来同步梯度更新。

(2) 模型并行：在模型并行训练中，通常是将模型拆分成不同的子模型，每个 GPU 负责计算其中的一部分。这适用于非常大的模型，例如特别深的神经网络。模型并行需要对网络架构进行重新设计和优化，以确保计算和通信的平衡。

9.3.3　VGGNet 模型

VGGNet(Visual Geometry Group Network，视觉几何组网络)是由牛津大学的研究团队于 2014 年提出的深度卷积神经网络模型，它通过增加网络的深度来提高特征的表达能力。VGGNet 在 ImageNet 大规模图像识别挑战中取得了很好的成绩，证明了通过增加网络的深度可以提高识别性能。然而，随着网络深度的增加，参数量和计算量也会显著增加，导致训练变得更加耗时。因此，VGGNet 提出了深度与计算资源之间的权衡。VGGNet 的设计有几个显著的改进：

(1) 减小了卷积核尺寸：VGGNet 的卷积层均使用非常小的 3×3 卷积核，多次叠加这些小卷积核可以获得大的感受野，同时减少了参数量和计算量。

(2) 均匀的结构：VGGNet 的整体结构非常规整，采用了多个大小相同的卷积层块，每个块内包含一系列的卷积层，紧接着是一个池化层。这种均匀的结构使得网络更容易理解和调整。

(3) 具有多个深度选项：VGGNet 提供了不同深度的模型，如 VGG16（图 9.6）和 VGG19，其中的数字表示网络的层次深度。VGG19 比 VGG16 更深，具有更多的卷积层。

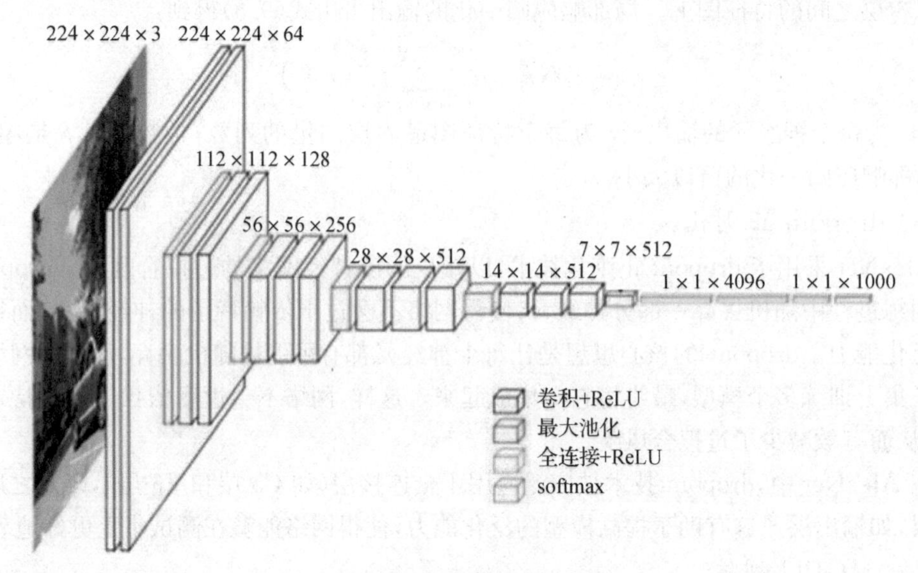

图 9.6　VGG16 网络结构

为了防止过拟合，VGGNet 在全连接层之间采用了 dropout，如图 9.7 所示。

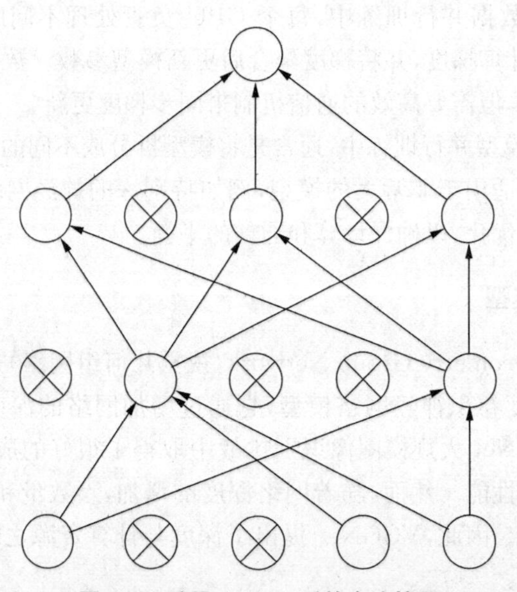

图 9.7　采用 dropout 后的全连接层

VGGNet 中使用 dropout 可以有效防止过拟合的原因主要有以下几点：

(1) VGGNet 是一个非常深的卷积神经网络，拥有大量的参数，容易产生过拟合问题。通过在全连接层中引入 dropout，可以随机地丢弃一些神经元的输出，从而减少网络的复杂性，降低过拟合的风险。

(2) VGGNet 在训练过程中，dropout 会随机地丢弃一些神经元的输出，相当于在每个迭代中训练了多个不同的网络子集。这样可以增加网络的鲁棒性，使得网络更能适应新的、未见过的数据，提高了网络的泛化能力。

(3) 在深层神经网络中，某些神经元可能会过度依赖特定的输入特征，导致共适应性问题。dropout 通过随机地丢弃一些神经元的输出，可以弱化神经元之间的依赖关系，使得网络的学习更加分散和均衡，缓解了共适应性问题。

(4) 在训练过程中，dropout 随机地丢弃一部分神经元的输出，防止网络在训练集上记忆过多的样本特定信息，从而降低了网络对噪声或冗余信息的敏感性，有利于提高网络的泛化能力。

9.3.5　GoogLeNet 模型

GoogLeNet 是由谷歌在 2014 年提出的一种深度卷积神经网络模型。GoogLeNet 在当时引入了一种新颖的网络结构，即 Inception 模块。正如前文所述，该模块通过使用多尺度卷积核并行提取不同尺度下的特征，从而增加了网络的表达能力，同时也有效减少了参数数量。这使得 GoogLeNet 可以在相对较小的模型规模下获得优越的性能。

Inception 模块是 GoogLeNet 最显著的创新之一，其结构如图 9.8 所示。它采用多个不同尺度的卷积核(例如 1×1、3×3、5×5 等)来并行提取特征，并将这些特征在通道维度上连接起来，形成更丰富的特征表示。这种并行结构使得网络可以同时学习不同尺度下的特征，从而在保持计算效率的同时提高性能。

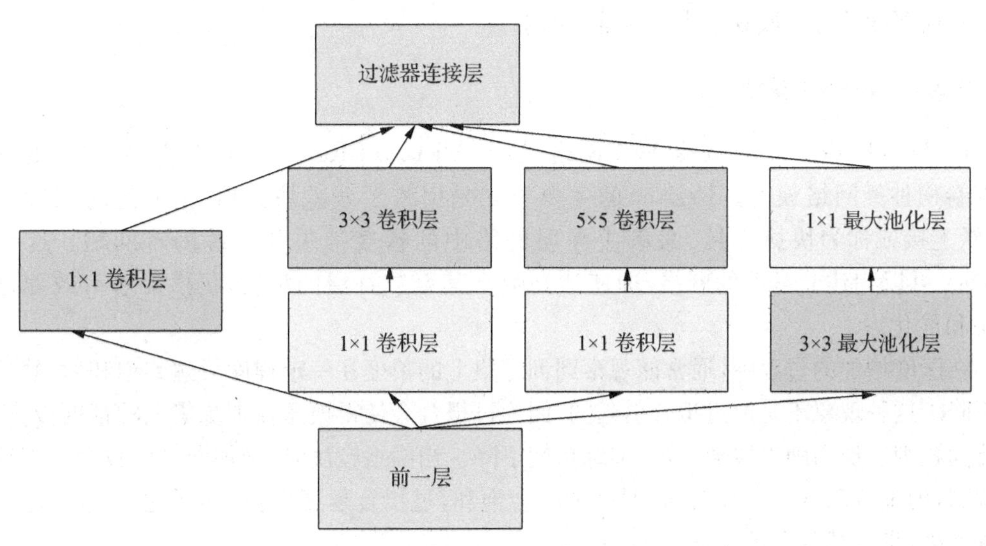

图 9.8　Inception **网络结构**

Inception 网络结构的特点如下：

(1) 卷积核大小选择了 1×1、3×3 和 5×5，这样的设计可以方便对齐。假设卷积步长为 1，对应的填充分别设定为 0、1 和 2，经过卷积后可以得到相同维度的特征，这些特征可以直接拼接在一起。

（2）Inception 网络在其结构中嵌入了池化操作。这可以在一定程度上减少特征图的尺寸，有助于降低计算量，并且可以提取更加抽象的特征。

（3）随着网络的层数增加，Inception 网络中的特征逐渐变得更加抽象，每一层所涉及的感受野也随之增大，使得网络能够捕捉更广阔的上下文信息，进一步提升了特征的表达能力。

GoogLeNet 是一个由 Inception 模块组成的深度卷积神经网络，具有以下特点：

（1）采用了模块化的设计，这样的结构使得网络的扩展和调整变得更加容易，为后续的网络改进提供了灵活性。

（2）在最后的分类层之前，GoogLeNet 使用了全局平均池化层，将最后一个特征图的所有值进行平均，生成一个固定大小的向量。这种操作可以有效地减少参数数量，减轻过拟合，并在不增加计算量的情况下提高性能。

（3）GoogLeNet 采用了 dropout 技术，可以随机地将一部分神经元的输出置零，从而强制模型学习更加鲁棒和泛化的特征表示，减少过拟合的风险。

（4）GoogLeNet 在中间层添加了辅助分类器，这些分类器用于中间层的特征学习和梯度传播。这样可以促使网络更早地开始学习有用的特征，有助于缓解梯度消失问题。

（5）GoogLeNet 通过适当调整各个部分的参数数量，使得网络在深度和宽度之间取得了良好的平衡。这有助于在保持性能的同时，降低计算和内存需求。

总的来说，GoogLeNet 的设计充分体现了模块化和计算效率的思想，通过采用全局平均池化、dropout 和辅助分类器等技术，使得网络能够更好地处理复杂数据并提高泛化能力，这也是它在深度学习领域取得成功的重要因素。

9.3.6 ResNet 模型

ResNet（Residual Network，残差网络）是由 Microsoft Research 在 2015 年提出的一种深度卷积神经网络模型。ResNet 的主要贡献是引入了残差块的概念，通过跨层的连接（跳跃连接或称为快捷连接）来解决深层网络中的梯度消失和训练困难问题。这使得 ResNet 可以构建非常深的网络，即使达到数十甚至数百层的深度，仍然能够有效地进行训练和优化。

在深度增加的过程中，通常能观察到训练集上的精度在一定程度后达到饱和后，然后迅速下降。这种现象不是由过拟合引起的，因为过拟合会使得模型在训练集上的精度极高，而退化问题则表现为随着层数增加，训练精度下降。当网络较浅时，增加网络层数会使训练精度提高，但随着深度进一步增加，训练精度会饱和，过拟合程度也会变得严重。若再进一步加深网络，训练精度会迅速下降。

为了解决退化问题，ResNet 模型引入了深度残差学习框架。残差块是 ResNet 的核心组件，每个残差块包含了一个跳跃连接，这个连接直接将输入特征映射绕过一部分卷积层，与卷积层的输出相加。这个过程通过对输出与输入之间的差异进行建模，使得网络可以更容易地学习残差。

在堆叠层上采取残差学习算法，一个残差块如图 9.9 所示，包含两个分支。

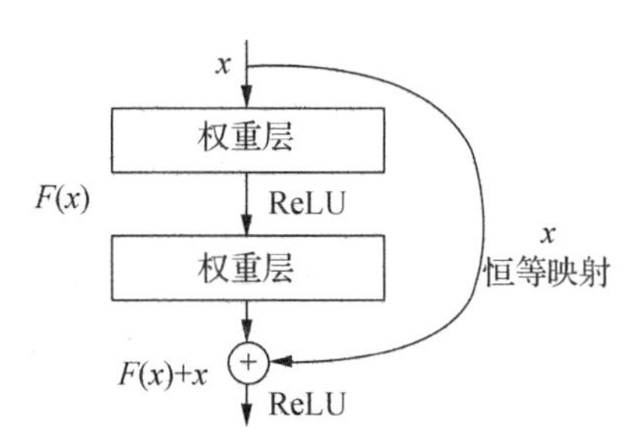

图 9.9　残差学习:残差块

(1) 主要分支：这个分支直接传递输入的特征到构建块的输出，即绕过了一系列卷积和激活操作。这种绕过操作构成了“残差”，因为这个分支实际上捕获了输入和输出之间的差异。

(2) 副分支：这个分支包含了一系列卷积层和激活函数，用于学习输入和输出之间的差异，也就是残差。这个分支的目标是使差异逼近零，从而实现更有效的学习。

将主要分支的输出和副分支的输出相加，得到残差块的最终输出，这个过程可以用公式(9.9)表示为

$$y=F(x,\{W_i\})+x \tag{9.9}$$

其中，x 和 y 分别为输入和输出；函数 $F(x,\{W_i\})$ 为学到的残差映射。

9.4　基于深度学习的手写数字识别的 MATLAB 实现

9.4.1　模型设计

1) LeNet-5 模型设计

LeNet-5 是经典的 CNN 模型，包含 1 个输入层、2 个卷积层、2 个池化层、2 个全连接层和 1 个输出层，结合手写数字的分类(0～9，共 10 个类别)定义 LeNet-5 模型，封装网络设计函数如下：

```
function lgraph=get_LeNet5()
% 类别数目
class_number=10;
% 网络定义
layers=[
    imageInputLayer([32 32 1],"Name","data")
    convolution2dLayer([5 5],6,"Name","conv1")
    tanhLayer("Name","tanh1")
    averagePooling2dLayer([2 2],"Name","pool1","Stride",[2 2])
    tanhLayer("Name","tanh2")
    convolution2dLayer([5 5],16,"Name","conv2")
    tanhLayer("Name","tanh3")
    averagePooling2dLayer([2 2],"Name","pool2","Stride",[2 2])
```

```
        tanhLayer("Name","tanh4")
        convolution2dLayer([5 5],120,"Name","conv3")
        tanhLayer("Name","tanh5")
        fullyConnectedLayer(84,"Name","fc1")
        tanhLayer("Name","tanh6")
        fullyConnectedLayer(class_number,"Name","new_fc")
        softmaxLayer("Name","prob")
        classificationLayer("Name","new_classoutput")];
    lgraph=layerGraph(layers);
```

将如上代码保存为文件 get_LeNet5. m,可方便地调用并分析其网络结构。

```
>> lgraph=get_LeNet5();
>> figure; plot(lgraph)
>> analyzeNetwork(lgraph)
```

运行如上代码,将可视化 LeNet-5 模型的网络图并呈现其详细的网络参数,如图 9.10 和图 9.11 所示。

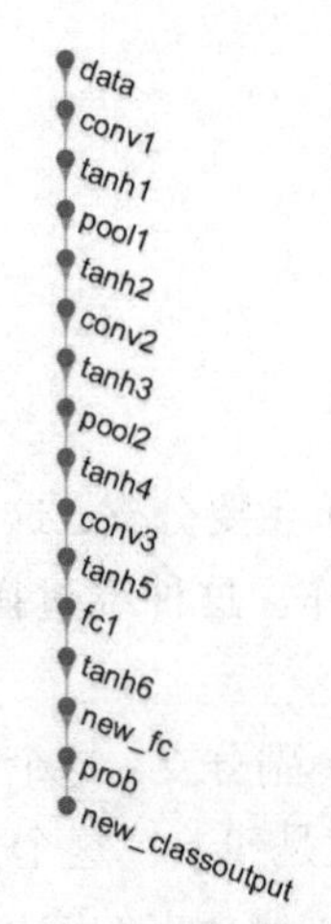

图 9.10　LeNet-5 模型网络图

16 layers　0 warnings　0 errors

ANALYSIS RESULT

	Name	Type	Activations	Learnables
1	data 32x32x1 images with 'zerocenter' normalization	Image Input	32×32×1	-
2	conv1 6 5x5x1 convolutions with stride [1 1] and padding [0 0 0 0]	Convolution	28×28×6	Weights 5×5×1×6 Bias 1×1×6
3	tanh1 Hyperbolic tangent	Tanh	28×28×6	-
4	pool1 2x2 average pooling with stride [2 2] and padding [0 0 0 0]	Average Pooling	14×14×6	-
5	tanh2 Hyperbolic tangent	Tanh	14×14×6	-
6	conv2 16 5x5x6 convolutions with stride [1 1] and padding [0 0 0 0]	Convolution	10×10×16	Weights 5×5×6×16 Bias 1×1×16
7	tanh3 Hyperbolic tangent	Tanh	10×10×16	-
8	pool2 2x2 average pooling with stride [2 2] and padding [0 0 0 0]	Average Pooling	5×5×16	-
9	tanh4 Hyperbolic tangent	Tanh	5×5×16	-
10	conv3 120 5x5x16 convolutions with stride [1 1] and padding [0 0 0 0]	Convolution	1×1×120	Weights 5×5×16×120 Bias 1×1×120
11	tanh5 Hyperbolic tangent	Tanh	1×1×120	-
12	fc1 84 fully connected layer	Fully Connected	1×1×84	Weights 84×120 Bias 84×1
13	tanh6 Hyperbolic tangent	Tanh	1×1×84	-
14	new_fc 10 fully connected layer	Fully Connected	1×1×10	Weights 10×84 Bias 10×1
15	prob softmax	Softmax	1×1×10	-
16	new_classoutput crossentropyex	Classification Output	-	-

图 9.11　LeNet-5 模型网络参数说明

LeNet-5 模型是典型的串型网络结构，最后为 10 个类别的输出层，对应了手写数字识别系统。

2）AlexNet 模型设计

AlexNet 是经典的 CNN 模型，相比于 LeNet 具有更深、更宽的网络结构。这里选择成熟的 AlexNet 模型进行网络编辑，结合手写数字的分类（0～9，共 10 个类别）定义 AlexNet 的迁移模型，封装网络设计函数如下：

```
function lgraph=get_AlexNet()
% 类别数目
class_number=10;
% 获取 alexnet 预训练模型
net=alexnet;
% 保留全连接层之前的网络层
layers_transfer=net.Layers(1:end-3);
% 编辑得到新的网络结构
layers=[
    layers_transfer
    fullyConnectedLayer(class_number,'WeightLearnRateFactor',...
    10,'BiasLearnRateFactor',10,'Name','fc_new')
    softmaxLayer('Name','soft_new')
  classificationLayer('Name','output_new')];
lgraph=layerGraph(layers);
```

将如上代码保存为 get_AlexNet. m，可方便的调用并分析其网络结构。

```
>> lgraph=get_AlexNet();
>> figure; plot(lgraph)
>> analyzeNetwork(lgraph)
```

将如上代码保存为文件 get_AlexNet. m，可方便地调用并分析其网络结构。

```
>> lgraph=get_AlexNet();
>> figure; plot(lgraph)
>> analyzeNetwork(lgraph)
```

运行如上代码，将可视化 AlexNet 模型的网络图并呈现其详细的网络参数。由于网络结构复杂，参数较多，这里不便显示，读者可自行运行代码并查看结果。AlexNet 模型是典型的串型网络结构，最后为 10 个类别的输出层，对应了手写数字识别系统。

3）VGGNet 模型设计

VGGNet 的网络结构简洁，具有更强的特征学习能力，易于与其他网络结构进行融合，被广泛应用于图像的分类、检测及特征提取。这里选择成熟的 VGG19 模型进行网络编辑，结合手写数字的分类（0～9，共 10 个类别）定义 VGGNet 的迁移模型，封装网络设计函数如下：

```
function lgraph=get_VGGNet()
% 类别数目
class_number=10;
```

```
% 获取 vgg19 预训练模型
net=vgg19;
% 保留全连接层之前的网络层
layers_transfer=net.Layers(1:end- 3);
% 编辑得到新的网络结构
layers=[
    layers_transfer
    fullyConnectedLayer(class_number,'WeightLearnRateFactor',...
    10,'BiasLearnRateFactor',10,'Name','fc_new')
    softmaxLayer('Name','soft_new')
    classificationLayer('Name','output_new')];
lgraph=layerGraph(layers);
```

将如上代码保存为文件 get_VGGNet. m,可方便地调用并分析其网络结构。

```
>> lgraph=get_VGGNet();
>> figure; plot(lgraph)
>> analyzeNetwork(lgraph)
```

运行如上代码,将可视化 VGGNet 模型的网络图并呈现其详细的网络参数。由于网络结构复杂,参数较多,这里不便显示,读者可自行运行代码并查看结果。VGGNet 模型是典型的串型网络结构,最后为 10 个类别的输出层,对应了手写数字识别系统。

4) GoogLeNet 模型设计

GoogLeNet 的命名源自 Google 和经典的 LeNet 模型,通过 Inception 模块增强卷积的特征提取功能,在增加网络深度和宽度的同时减少参数。这里选择成熟的 GoogLeNet 模型进行网络编辑,结合手写数字的分类(0～9,共 10 个类别)定义 GoogLeNet 的迁移模型,封装网络设计函数如下:

```
function lgraph=get_GoogLeNet()
% 类别数目
class_number=10;
% 获取 googlenet 预训练模型
net=googlenet;
% 编辑得到新的网络结构
newfcLayer=fullyConnectedLayer(class_number, ...
    'Name','new_fc', ...
    'WeightLearnRateFactor',...
    10,'BiasLearnRateFactor',10);
newoutLayer=classificationLayer('Name','new_classoutput');
% 替换原网络对应的层
lgraph=layerGraph(net);
lgraph=replaceLayer(lgraph,...
    'loss3-classifier',newfcLayer);
lgraph=replaceLayer(lgraph,'output',newoutLayer);
% 网络迁移
layers=lgraph.Layers;
connections=lgraph.Connections;
layers(1:10)=freezeWeights(layers(1:10));
```

```
lgraph=createLgraphUsingConnections(layers,connections);

function layers=freezeWeights(layers)
% 网络迁移
for ii=1:size(layers,1)
    props=properties(layers(ii));
    for p=1:numel(props)
        propName=props{p};
        if ~ isempty(regexp(propName, 'LearnRateFactor$ ', 'once'))
            layers(ii).(propName)=0;
        end
    end
end

function lgraph=createLgraphUsingConnections(layers,connections)
% 添加层
lgraph=layerGraph();
for i=1:numel(layers)
    lgraph=addLayers(lgraph,layers(i));
end
% 添加连接
for c=1:size(connections,1)
    lgraph=connectLayers(lgraph,connections.Source{c},connections.Destination
{c});
end
```

将如上代码保存为文件 get_GoogLeNet. m,可方便地调用并分析其网络结构。

```
>> lgraph = get_GoogLeNet();
>> figure; plot(lgraph)
>> analyzeNetwork(lgraph)
```

运行如上代码,将可视化 GoogLeNet 模型的网络图并呈现其详细的网络参数。由于网络结构复杂,参数较多,这里不便显示,读者可自行运行代码并查看结果。GoogLeNet 模型是典型的分支型网络结构,最后为 10 个类别的输出层,对应了手写数字识别系统。

5) ResNet 模型设计

ResNet 是著名的残差网络,通过引入残差结构来提高网络的深度,并且保持良好的性能。这里选择成熟的 ResNet－18 模型进行网络编辑,结合手写数字的分类(0～9,共 10 个类别)定义 ResNet 的迁移模型,封装网络设计函数如下:

```
function lgraph=get_ResNet()
% 类别数目
class_number=10;
% 获取 ResNet 预训练模型
net=resnet18;
% 编辑得到新的网络结构
newfcLayer=fullyConnectedLayer(class_number, ...
    'Name','new_fc', ...
```

```
    'WeightLearnRateFactor',...
    10,'BiasLearnRateFactor',10);
newoutLayer=classificationLayer('Name','new_classoutput');
% 替换原网络对应的层
lgraph=layerGraph(net);
lgraph=replaceLayer(lgraph,...
    'fc1000',newfcLayer);
lgraph=replaceLayer(lgraph,'ClassificationLayer_predictions',newoutLayer);
% 网络迁移
layers=lgraph.Layers;
connections=lgraph.Connections;
layers(1:10)=freezeWeights(layers(1:10));
lgraph=createLgraphUsingConnections(layers,connections);
```

将如上代码保存为文件 get_ResNet.m,可方便地调用并分析其网络结构。

```
>> lgraph = get_ResNet();
>> figure; plot(lgraph)
>> analyzeNetwork(lgraph)
```

运行如上代码,将可视化 ResNet 模型的网络图并呈现其详细的网络参数。由于网络结构复杂,参数较多,这里不便显示,读者可自行运行代码并查看结果。ResNet 模型是典型的分支型网络结构,最后为 10 个类别的输出层,对应了手写数字识别系统。

9.4.2 数据选择

前面定义了 CNN 模型后,可加载手写数字数据集进行网络模型的训练。MNIST 手写数字数据集是著名的人工智能专家 Yann LeCun 主导创建的经典数据集,共有 60000 张训练图像和 10000 张测试图像,已成为机器学习领域的基础数据集之一。该数据集可在官网 http://yann.lecun.com/exdb/mnist/下载,数据集如图 9.12 所示。

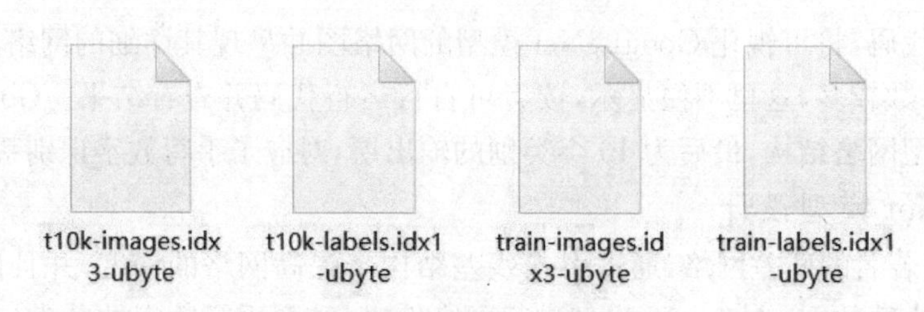

图 9.12 MNIST 数据集

MNIST 数据集包含 4 个文件,由 0～9 的手写数字图像和标签构成,每个图像为 28×28 大小的灰度图像,其维度可表示为[28, 28, 1],即 28×28 的单通道图像。考虑到 MNIST 数据集的规模和训练耗时,可选择另外一个小型的手写数字数据集 DigitDataset 进行实验,具体如图 9.13 所示。

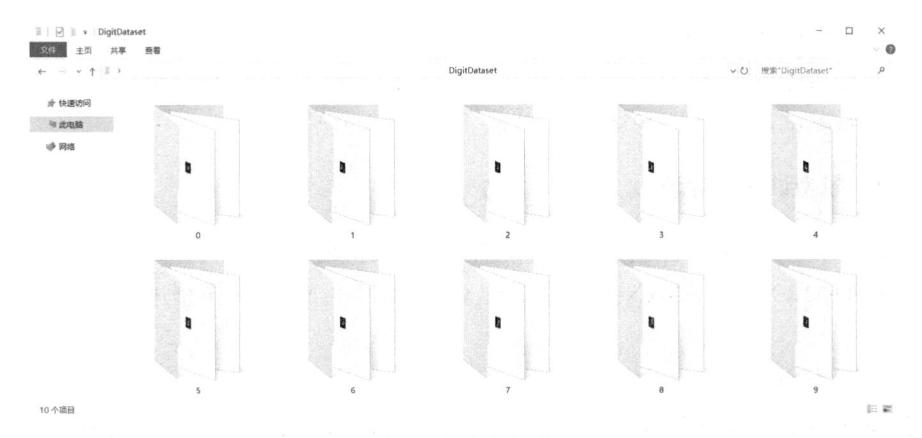

图 9.13　小型手写数字数据集 DigitDataset

DigitDataset 文件夹内为每个数字都建立了子文件夹，每个子文件夹包含 1000 幅 28×28 大小的二维灰度图像。选择 DigitDataset 作为实验对象，按照 70%作为训练集、30%作为测试集的比例进行随机拆分，并将测试集作为待测对象来比较不同网络模型的识别效果，关键代码如下所示。

```
% 数据读取
db=imageDatastore('./DigitDataset', ...
    'IncludeSubfolders',true,'LabelSource','foldernames');
% 拆分训练集和验证集
[imdsTrain,imdsValidation]=splitEachLabel(db,0.7,'randomize');
```

通过加载数据集所在文件夹，并将子文件夹名称作为类别名称，可得到待处理的数据对象。最后，将数据对象按照 7∶3 的比例拆分，得到训练集和测试集。

9.4.3　界面设计

为了更好地集成对比不同步骤的处理效果，贯通整体的处理流程，本案例开发了一个 GUI 界面，集成网络选择、训练和评测等关键步骤，并显示处理过程中产生的中间结果。集成应用的主界面设计如图 9.14 所示。

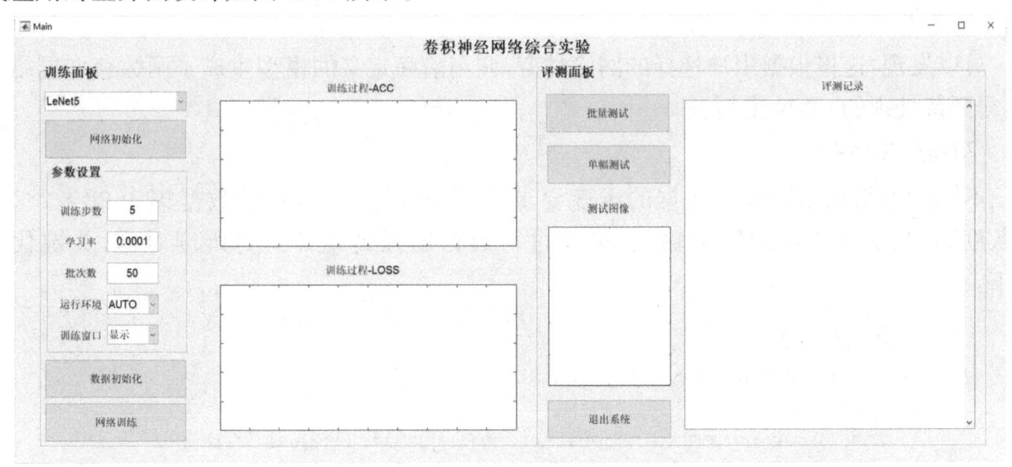

图 9.14　界面设计

应用主界面包括训练和评测两个区域。在训练区域,可选择 5 种网络模型,设置相关参数并加载数据后进行模型训练,绘制训练过程中产生的 ACC 和 LOSS 曲线;在评测区域,可进行一键批量测试,也可进行单幅测试,比较不同模型的识别效果。

9.4.4 模型训练和评测

模型训练和评测模块主要包括网络模型选择、数据增强、模型训练和模型测试四个环节,本节分别对 LeNet-5、AlexNet、VGGNet、GoogLeNet、ResNet 模型进行实验,主要实验步骤如下。

1) 模型初始化

通过调用预定义的网络模型、加载数据集,可以进行训练和评测,程序运行中可在主界面上交互选择模型并初始化,关键代码如下:

```
% 获取网络结构
vs=get(handles.cnn_type, 'Value');
ts=get(handles.cnn_type, 'String');
switch vs
    case 1
        % LeNet5
        lgraph=get_LeNet5();
    case 2
        % AlexNet
        lgraph=get_AlexNet();
    case 3
        % VGGNet
        lgraph=get_VGGNet();
    case 4
        % GoogLeNet
        lgraph=get_GoogLeNet();
    case 5
        % ResNet
        lgraph=get_ResNet();
end
```

可以发现,这里根据用户选择的网络类型,调用前面定义的模型生成子函数获取网络结构,得到待处理的 CNN 模型。

2) 数据初始化

不同的网络模型对输入数据的维度要求也有差别,这里选择的数据集为 28×28×1 的灰度图,为了对应到网络的输入,需要进行数据增强处理并进行维度对应,关键代码如下:

```
% 数据维数对应
inputSize=lgraph.Layers(1).InputSize;
if inputSize(3)==1
    imdsTrain=augmentedImageDatastore(inputSize(1:2),imdsTrain);
    augimdsValidation=augmentedImageDatastore(inputSize(1:2),imdsValidation);
```

```
else
    imdsTrain=augmentedImageDatastore(inputSize(1:2),imdsTrain,'ColorPreprocessing','
    gray2rgb');
    augimdsValidation=augmentedImageDatastore(inputSize(1:2),imdsValidation,
    'ColorPreprocessing','gray2rgb');
end
```

可以发现，在网络输入层要求灰度通道的情况下只进行了图像尺寸的对应处理，在网络输入层要求彩色通道的情况下进行了图像尺寸和图像颜色空间的对应处理。

3）模型训练

获取网络模型和数据集之后，即可进行模型的训练。用户可在主界面上设置训练参数，包括训练步数、学习率、批次数、运行环境和窗口显示的配置项，然后将配置参数、网络模型和数据集输入训练函数 trainNetwork 进行模型训练，关键代码如下：

```
% 设置训练参数
MaxEpochs=round(str2num(get(handles.edit1, 'String')));
InitialLearnRate=str2num(get(handles.edit2, 'String'));
MiniBatchSize=round(str2num(get(handles.edit3, 'String')));
% 设置训练环境
v_env=get(handles.popupmenu1, 'Value');
if v_env==1
    ExecutionEnvironment='auto';
end
if v_env==2
    ExecutionEnvironment='gpu';
end
if v_env==3
    ExecutionEnvironment='cpu';
end
% 是否显示训练窗口
v_display=get(handles.popupmenu2, 'Value');
if v_display==1
    options_train=trainingOptions('sgdm',...
        'MaxEpochs',MaxEpochs,...
        'InitialLearnRate',InitialLearnRate,...
        'Verbose',true,'MiniBatchSize', MiniBatchSize,...
        'Plots','training-progress',...
        'ValidationData',handles.augimdsValidation , ...
        'ValidationFrequency',10, ...
        'ExecutionEnvironment', ExecutionEnvironment);
else
    options_train=trainingOptions('sgdm',...
        'MaxEpochs',MaxEpochs,...
        'InitialLearnRate',InitialLearnRate,...
        'Verbose',true,'MiniBatchSize', MiniBatchSize,...
        'ValidationData',handles.augimdsValidation , ...
        'ValidationFrequency',10, ...
        'ExecutionEnvironment', ExecutionEnvironment);
```

```
    end
    % 训练保存
    [model, train_info]=trainNetwork(imdsTrain, lgraph, options_train);
```

在输入相同数据集的情况下，分别对 LeNet-5、AlexNet、VGGNet、GoogLeNet、ResNet 进行实验，考虑到 LeNet-5 属于自定义模型，其他四个模型属于模型迁移，实验在对 LeNet-5 进行训练时设置较多的训练步数，其他的模型使用默认的配置参数。各个模型的主要实验过程如图 9.15(a)～(e)所示。

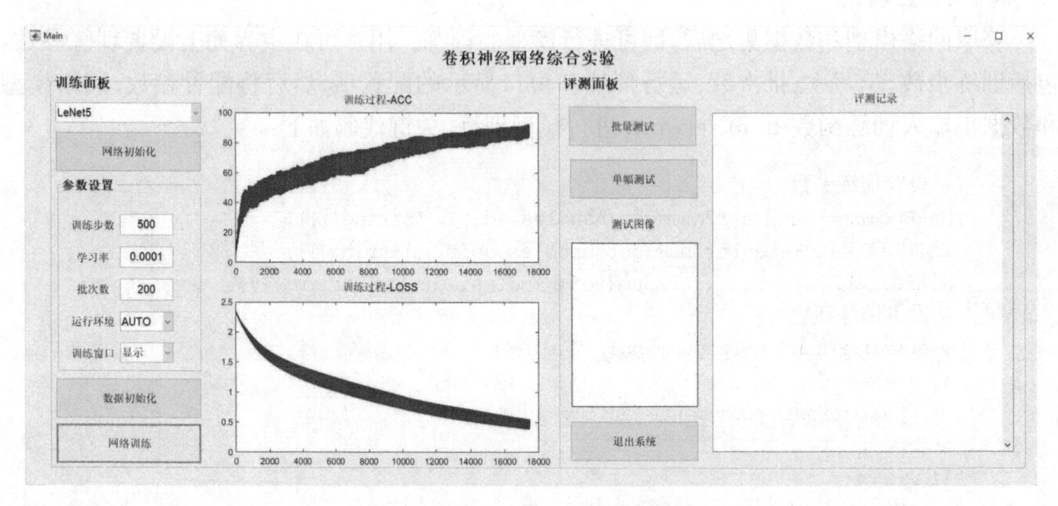

图 9.15(a) LeNet-5 训练示意图

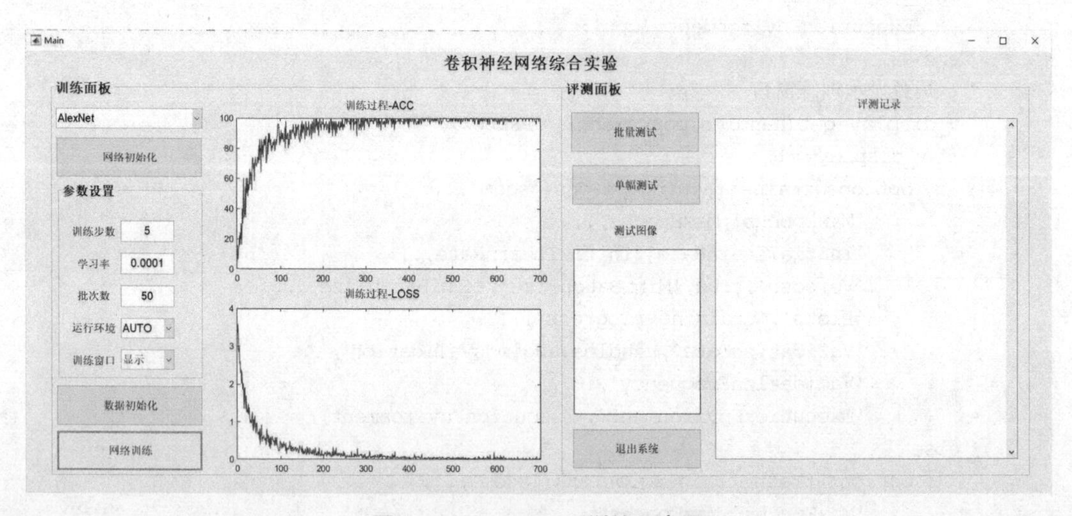

图 9.15(b) AlexNet 训练示意图

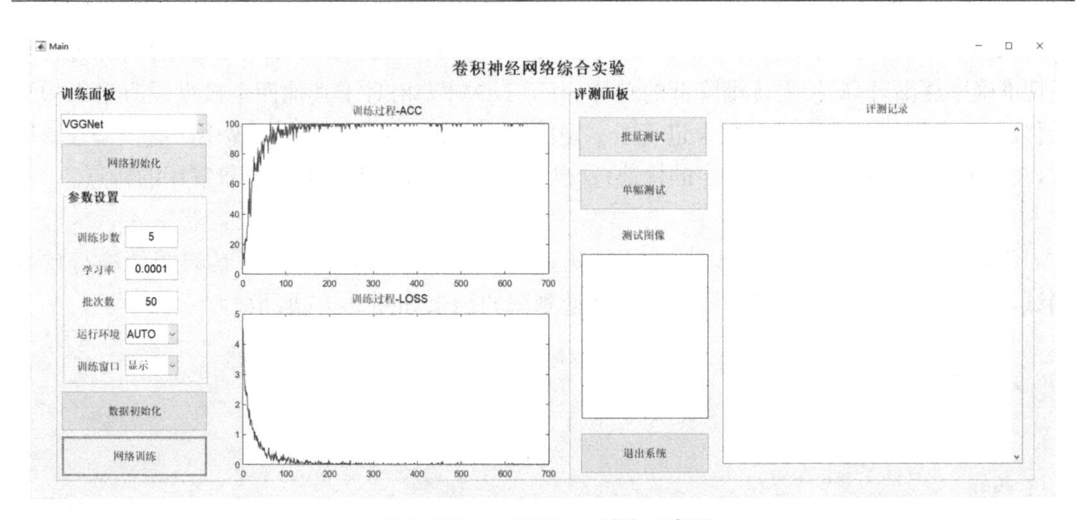

图 9.15(c)　VGGNet 训练示意图

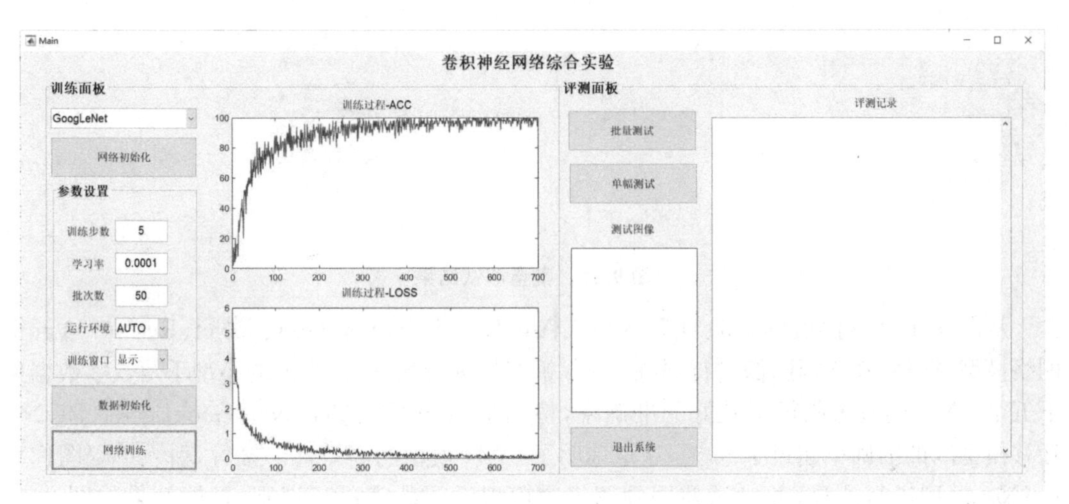

图 9.15(d)　GoogLeNet 训练示意图

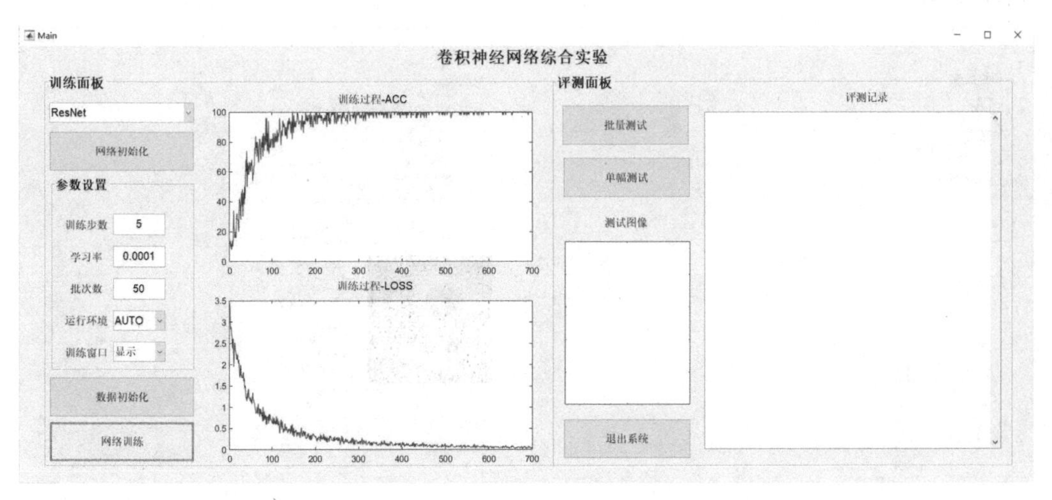

图 9.15(e)　ResNet 训练示意图

从图 9.15 可见，五个模型 LeNet-5、AlexNet、VGGNet、GoogLeNet、ResNet 的训练过程均呈现准确率逐渐升高、损失逐渐降低的趋势，由于 LeNet-5 相对于其他四个模型没有进行模型迁移，所以在训练步数和批次数上进行了一定的配置调整，而其他四个模型由于有模型迁移因素，在训练速度和效率上均有一定的优势，这也表明了 CNN 模型具有多场景复用的特点。

4）模型评测

CNN 模型训练完毕后，可以加载测试集进行批量测试，也可以选择某幅图像进行单幅测试，比较不同模型的识别效果。其中，批量测试的结果如图 9.16 所示。

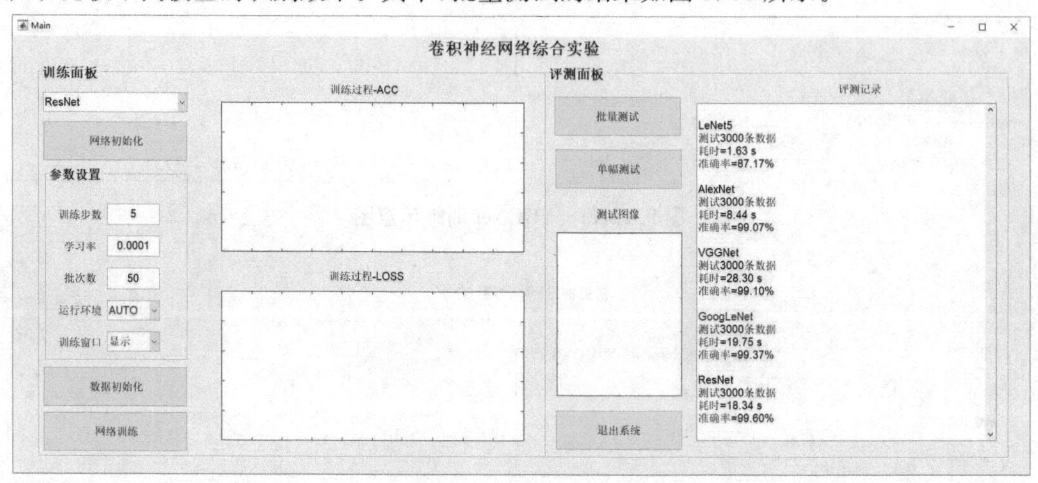

图 9.16　批量测试结果

从图 9.16 中可见，本实验对 LeNet-5、AlexNet、VGGNet、GoogLeNet、ResNet 这五个网络模型，选择 7000 幅图像进行训练、3000 幅图像进行测试，在当前的小型手写数字数据集下五个 CNN 模型均取得了较好的准确率，特别是 AlexNet、VGGNet、GoogLeNet、ResNet 迁移模型取的准确率超过了 99%，这也证明了 CNN 模型的高效性。接着，引入单幅图像对 ResNet 模型进行测试，并尝试使用画图板来模拟手写数字进行识别，具体效果如图 9.17(a)、(b)所示。

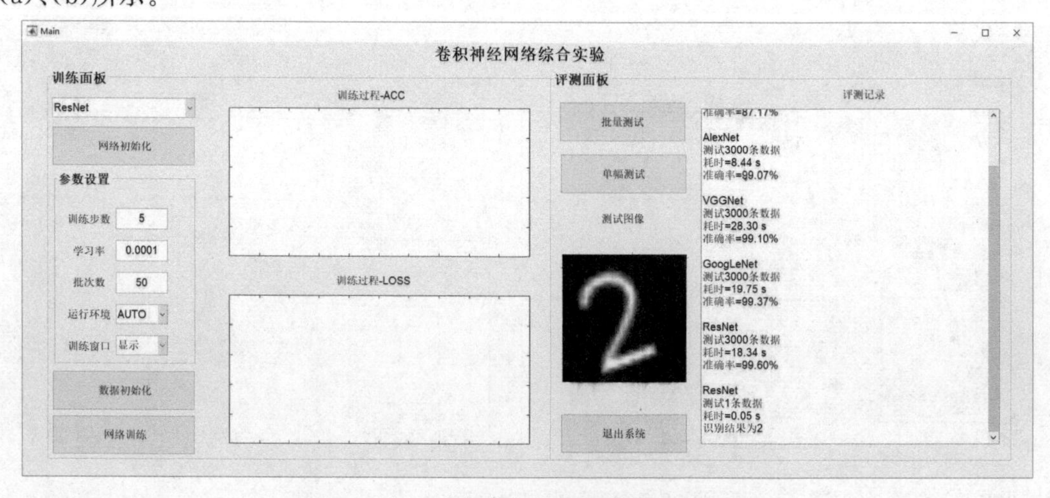

图 9.17(a)　单幅数据集内图像的测试结果

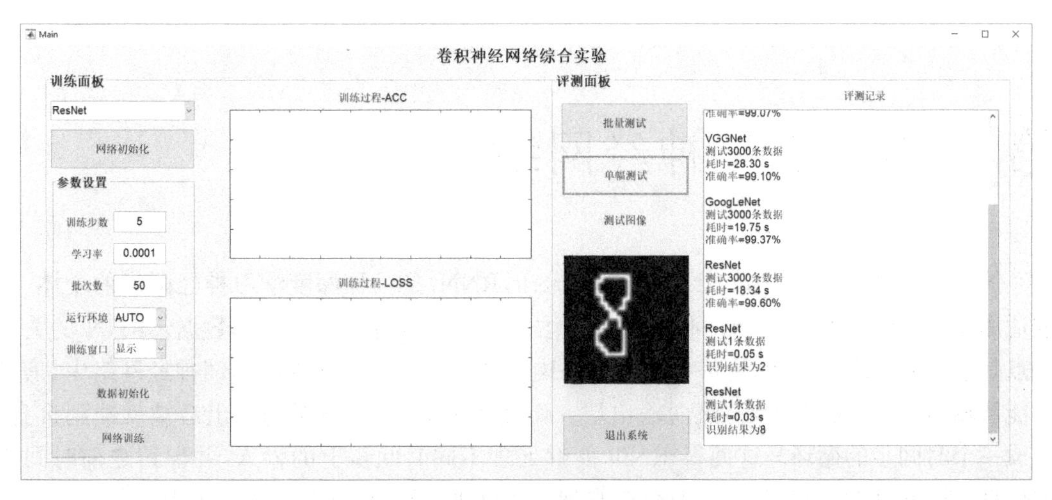

图 9.17(b)　模拟手写数字图像的测试结果

实验结果表明：对于单幅图像可以快速得到识别结果，且对模拟手写的黑底白字数字图像依然能进行正确的识别，这表明模型具有较高的实用价值，可作为单独的模块进行集成应用开发。实验采用了模型定义、模型迁移的方式来设计网络，选择了小型手写数字数据集进行了训练和测试，也可以通过自行设计或选择其他的网络、加载其他的数据集等方式进行实验的延伸。

9.5　小结

本章主要介绍了几种比较典型的卷积神经网络模型，并介绍了这些模型的结构、学习算法以及 MATLAB 的实现方法。

第 10 章　循环神经网络

循环神经网络(Recurrent Neural Network,RNN)是一种深度学习神经网络的变体,特别适用于处理序列数据,如时间序列、自然语言文本等具有顺序关系的数据。RNN 的关键特点是它具有循环的连接,允许信息在网络内部持续传递。在标准的前馈神经网络中,信息只能从输入层流向隐藏层,再流向输出层。而在 RNN 中,隐藏层的输出会被反馈到自身,形成一个时间步的循环。这使得 RNN 能够处理不同时间步上的输入,并保留之前时间步的信息。因此,RNN 可以在时间序列、自然语言处理、语音识别等任务中表现出色。

10.1　循环神经网络发展历史及应用

10.1.1　循环神经网络的发展历史

循环神经网络的发展历史可以追溯到 20 世纪 30 年代,经历了多个重要发展阶段和改进。以下是 RNN 发展的一些关键时刻和里程碑。

1933 年,西班牙神经生物学家 Rafael Lorente de Nó 有了一项重要的发现,他发现大脑皮层的解剖结构具备一种特殊的功能,即刺激可以在神经回路中循环传递,由此他提出了反响回路假说。在当时的一系列研究中,反响回路假说被认为是生物体拥有短期记忆的原因之一。

随着神经生物学的进一步研究,科学家们发现大脑的阿尔法节律起到调节反响回路的兴奋和抑制的作用。阿尔法节律是一种特定的脑电波频率,它参与了形成循环反馈系统的过程,尤其在 α-运动神经中发挥了重要作用。

1982 年,美国学者 John Hopfield 对基于 Little 的神经数学模型进行了拓展,引入了二元节点并建立了一种具有结合存储能力的神经网络,即 Hopfield 神经网络。这种神经网络是一种包含递归计算和外部记忆的模型,其内部的所有节点都相互连接,并使用能量函数进行非监督学习。

1986 年,Michael I. Jordan 在分布式并行处理理论的基础上提出了 Jordan 网络。这种神经网络的每个隐藏层节点都与一个状态单元相连以实现延时输入,并使用 logistic 函数作为激活函数。1990 年,Jeffery Elman 提出了最早的循环神经网络架构,称为 Elman 网络。这个网络具有一个隐藏层,可以将当前时间步的输入与上一时间步的隐藏状态相连接。然而,这个网络在处理长期依赖问题上存在困难。

1991 年,Sepp Hochreiter 发现在对长序列进行学习时,传统的循环神经网络会出现梯度消失和梯度爆炸问题,导致网络无法有效地捕捉长时间跨度的非线性关系。为了解决梯度消失和梯度爆炸问题，在 1997 年，Sepp Hochreiter 和 Jürgen Schmidhuber 提出了长短时记忆网络(Long Short-Term Memory network，LSTM)，这是第一个成功解决长期依赖问题的循环神经网络结构。LSTM 引入了遗忘门、输入门和输出门的概念，使网络可以选择性地记住、遗忘和输出信息。

2010 年，Tomas Mikolov 等人提出了基于 RNN 的语言模型，这一模型在自然语言处理领域取得了显著的成果。Alex Graves 等人在 2014 年引入了神经图灵机(Neural Turing Machine，NTM)。虽然不是典型的 RNN 结构，但它结合了神经网络和外部内存，能够学习执行算法性任务，并进一步扩展了序列处理的能力。双向循环神经网络在 2015 年被提出，它可以同时考虑序列数据的过去和未来信息，以提高对整体上下文的理解。变换器(Transformer)是一种基于注意力机制的模型，由 Vaswani 等人于 2017 年引入，它在机器翻译等任务中取得了显著的成果，推动了注意力机制的广泛应用。2018 年及以后提出的 GPT 模型是一系列基于 Transformer 结构的预训练语言模型，通过大规模无监督训练，在自然语言处理领域取得了显著成果。

总的来说，循环神经网络经历了从最早的 Elman 网络到 LSTM、GRU(Gate Recurrent Unit，门控循环单元)、注意力机制等一系列发展，这些发展极大地推动了序列数据处理、自然语言处理等领域的发展和应用。

10.1.2　循环神经网络的应用

循环神经网络作为目前深度学习领域中最有前景的工具之一，成功解决了传统神经网络在处理序列数据时不能共享位置特征的问题。由于其出色的序列建模能力，RNN 在各个领域都得到了广泛应用，主要包括：

① 语音识别：RNN 在语音识别中用于处理音频信号的序列数据。它能够将音频信号映射到文本，实现自动语音识别，如微信的语音转文字功能。

② 自然语言处理：RNN 在文本生成、语言建模、机器翻译、情感分析等任务中广泛应用。通过捕捉文本序列中的上下文信息，RNN 能够更好地理解和生成自然语言文本。

③ 时间序列分析：RNN 被用于处理时间序列数据，如股票价格预测、天气预测等。它能够捕捉时间序列中的趋势和周期性。

④ 推荐系统：RNN 可用于构建个性化的推荐系统，通过对用户行为序列进行建模，提供更准确的推荐结果。

⑤ 视频行为识别：RNN 能够对输入的视频帧序列进行分析，识别其中的人物行为、动作等。

⑥ 实体名字识别：RNN 可用于从文本中识别实体的名字，比如识别人名、地名等信息。

这些应用充分展示了 RNN 在序列数据处理和文本、语音、图像等领域的巨大潜力。随着深度学习技术的不断发展，RNN 不断改进并结合其他技术，如长短期记忆网络和门控循环单元，将进一步提升其性能和应用范围，为各个领域带来更多的创新和进步。

10.2 基本循环神经网络模型

10.2.1 RNN 模型结构

传统的前馈神经网络无法自主地保留和利用前面时间步的信息，因为它们没有显式循环连接。这可能导致在某些序列预测任务中缺乏对上下文信息的有效利用。例如，在预测句子的下一个单词时，需要考虑前面的单词信息，而传统神经网络无法处理这种序列依赖性。为了解决序列数据处理的问题，循环神经网络被引入。循环神经网络模型引入了循环连接和门控机制，能够更好地捕捉序列数据中的长期依赖关系、处理变长序列以及利用上下文信息，因此 RNN 及其变种在序列预测任务中表现得更出色。图 10.1 是一个基本的 RNN 模型结构。

由图 10.1 可以看出 RNN 的层级结构相较于卷积神经网络来说比较简单，基本结构包括输入层、隐藏层和输出层，以及循环连接，使得信息可以在时间步之间传递。隐藏层之间有一个箭头表示数据的循环更新，隐藏层在每个时间步都会产生一个隐藏状态，表示网络在当前时间步所学习到的信息。这个隐藏状态在下一个时间步被传递给自己，实现信息在时间上的传递。循环连接是 RNN 的关键特点，它使得网络可以在不同时间步之间共享信息。通过隐藏层之间的循环连接和时间记忆，RNN 能够有效地处理带有时序关系的数据，并在自然语言处理、语音识别、机器翻译等领域发挥重要作用。

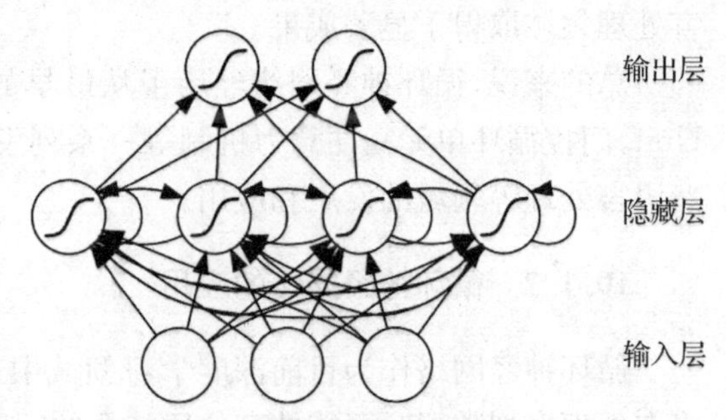

图 10.1 基本的 RNN 模型结构

图 10.2 所示为隐藏层的层级展开图，其中 $\boldsymbol{x}$ 表示输入序列向量；$\boldsymbol{o}$ 表示输出向量；$\boldsymbol{s}$ 表示网络隐藏层的状态，$\boldsymbol{s}_t = f(\boldsymbol{W} \cdot \boldsymbol{s}_{t-1} + \boldsymbol{U} \cdot \boldsymbol{x}_t)$；$\boldsymbol{W}$ 是隐藏层的状态转换矩阵，用于将前一时间步的隐藏状态映射到当前时间；$\boldsymbol{U}$ 是输入与隐藏状态之间的权重矩阵，用于将输入 $\boldsymbol{x}$ 映射到隐藏状态；$\boldsymbol{V}$ 为输出样本的权重。

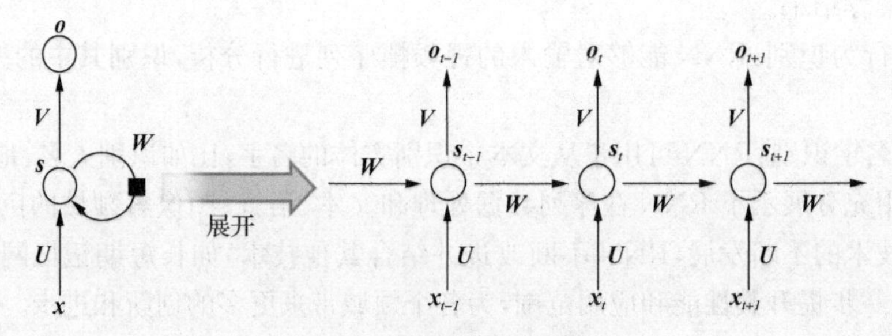

图 10.2 隐藏层的层级展开图

图 10.2 中右边为隐藏层展开形式，左边为简化表示后的折叠形式，其中的黑色方块描

述了一个延迟连接，即从上一个时刻的隐藏状态 $\boldsymbol{h}_{t-1}$ 到当前时刻的隐藏状态 $\boldsymbol{h}_t$ 之间的连接。

在 $t=1$ 时刻，一般初始化输入 $\boldsymbol{s}_0=\boldsymbol{0}$，随机初始化 $\boldsymbol{W}$、$\boldsymbol{U}$、$\boldsymbol{V}$，计算公式如下：

$$\begin{aligned} \boldsymbol{h}_1 &= \boldsymbol{U}\boldsymbol{x}_1+\boldsymbol{W}\boldsymbol{s}_0 \\ \boldsymbol{s}_1 &= f(\boldsymbol{h}_1) \\ \boldsymbol{o}_1 &= g(\boldsymbol{V}\boldsymbol{s}_1) \end{aligned} \tag{10.1}$$

其中，f 和 g 为激活函数。时间向前推进，状态 $\boldsymbol{s}_1$ 作为时刻 1 的记忆状态参与下一个时刻的预测活动，也就是

$$\begin{aligned} \boldsymbol{h}_2 &= \boldsymbol{U}\boldsymbol{x}_2+\boldsymbol{W}\boldsymbol{s}_1 \\ \boldsymbol{s}_2 &= f(\boldsymbol{h}_2) \\ \boldsymbol{o}_2 &= g(\boldsymbol{V}\boldsymbol{s}_2) \end{aligned}$$

以此类推，得到最终的输出值，如式(10.2)所示：

$$\begin{aligned} \boldsymbol{h}_t &= \boldsymbol{U}\boldsymbol{x}_t+\boldsymbol{W}\boldsymbol{s}_{t-1} \\ \boldsymbol{s}_t &= f(\boldsymbol{h}_t) \\ \boldsymbol{o}_t &= g(\boldsymbol{V}\boldsymbol{s}_t) \end{aligned} \tag{10.2}$$

在循环神经网络中，隐藏层状态 $\boldsymbol{s}_t$ 起到记忆单元的作用，它保存了前面所有时间步的信息。相比之下，输出层的输出 $\boldsymbol{o}_t$ 仅与当前时间步的隐藏层状态 $\boldsymbol{s}_t$ 相关联。为了降低网络的复杂性，在实际应用中，通常 $\boldsymbol{s}_t$ 只包含前面若干时间步的隐藏层状态，而不是包含所有时间步的隐藏层状态。

传统的前馈神经网络的每个层都有独立的参数，这意味着每个层之间的参数是不共享的。然而，在 RNN 中，每输入一个时间步，每个隐藏层都共享相同的参数 $\boldsymbol{U}$、$\boldsymbol{V}$ 和 $\boldsymbol{W}$。具体来说：

① 参数 $\boldsymbol{U}$ 用于处理输入特征与隐藏层之间的连接权重。

② 参数 $\boldsymbol{V}$ 用于映射隐藏层状态到输出层的权重。

③ 参数 $\boldsymbol{W}$ 用于处理隐藏层之间的时间步连接权重。

这种参数共享机制使得 RNN 在学习过程中大大减少了需要学习的参数数量，因为无论时间步数有多长，参数 $\boldsymbol{U}$、$\boldsymbol{V}$ 和 $\boldsymbol{W}$ 始终保持不变。

10.2.2　BPTT 算法

BPTT(Backpropagation Through Time，随时间变化的反向传播)是一种用于训练循环神经网络的反向传播算法，它在时间序列数据中进行梯度计算和参数更新。BPTT 是在标准的反向传播算法基础上进行了扩展，以适应 RNN 的时间序列结构。BPTT 的思路是将 RNN 中的链式连接展开，将每个循环单元视为一个独立的层，并根据前馈神经网络的 BP 框架进行计算。对于给定的输入序列，从第一个时间步开始，逐步进行前向传播，计算每个时间步的隐藏状态和输出。从最后一个时间步开始，使用误差计算的梯度来计算每个时间步的梯度。通过反复迭代梯度下降法来更新网络的参数，使得网络的预测逐步逼近实际输出。考虑 RNN 的参数共享性质，权重的梯度为所有层的梯度之和，损失函数 L 计算如式(10.3)所示：

$$L=\sum_{t=1}^{T}L_t=-\sum_{t=1}^{T}\log p(y_t\mid x_1,\cdots,x_t),\frac{\partial L}{\partial L_t}=1 \tag{10.3}$$

在前向传播过程中，根据式(10.4)计算每个时刻 t 对应的隐藏状态 $\boldsymbol{h}_t$ 和输出结果 $\hat{\boldsymbol{y}}_t$：

$$\begin{aligned}\boldsymbol{h}_t&=f(\boldsymbol{U}\boldsymbol{x}_t+\boldsymbol{W}\boldsymbol{h}_{t-1}+\boldsymbol{b})\\ \boldsymbol{o}_t&=\boldsymbol{V}\boldsymbol{h}_t+\boldsymbol{c}\\ \hat{\boldsymbol{y}}_t&=g(\boldsymbol{o}_t)\end{aligned} \tag{10.4}$$

在反向传播过程中，按式(10.5)求解总损失函数对隐藏层和输出层在每个时刻 t 对应的梯度：

$$\begin{aligned}\boldsymbol{\delta}_{\text{out}}&=\frac{\partial L}{\partial\hat{\boldsymbol{y}}_t}\odot(\hat{\boldsymbol{y}}_t)'\\ \boldsymbol{\delta}_{\text{h}}&=(\boldsymbol{V}^{\text{T}}\cdot\boldsymbol{\delta}_{\text{out}}+\boldsymbol{W}^{\text{T}}\cdot\boldsymbol{\delta}_{\text{h}}(t+1))\odot(\boldsymbol{h}_t)'\end{aligned} \tag{10.5}$$

由于 RNN 参数共享的特性，计算当前时间步的梯度需要考虑共享的参数对其他时间步损失函数的变化固定。在反向传播过程中，使用链式法则将梯度沿着时间步展开并累积梯度信息。其中，$\odot$表示逐元素乘法，上述梯度计算将从时间步 T 开始，逐步向前传播到时间 1。对所有时间步反向传播后，RNN 按式(10.6)计算权重和偏置的梯度并更新参数：

$$\begin{aligned}\frac{\partial L}{\partial\boldsymbol{V}}&=\boldsymbol{\delta}_{\text{out}}\cdot\boldsymbol{h}_t^{\text{T}}\\ \frac{\partial L}{\partial\boldsymbol{W}}&=\boldsymbol{\delta}_{\text{h}}\cdot\boldsymbol{h}_{t-1}^{\text{T}}\\ \frac{\partial L}{\partial\boldsymbol{U}}&=\boldsymbol{\delta}_{\text{h}}\cdot\boldsymbol{x}_t^{\text{T}}\\ \frac{\partial L}{\partial\boldsymbol{b}_{\text{out}}}&=\boldsymbol{\delta}_{\text{out}}\\ \frac{\partial L}{\partial\boldsymbol{b}_{\text{h}}}&=\boldsymbol{\delta}_{\text{h}}\end{aligned} \tag{10.6}$$

上述是 BPTT 算法的标准求解框架，它在理论上可以应用于所有类型的 RNN 架构。但是对于长序列样本，隐藏状态的历史信息需要一直保存以支持梯度传递，因此导致了空间复杂度的增加。这意味着随着序列长度的增加，需要存储更多的中间状态，占用更多的内存，且在反向传播的过程中计算量也会增加，BPTT 算法的空间复杂度会相应地增加。

10.2.3 RNN 的优化

RNN 在误差梯度经过多个时间步的反向传播时容易出现极端的非线性行为，其中包括梯度消失和梯度爆炸问题。这些问题与前馈神经网络不同，因为梯度消失和梯度爆炸仅在深度结构中出现，并且可以通过设计合适的梯度比例进行缓解。然而，在 RNN 中，只要序列长度足够长，上述现象仍可能发生。

梯度爆炸是指在反向传播过程中，梯度值会急剧增大，导致网络参数的更新过程不稳定，进而影响网络的学习效果。虽然梯度爆炸对学习有明显的影响，但它较少出现，可以通过梯度截断技术来解决这个问题。相比之下，梯度消失是更常见且不易察觉的问题。在梯度消失的情况下，RNN 在多个时间步后的输出几乎不再与序列的初始值有关，导致网络无法学习到长期的依赖关系。这使得处理长序列数据非常困难。

1）梯度截断

RNN中的梯度截断是一种应对梯度爆炸问题的技术。在训练中由于时间步的叠加，梯度在反向传播过程中呈指数级增长，从而影响网络的稳定性和训练效果。梯度截断的目的是限制梯度的大小，以防止梯度爆炸。梯度截断的基本思想是当梯度的范数超过某个阈值时，对梯度进行缩放，使其范数不超过该阈值。这有助于避免梯度在反向传播过程中出现异常增长。梯度截断的具体步骤如下：

(1) 计算梯度：在反向传播过程中，计算网络参数相对于损失函数的梯度。

(2) 计算梯度的范数：计算梯度的范数，即梯度的欧几里得范数或其他合适的范数。

(3) 截断梯度：如果梯度的范数超过预设的阈值，则对梯度进行缩放，使其范数等于阈值。这可以通过将梯度除以范数后乘以阈值来实现。

(4) 更新参数：使用截断后的梯度来更新网络参数，通常是使用梯度下降法或其变体进行参数更新。

梯度截断在RNN等循环结构中非常有用，特别是在处理长序列数据时，有助于稳定模型的训练过程。然而，需要注意的是，设置截断的阈值也需要谨慎，阈值过大可能导致梯度过度缩放，影响梯度的有效信号，而阈值过小则可能导致梯度截断无效。

2）正则化

正则化是一种用于控制模型复杂度、减少过拟合现象的技术。在误差反向传播至第 t 个时间步时，其对应的正则化项如式(10.7)所示：

$$\Omega = \sum_t \Omega_t = \sum_t \left(\frac{1}{\left\| \frac{\partial L}{\partial \boldsymbol{h}_{t+1}} \right\|} \left\| \frac{\partial L}{\partial \boldsymbol{h}_{t+1}} \frac{\partial \boldsymbol{h}_{t+1}}{\partial \boldsymbol{h}_t} \right\| - 1 \right)^2 \tag{10.7}$$

这些正则化项将被加到原始的损失函数中，形成正则化损失函数。通过权衡原始损失和正则化项，可以使得模型在训练过程中不仅考虑拟合训练数据，还注重模型的泛化能力。在实际应用中，可以根据任务的需求来选择合适的正则化项和参数。

一些常见的RNN正则化方法包括L1和L2正则化、dropout、权重约束和DropConnect等。正则化方法可以单独使用，也可以组合使用，具体的选择和调整取决于数据集、模型结构和训练任务。正则化有助于提高模型的泛化性能，使模型在未见过的数据上表现得更好。

3）层归一化

RNN的层归一化是一种正则化和归一化技术，旨在增强神经网络的训练稳定性和泛化能力。与批归一化类似，层归一化也是一种归一化技术，但它不是在批次上进行归一化，而是在每个时间步或每个样本上进行归一化，特别适用于RNN等具有时间序列结构的模型。

层归一化的基本思想是对每个样本或时间步的输入进行归一化，使得每个特征的均值为0且方差为1。这有助于缩小激活函数的输入范围，增强模型的训练稳定性，并减少梯度问题。对于时间步 t，循环节点的层归一化计算如式(10.8)所示：

$$\boldsymbol{h}_t = \beta + \gamma \frac{\boldsymbol{z}_t - \boldsymbol{\mu}_t}{\sqrt{\boldsymbol{\sigma}_t}} \tag{10.8}$$

为了保持网络的表达能力，层归一化引入了可学习的缩放参数 β 和平移参数 γ 来调整归一化后的值。层归一化通过对每个时间步的输入进行归一化和线性变换，有助于平衡网络的激活分布，减少梯度问题，提高训练稳定性。

4）储层计算

RNN 的核心部分是隐藏层(也称为储层、记忆单元等)，它负责维持模型的状态，捕捉时间序列的信息，并在不同时间步之间传递信息。储层计算描述了 RNN 中隐藏状态的更新过程，这在 RNN 的每个时间步都会发生。

假设一个 RNN 单元的隐藏层状态为 $\boldsymbol{h}_t$，输入为 $\boldsymbol{x}_t$，并且有一个权重矩阵 $\boldsymbol{W}$ 用于映射输入到隐藏状态。RNN 的储层计算如式(10.9)所示，这个计算过程是 RNN 的关键，也是实现序列信息传递的核心：

$$\boldsymbol{h}_t = f(\boldsymbol{W}\boldsymbol{h}_{t-1} + \boldsymbol{U}\boldsymbol{x}_t) + \boldsymbol{b} \tag{10.9}$$

其中，$f(\cdot)$ 是激活函数(例如 tanh、ReLU 等)，$\boldsymbol{W}$ 是连接隐藏状态 $\boldsymbol{h}_{t-1}$ 到 $\boldsymbol{h}_t$ 的权重矩阵，$\boldsymbol{U}$ 是连接输入 $\boldsymbol{x}_t$ 到 $\boldsymbol{h}_t$ 的权重矩阵，$\boldsymbol{b}$ 是隐藏状态的偏置。

需要注意的是，式(10.9)是一个简化的 RNN 单元的储层计算，实际应用中可能会有更复杂的变体，如带有门控机制的 LSTM 和 GRU 等。这些变体在储层计算中引入了不同的门控机制，以便更好地捕捉时间序列中的长期依赖关系。

5）跳跃连接

RNN 的跳跃连接，也被称为残差连接，是一种在 RNN 结构中引入的连接方式，旨在改善梯度传播、减少梯度消失问题，以及加速模型的训练和收敛。跳跃连接的思想源自于 ResNet 架构，最初是为了解决深层卷积神经网络的退化问题。

在 RNN 中，跳跃连接是通过在隐藏状态更新过程中，将当前时间步的输入与前一时间步的隐藏状态相加的方式来实现的。通过引入跳跃连接，RNN 可以更有效地传播梯度，因为梯度可以通过跳跃连接直接传递到前一时间步的隐藏状态。这有助于减少梯度消失问题，特别是在处理长时间序列时。此外，跳跃连接还可以加速模型的训练，因为梯度可以更容易地传播到较早的时间步。

6）渗漏单元和门控单元

渗漏单元被称为线性自连接单元，是一种对传统 RNN 的改进，通过引入渗漏项来改善梯度消失问题：

$$\boldsymbol{h}_t = (1-\alpha)\cdot\boldsymbol{h}_{t-1} + \alpha\cdot f(\boldsymbol{W}\cdot\boldsymbol{h}_{t-1} + \boldsymbol{U}\boldsymbol{x}_t + \boldsymbol{b}) \tag{10.10}$$

其中，α 是渗漏因子，控制前一时间步的隐藏状态在当前状态更新中的权重。通常情况下，α 的值小于 1，从而使一部分之前的状态信息渗透到当前的状态更新中。式 (10.10)是一个简化的渗漏单元的示例，实际应用中可能会有不同的变体和参数设置。渗漏单元的设计可以根据任务的需求进行调整和优化，目的是改善传统 RNN 在处理长时间序列时的性能。

门控单元是一类具有门控机制的 RNN 变体，旨在解决传统 RNN 中的长期依赖问题。门控单元通过引入门控机制，允许网络更好地捕捉和管理时间序列中的信息流动。两个最常见的门控单元是长短时记忆网络和门控循环单元。在长短时记忆网络和门控循环单元中，门控机制允许模型选择性地遗忘和记住信息，从而解决了传统 RNN 中的梯度消失和梯度爆炸问题，增强了 RNN 对长时间序列中的长期依赖关系的建模能力。门控单元已被广泛用于各种序列建模任务，如自然语言处理、语音识别等。

10.3　LSTM 模型

上节已经提到，传统的 RNN 对于较长序列，往往只能保持较短的历史信息，无法有效地捕捉长期的上下文关系，因此在处理具有长期依赖关系的序列时效果不佳。为了解决这个问题，出现了一些改进的循环神经网络结构，如长短时记忆网络（LSTM）和门控循环单元（GRU）。

10.3.1　LSTM 结构

LSTM 结构引入了门控机制，有助于控制信息的流动和遗忘，从而更好地捕捉长序列之间的依赖关系，能较好地解决梯度消失问题，并提高训练效率。因此，LSTM 网络结构已成为处理序列数据的主要选择。

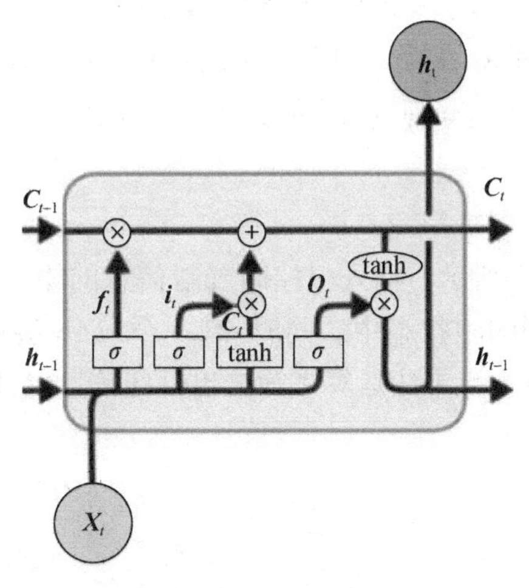

图 10.3　LSTM 单元结构

LSTM 是由很多的 LSTM 单元（LSTM Unit）串联组成的，图 10.3 是一个 LSTM 单元的详细结构，这是理解 LSTM 的关键。在图 10.3 中，每个箭头代表一个向量，表示信息的传递，从一个节点的输出到其他节点的输入；小圆圈表示操作矩阵中的对应元素相乘；小矩形框表示学习到的神经网络层；箭头合并在一起的线表示向量的连接；箭头分叉的线表示内容被复制，然后被传递到不同的位置。

一个 LSTM 单元包括三个门结构，即遗忘门、输入门和输出门，以及一个细胞状态（cell state）。下面详细介绍三个门是如何工作的。

1）遗忘门

遗忘门决定哪些信息需要从细胞状态中被遗忘。遗忘门的输入是当前时刻的输入数据和前一时刻的隐藏状态，通过一个 sigmoid 函数后产生一个介于 0 和 1 之间的值。0 表示完全遗忘，1 表示完全保留。遗忘门是 LSTM 能够实现长期记忆的关键，因为它可以有选择性地忘记过去的信息，只保留重要的记忆。遗忘门子结构如图 10.4 所示。

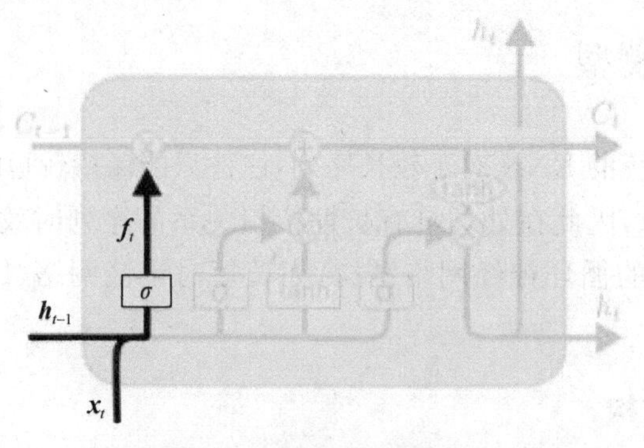

图 10.4 遗忘门子结构

图 10.4 中的输入是前一个时间步的隐藏状态 $\boldsymbol{h}_{t-1}$ 和当前时间步的输入数据 $\boldsymbol{x}_t$，通过一个激活函数，得到遗忘门的输出 $\boldsymbol{f}_t$。遗忘门的计算如(10.11)所示：

$$\boldsymbol{f}_t=\sigma(\boldsymbol{W}_f \cdot [\boldsymbol{h}_{t-1},\boldsymbol{x}_t]+\boldsymbol{b}_f) \tag{10.11}$$

其中，$[\boldsymbol{h}_{t-1},\boldsymbol{x}_t]$表示将 $\boldsymbol{h}_{t-1}$ 和 $\boldsymbol{x}_t$ 在特定维度上连接起来，$\boldsymbol{W}_f$ 为遗忘门的线性关系系数矩阵，$\boldsymbol{b}_f$ 为遗忘门的偏置向量，σ 为 sigmoid 激活函数，$\boldsymbol{f}_t$ 用于决定哪些细胞状态中的信息应该被遗忘。

2）输入门

输入门子结构如图 10.5 所示。输入门控制着新信息的输入，它通过一个 sigmoid 层来决定要将哪些新信息添加到细胞状态中。同时，有一个 tanh 层处理输入数据，计算出一个新的候选值。输入门会通过逐点乘法运算来筛选出哪些信息将被添加进细胞状态。

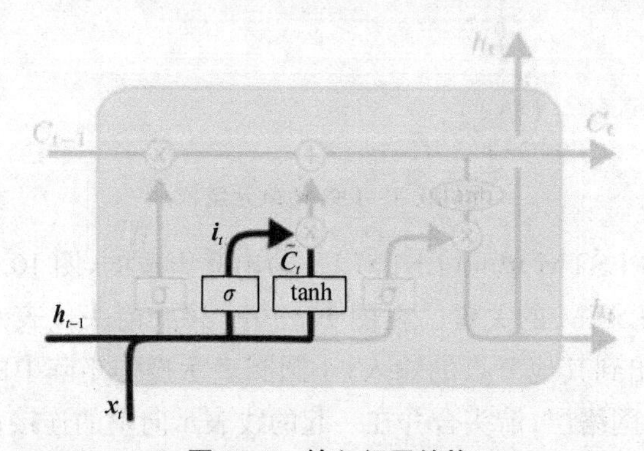

图 10.5 输入门子结构

更新过程的数学描述如式(10.12)所示：

$$\begin{aligned}\boldsymbol{i}_t&=\sigma(\boldsymbol{W}_i \cdot [\boldsymbol{h}_{t-1},\boldsymbol{x}_t]+\boldsymbol{b}_i)\\ \tilde{\boldsymbol{C}}_t&=\tanh(\boldsymbol{W}_C \cdot [\boldsymbol{h}_{t-1},\boldsymbol{x}_t]+\boldsymbol{b}_C)\end{aligned} \tag{10.12}$$

其中，$\boldsymbol{W}_i$、$\boldsymbol{b}_i$、$\boldsymbol{W}_C$、$\boldsymbol{b}_C$ 为线性关系系数和偏置；σ 为 sigmoid 激活函数，$\tilde{\boldsymbol{C}}_t$ 为 tanh 函数产生的一个新的候选值，取值范围为[−1 1]。通过这个过程，输入门允许 LSTM 在保留一部分过

去的细胞状态的同时，根据当前的输入和前一个时间步的状态，选择性地添加新信息到细胞状态中。这有助于 LSTM 有效地捕捉序列中的长期依赖关系和重要模式。

3）输出门

输出门负责决定如何从细胞状态中提取信息以产生当前时间步的输出。输出门结合了当前时间步 t 的输入和隐藏状态 $\boldsymbol{h}_{t-1}$，计算出一个输出值的候选项，以及一个控制更新的门控值。输出门子结构如图 10.6 所示。

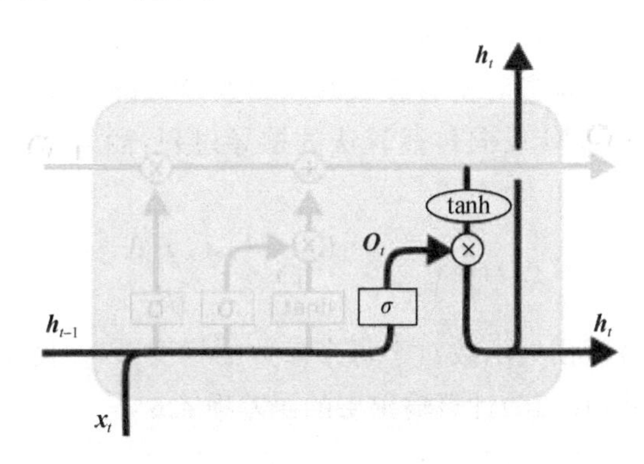

图 10.6　输出门子结构

从图 10.6 中可以看出，隐藏状态 $\boldsymbol{h}_t$ 的更新由两部分组成：一部分是将输出门的输入 $\boldsymbol{x}_t$ 和隐藏状态 $\boldsymbol{h}_{t-1}$ 通过 sigmoid 激活函数产生一个门控值 $\boldsymbol{o}_t$，表示细胞状态中的哪些信息应该被输出；另一部分是 tanh 激活函数从细胞状态中提取的新的记忆值 $\widetilde{\boldsymbol{C}}_t=\tanh(\boldsymbol{C}_t)$，$\widetilde{C}_t$ 和输出门的门控值 $\boldsymbol{o}_t$ 逐元素相乘，得到当前时间步的输出值的候选项 $\boldsymbol{h}_t$，即

$$\begin{aligned}\boldsymbol{o}_t&=\sigma(\boldsymbol{W}_o\cdot[\boldsymbol{h}_{t-1},\boldsymbol{x}_t]+\boldsymbol{b}_o)\\\boldsymbol{h}_t&=\boldsymbol{o}_t\odot\tanh(\boldsymbol{C}_t)\end{aligned}\tag{10.13}$$

LSTM 还具有输入门、输出门和细胞状态更新机制，这些组件一起协同工作，使得 LSTM 能够在序列数据中有效地捕获长期依赖关系。

10.3.2　LSTM 前向传播算法

LSTM 的前向传播算法描述了如何从输入数据开始，逐步计算每个时间步的隐藏状态和细胞状态。以下是 LSTM 前向传播算法的计算过程：

（1）更新遗忘门输出：$\boldsymbol{f}_t=\sigma(\boldsymbol{W}_f\cdot[\boldsymbol{h}_{t-1},\boldsymbol{x}_t]+\boldsymbol{b}_f)$

（2）更新输入门输出和新候选细胞状态：

$$\begin{aligned}\boldsymbol{i}_t&=\sigma(\boldsymbol{W}_i\cdot[\boldsymbol{h}_{t-1},\boldsymbol{x}_t]+\boldsymbol{b}_i)\\\widetilde{\boldsymbol{C}}_t&=\tanh(\boldsymbol{W}_C\cdot[\boldsymbol{h}_{t-1},\boldsymbol{x}_t]+\boldsymbol{b}_C)\end{aligned}$$

（3）更新细胞状态：$\boldsymbol{C}_t=\boldsymbol{C}_{t-1}\odot\boldsymbol{f}_t+\boldsymbol{i}_t\odot\widetilde{\boldsymbol{C}}_t$

（4）更新输出门输出：

$$\begin{aligned}\boldsymbol{o}_t&=\sigma(\boldsymbol{W}_o\cdot[\boldsymbol{h}_{t-1},\boldsymbol{x}_t]+\boldsymbol{b}_o)\\\boldsymbol{h}_t&=\boldsymbol{o}_t\odot\tanh(\boldsymbol{C}_t)\end{aligned}$$

（5）更新当前序列索引预测输出：$\hat{\boldsymbol{y}}_t=\sigma(\boldsymbol{V}\boldsymbol{h}_t+\boldsymbol{c})$

重复上述步骤，直到计算完整个序列的隐藏状态和细胞状态。LSTM 根据序列的不同部分，动态地更新细胞状态和隐藏状态，以捕获序列中的模式和信息。算法的关键是利用门控机制，允许 LSTM 选择性地更新和传递信息，从而更好地处理长期依赖关系。

10.3.3 LSTM 反向传播算法推导关键点

LSTM 利用反向传播算法计算梯度，从而更新网络参数以最小化损失函数。反向传播算法是一种通过梯度下降法迭代更新所有参数的优化算法，在训练神经网络中起着关键作用。其关键点在于计算损失函数对所有参数的偏导数，然后根据这些偏导数更新参数以最小化损失函数。下面是 LSTM 反向传播算法的推导过程，涵盖了损失函数对参数的梯度计算：

$$L(t)=\begin{cases} l(t)+L(t+1), & t<\tau \\ l(t) & t=\tau \end{cases} \tag{10.14}$$

反向传播的目标是计算损失函数对于每个参数的梯度，以便使用梯度下降等优化算法来更新参数。首先根据式(10.15)计算输出层的误差项 $\boldsymbol{\delta}_{ot}$：

$$\boldsymbol{\delta}_{ot}=\frac{\partial L}{\partial \hat{\boldsymbol{y}}_t}\cdot\frac{\partial \hat{y}_t}{\partial \boldsymbol{o}_t}=(\boldsymbol{y}_t-\hat{\boldsymbol{y}}_t)\cdot\tanh(\boldsymbol{C}_t) \tag{10.15}$$

若初始化时间步 T 的隐藏状态梯度为 $\boldsymbol{\delta}_{hT}$，根据式(10.16)依次计算隐藏状态的误差项 $\boldsymbol{\delta}_{ht}$，t 的取值范围为[1，T]：

$$\boldsymbol{\delta}_{ht}=\frac{\partial L}{\partial \boldsymbol{h}_t}=\frac{\partial L}{\partial \hat{\boldsymbol{y}}_t}\cdot\frac{\partial \hat{\boldsymbol{y}}_t}{\partial \boldsymbol{o}_t}\cdot\frac{\partial \boldsymbol{o}_t}{\partial \boldsymbol{h}_t}+\frac{\partial L}{\partial \boldsymbol{C}_t}\cdot\frac{\partial \boldsymbol{C}_t}{\partial \boldsymbol{h}_t} \tag{10.16}$$

假设初始化时间步 T 的细胞状态梯度为零向量，记为 $\boldsymbol{\delta}_{CT}$，根据式(10.17)依次计算细胞状态的误差项 $\boldsymbol{\delta}_{Ct}$：

$$\boldsymbol{\delta}_{Ct}=\frac{\partial L}{\partial \boldsymbol{C}_t}=\boldsymbol{\delta}_{ot}\cdot\boldsymbol{o}_t\cdot(1-\tanh^2(\boldsymbol{C}_t))+\boldsymbol{\delta}_{h_{t+1}}\cdot\boldsymbol{f}_{t+1} \tag{10.17}$$

得到了 $\boldsymbol{\delta}_{Ct}$ 和 $\boldsymbol{\delta}_{ht}$，计算其他参数的梯度就容易了。假设遗忘门、输入门和输出门的梯度分别是 $\boldsymbol{\delta}_{ft}$、$\boldsymbol{\delta}_{it}$ 和 $\boldsymbol{\delta}_{ot}$，根据这些门控值的梯度，按式(10－18)计算网络权重矩阵和偏置向量的梯度：

$$\begin{aligned}
\frac{\partial L}{\partial \boldsymbol{W}_f} &= \sum_{t=1}^{T}\boldsymbol{\delta}_{ft}\cdot[\boldsymbol{h}_{t-1},\boldsymbol{x}_t] \\
\frac{\partial L}{\partial \boldsymbol{W}_i} &= \sum_{t=1}^{T}\boldsymbol{\delta}_{it}\cdot[\boldsymbol{h}_{t-1},\boldsymbol{x}_t] \\
\frac{\partial L}{\partial \boldsymbol{W}_o} &= \sum_{t=1}^{T}\boldsymbol{\delta}_{ot}\cdot[\boldsymbol{h}_{t-1},\boldsymbol{x}_t] \\
\frac{\partial L}{\partial \boldsymbol{W}_C} &= \sum_{t=1}^{T}\boldsymbol{\delta}_{Ct}\cdot[\boldsymbol{h}_{t-1},\boldsymbol{x}_t] \\
\frac{\partial L}{\partial \boldsymbol{b}_f} &= \sum_{t=1}^{T}\boldsymbol{\delta}_{ft}
\end{aligned} \tag{10.18}$$

10.3.4　LSTM 的变体

1) GRU

门控循环单元(GRU)是一种与 LSTM 相似的递归神经网络结构,它是一种比 LSTM 更简化的门控机制,旨在在保持模型效能的同时,还可减少参数和计算负担。GRU 的基础单元包含两个关键门:重置门和更新门。重置门用于控制是否考虑先前的状态信息,更新门用于控制是否更新内部状态。两个门都通过 sigmoid 激活函数产生一个在 0 到 1 之间的值。

GRU 的基础单元有两个输入,即前一个时间步的隐藏状态 $\boldsymbol{h}_{t-1}$ 和当前时间步的输入 $\boldsymbol{x}_t$,以及两个输出,即 $\boldsymbol{h}_t$ 和 $\boldsymbol{y}_t$。GRU 基础单元的结构如图 10.7 所示。

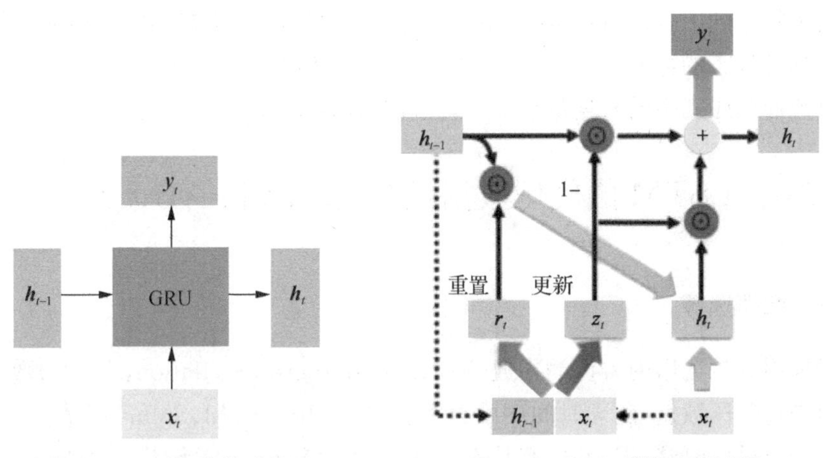

图 10.7　GRU 的基础单元　　图 10.8　GRU 模块计算过程

GRU 模块的具体计算过程如图 10.8 所示。

(1) 门的计算。更新门和重置门的权重更新如式(10.19)所示:

$$
\begin{aligned}
\boldsymbol{r}_t &= \sigma(\boldsymbol{W}_r \cdot [\boldsymbol{h}_{t-1}, \boldsymbol{x}_t]) \\
\boldsymbol{z}_t &= \sigma(\boldsymbol{W}_z \cdot [\boldsymbol{h}_{t-1}, \boldsymbol{x}_t])
\end{aligned}
\tag{10.19}
$$

图 10.8 中,$\boldsymbol{r}_t$ 为重置门的输出向量,$\boldsymbol{z}_t$ 为更新门的输出向量,激活函数都为 sigmod。当重置门输出 $\boldsymbol{r}_t$ 接近 0 时,代表这个元素的信息完全被遗忘;$\boldsymbol{r}_t$ 接近 1 时,代表这个元素的信息完全被保留。这意味着模型会更加依赖于先前的历史信息,并且更加难以适应新的输入。这可能导致模型在处理长期依赖关系时出现梯度消失或梯度爆炸问题,限制了模型的记忆能力。当更新门的输出 $\boldsymbol{z}_t$ 接近 0 时,表示模型会丢弃当前时间步的输入 $\boldsymbol{x}_t$,并且将前一个时间步的隐藏状态 $\boldsymbol{h}_{t-1}$ 保持不变;$\boldsymbol{z}_t$ 接近 1 时,表示模型决定完全使用当前时间步的输入 $\boldsymbol{x}_t$ 来更新隐藏状态 $\boldsymbol{h}_{t-1}$。这可能导致模型在处理长期依赖关系时更加稳定,但也可能导致模型较难适应快速变化的数据。

(2) 候选记忆状态。候选记忆状态是通过重置门输出 $\boldsymbol{r}_t$ 控制的新记忆状态候选项,用于考虑是否要将新信息融入记忆中。它的计算如式(10.20)所示:

$$
\tilde{\boldsymbol{h}}_t = \tanh(\boldsymbol{W}_h \cdot [\boldsymbol{r}_t \odot \boldsymbol{h}_{t-1}, \boldsymbol{x}_t]) \tag{10.20}
$$

其中,⊙表示逐元素相乘,$\boldsymbol{W}_h$ 是候选记忆状态的权重矩阵,tanh 是双曲正切激活函数。

(3) 记忆状态更新。将候选记忆状态 $\tilde{\boldsymbol{h}}_t$ 与前一个时间步的记忆状态 $\boldsymbol{h}_{t-1}$ 相结合，得到新的记忆状态。更新记忆状态的计算如式(10.21)所示：

$$\boldsymbol{h}_t=(1-\boldsymbol{z}_t)\odot\boldsymbol{h}_{t-1}+\boldsymbol{z}_t\odot\tilde{\boldsymbol{h}}_t \tag{10.21}$$

通过上述过程，GRU 的基础单元可以自适应地更新内部状态，根据输入数据的模式来决定保留哪些信息、更新哪些信息，从而更好地捕获序列数据中的重要模式和长期依赖关系。GRU 的简化结构使其在一些情况下能够比 LSTM 更高效地学习序列信息。

2）Peephole LSTM

2000 年，Gers 和 Schmidhuber 提出了一种改进的 LSTM 结构，称为 Peephole LSTM（窥视孔长短期记忆网络）。它在计算门控值时引入了额外的“窥视孔”连接，允许门控单元直接查看细胞状态的内容。Peephole LSTM 通过添加从细胞状态到门控值的连接，允许门控单元查看细胞状态的当前值，从而更好地调整门的开启程度。这有助于 Peephole LSTM 模型更有效地捕获序列中的长期依赖关系，提高其建模能力。

10.4 基于 LSTM 的气压数据预测的 MATLAB 实现

10.4.1 数据选择

本实验采用厄尔尼诺南方涛动指数(El Niño Southern Oscillation，ENSO)数据，基于按月份统计的平均气压数据，建立时间序列分析模型，采用 LSTM、Spline 插值的方式进行实验分析。首先，直接加载数据，并按照月份、气压数据进行绘图，关键代码如下所示：

```
load enso
figure; plot(month,pressure, 'b- ', month,pressure, 'k* ');
```

执行上述代码后，将加载 ENSO 数据并绘制数据曲线，如图 10.9 所示。

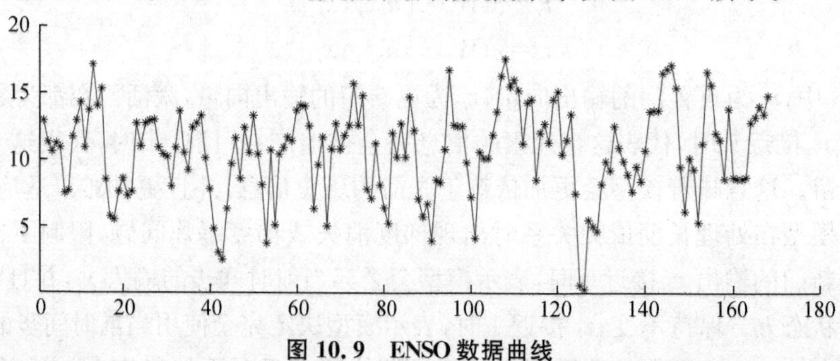

图 10.9 ENSO 数据曲线

10.4.2 模型设计

根据 ENSO 数据情况，可以发现该数据存在典型的时间—数值关系，因此按照设定的时间范围建立序列。这里引入 LSTM 模型，将时间范围参数作为输入维度，按照序列的特点设置隐藏层维度、输出维度，将模型设计封装为函数，关键代码如下所示：

```
function layers=get_lstm_net(wd)
if nargin<1
    wd=5;
end
% 输入维度
num_input=wd;
% 输出维度
num_output=1;
% LSTM 维度
numHiddenUnits=250;
% 网络定义
layers=[ ...
    sequenceInputLayer(num_input)
    lstmLayer(numHiddenUnits)
    dropoutLayer(0.1)
    lstmLayer(2* numHiddenUnits)
    dropoutLayer(0.1)
    fullyConnectedLayer(num_output)
    regressionLayer];
```

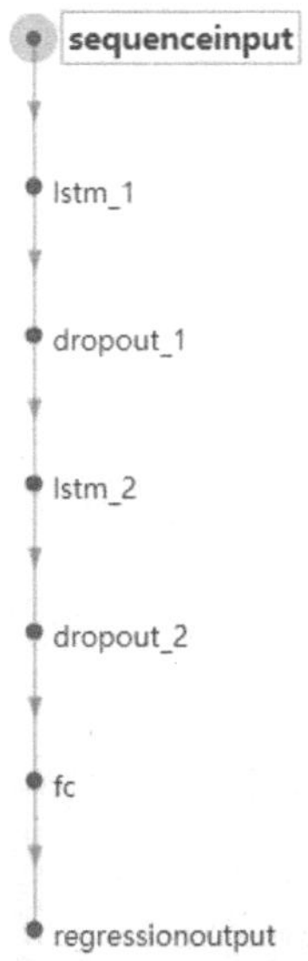

运行如上代码，可得到 LSTM 网络，其网络结构及参数如图 10.10 和图 10.11 所示。

sequenceinput
lstm_1
dropout_1
lstm_2
dropout_2
fc
regressionoutput

图 10.10　LSTM 模型网络图

7 layers　0 warnings　0 errors

ANALYSIS RESULT

	Name	Type	Activations	Learnables
1	sequenceinput Sequence input with 5 dimensions	Sequence Input	5	-
2	lstm_1 LSTM with 250 hidden units	LSTM	250	InputWeights 1000×5 RecurrentWe… 1000… Bias 1000×1
3	dropout_1 10% dropout	Dropout	250	-
4	lstm_2 LSTM with 500 hidden units	LSTM	500	InputWeights 2000… RecurrentWe… 2000… Bias 2000×1
5	dropout_2 10% dropout	Dropout	500	-
6	fc 1 fully connected layer	Fully Connected	1	Weights 1×500 Bias 1×1
7	regressionoutput mean-squared-error	Regression Output	-	-

图 10.11　LSTM 模型网络参数说明

10.4.3　界面设计

为了更好地集成对比不同步骤的处理效果，贯通整体的处理流程，本案例开发了一个 GUI 界面，集成方法选择、模型构建和数据预测等关键步骤，并显示处理过程中产生的中间结果。集成应用的主界面设计如图 10.12 所示。

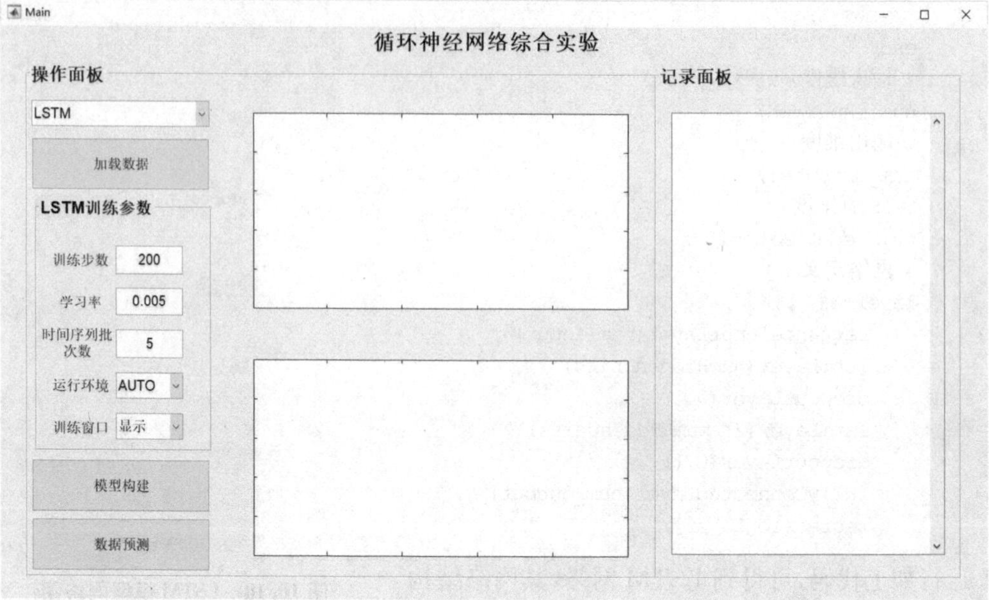

图 10.12　界面设计

应用主界面包括操作面板和记录面板两个区域。在操作面板，可选择 LSTM 和 Spline 两种分析方法，设置相关参数并加载数据后进行模型构建，最后可进行数据预测并将数据和误差可视化；在记录面板，可显示处理过程的中间输出信息，便于对比分析。

10.4.4　模型评测

1) LSTM 模型

调用封装的 LSTM 模型生成函数可得到对应的 LSTM 网络，加载数据后即可根据配置的训练参数进行网络训练，并显示中间过程产生的均方根误差(RMSE)、损失曲线(Loss)，下面介绍关键步骤。

第一步，数据预处理，生成时间序列，关键代码如下所示：

```
% LSTM
data_y=handles.pressure';
% 归一化
mu=mean(data_y);
sig=std(data_y);
data_y=(data_y-mu) / sig;
% 数据批次
wd=round(str2double(get(handles.edit3, 'String')));
% 生成时间序列数据
len=numel(data_y);
wdata=[];
for i=1 : 1 : len-wd
    di=data_y(i:i+wd);
```

```
        wdata=[wdata; di];
    end
```

第二步，随机置乱数据分布，并按照8：2的比例来拆分训练集和测试集，关键代码如下所示：

```
wdata_origin=wdata;
% 打乱顺序
index_list=randperm(size(wdata, 1));
% 随机拆分 8:2
spc_loc=round(0.8* length(index_list));
train_index=index_list(1:spc_loc);
test_index=index_list(spc_loc+1:end);
train_index=sort(train_index);
test_index=sort(test_index);
dataTrain=wdata(train_index, :);
dataTest=wdata(test_index, :);
% 构造训练集、测试集
XTrain=dataTrain(:, 1:end-1)';
YTrain=dataTrain(:, end)';
XTest=dataTest(:, 1:end-1)';
YTest=dataTest(:, end)';
```

第三步，获取LSTM网络，并配置训练参数，关键代码如下所示：

```
% 获取网络
layers=get_lstm_net(wd);
% 训练参数
MaxEpochs=round(str2num(get(handles.edit1, 'String')));
InitialLearnRate=str2num(get(handles.edit2, 'String'));
% 设置训练环境
v_env=get(handles.popupmenu1, 'Value');
if v_env==1
    ExecutionEnvironment='auto';
end
if v_env==2
    ExecutionEnvironment='gpu';
end
if v_env==3
    ExecutionEnvironment='cpu';
end
% 是否显示训练窗口
v_display=get(handles.popupmenu2, 'Value');
if v_display==1
    options=trainingOptions('adam', ...
        'MaxEpochs',MaxEpochs, ...
        'GradientThreshold',1, ...
        'InitialLearnRate',InitialLearnRate, ...
        'LearnRateSchedule','piecewise', ...
        'ExecutionEnvironment', ExecutionEnvironment, ...
```

```
            'LearnRateDropPeriod',125, ...
            'LearnRateDropFactor',0.2, ...
            'Verbose',0, ...
'Plots','training- progress');
else
    options=trainingOptions('adam', ...
        'MaxEpochs',MaxEpochs, ...
        'GradientThreshold',1, ...
        'InitialLearnRate',InitialLearnRate, ...
        'LearnRateSchedule','piecewise', ...
        'ExecutionEnvironment', ExecutionEnvironment, ...
        'LearnRateDropPeriod',125, ...
        'LearnRateDropFactor',0.2, ...
        'Verbose',0);
end
```

第四步,训练 LSTM 网络,并显示 RMSE、Loss 曲线,关键代码如下所示:

```
% 训练网络
[model, train_info]=trainNetwork(XTrain,YTrain,layers,options);
% 绘制曲线
axes(handles.axes_1); cla reset; hold on; box on;
plot(train_info.TrainingRMSE, 'b-');
set(handles.text_title1, 'String', '训练过程-RMSE')
axes(handles.axes_2); cla reset; hold on; box on;
plot(train_info.TrainingLoss, 'b-');
set(handles.text_title2, 'String', '训练过程- LOSS')
```

运行如上代码,可得到 LSTM 网络模型,并绘制对应的中间过程曲线,具体如图 10.13(a)~(c)所示。

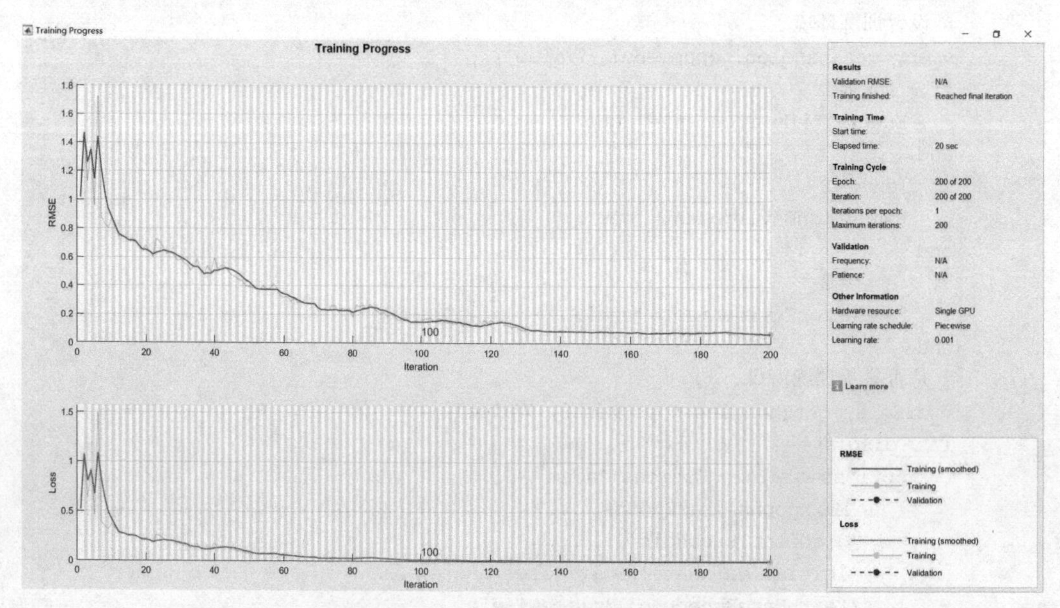

图 10.13(a) LSTM 网络训练步骤可视化

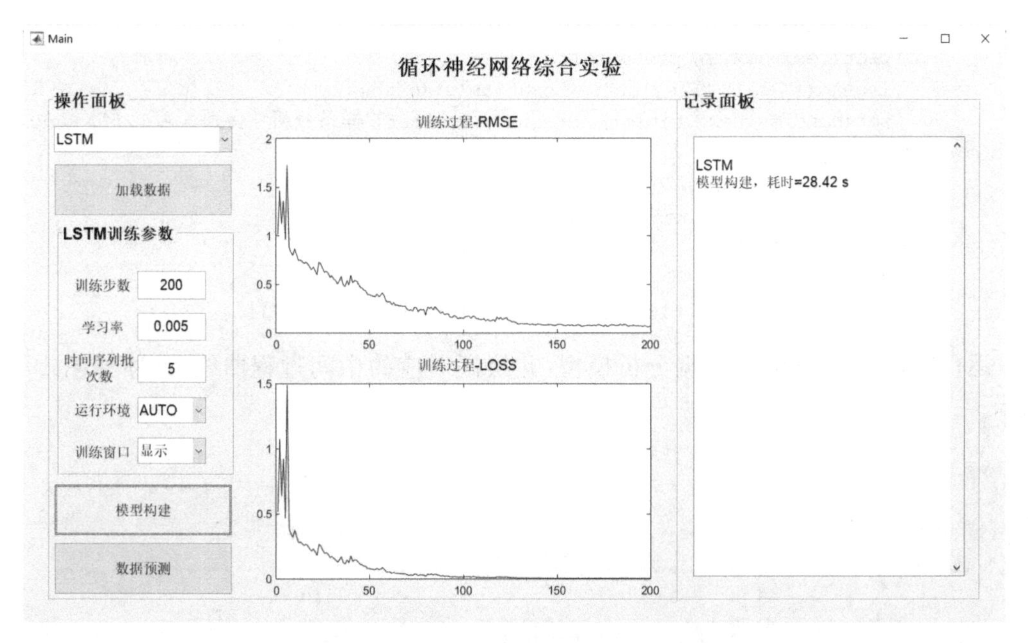

图 10.13(b)　LSTM 网络训练过程曲线

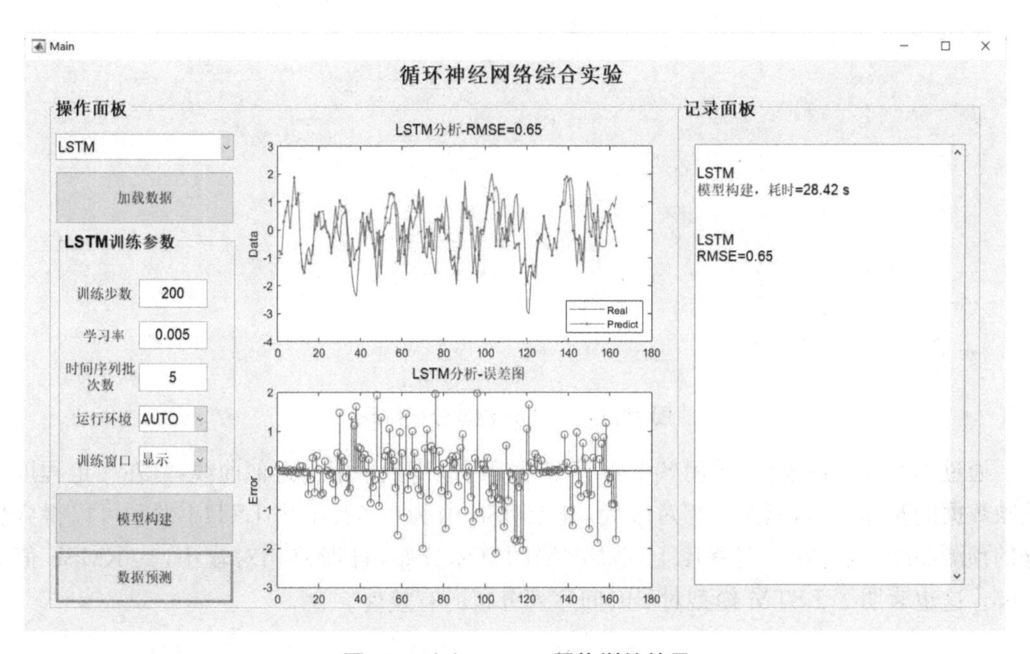

图 10.13(c)　LSTM 网络训练结果

2) Spline 模型

通过 fit 函数进行 Spline 拟合，对 ENSO 数据进行曲线拟合及预测分析，关键代码如下所示：

```
[res1, res2, res3]=fit(month, pressure, 'smoothingspline');
% Spline
```

```
    axes(handles.axes_1); cla reset; hold on; box on;
    plot(res1, month, pressure);
    legend(["Real" "Predict"],'Location','southeast')
    set(handles.text_title1, 'String', sprintf('样条分析- RMSE= % .2f', handles.
res2.rmse));
    axes(handles.axes_2); cla reset; hold on; box on;
    stem(month, res3.residuals)
    xlabel("Time")
    ylabel("Error")
    set(handles.text_title2, 'String','样条分析- 误差图');
```

运行后,可得到 Spline 数据分析模型,并绘制对应的中间过程曲线,具体如图 10.14 所示。

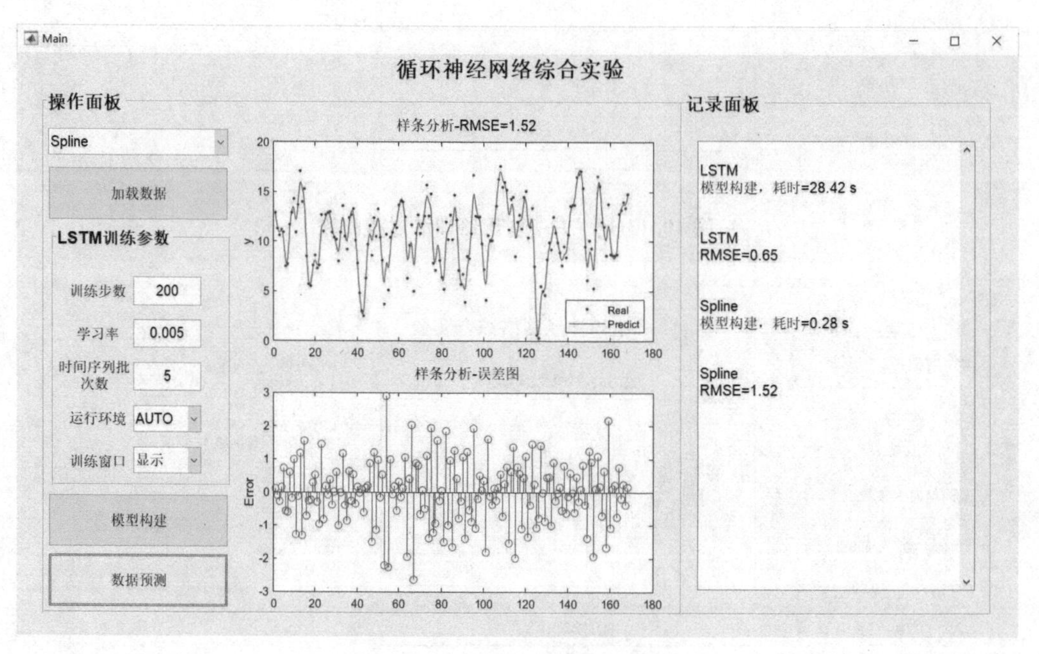

图 10.14　Spline 模型分析结果

通过本实验可以发现,采用 Spline 模型分析可以得到平滑的近似曲线,能在一定程度上反映数据的整体分布,但误差相对较大,其 RMSE 值为 1.52;采用 LSTM 模型可以得到较好的预测曲线,也能在一定程度上反映数据的整体分布,且误差相对较小,其 RMSE 值为 0.65。这也表明了 LSTM 模型对于时间序列分析的有效性。

10.5　小结

本章介绍了典型循环神经网络的相关知识,并介绍了这些网络的结构、学习算法以及 MATLAB 的实现方法。

第 11 章　深度神经网络

随着神经网络层数的增加，优化函数很容易陷入局部最优解的“陷阱”，而这些“陷阱”往往偏离真正的全局最优解。2006 年，Hinton 等人利用预训练方法来缓解局部最优解问题，成功将隐藏层推向了 7 层，从而实现了真正意义上的“深度”神经网络，也由此揭开了深度学习的热潮。

深度学习在过去十几年里取得了巨大的成功，特别是在计算机视觉、自然语言处理和语音识别等领域。这些模型通常需要大量的数据和计算资源来训练，但在许多情况下，它们能够超越传统方法，并在复杂任务上实现出色的性能。

11.1　深度神经网络原理

深度神经网络(Deep Neural Network，DNN)之所以被称为“深度”，是因为它包含多个层级的神经元，这些层级被称为隐藏层。每个隐藏层都包含一组神经元，这些神经元负责对输入数据进行特征提取和转换。深度神经网络可以用于解决各种任务，如图像识别、自然语言处理、语音识别等。

11.1.1　DNN 基本结构

深度神经网络可以有不同的架构，包括输入层、多个隐藏层、输出层等，具体结构取决于任务的性质和需求，图 11.1 是深度神经网络的基本结构。

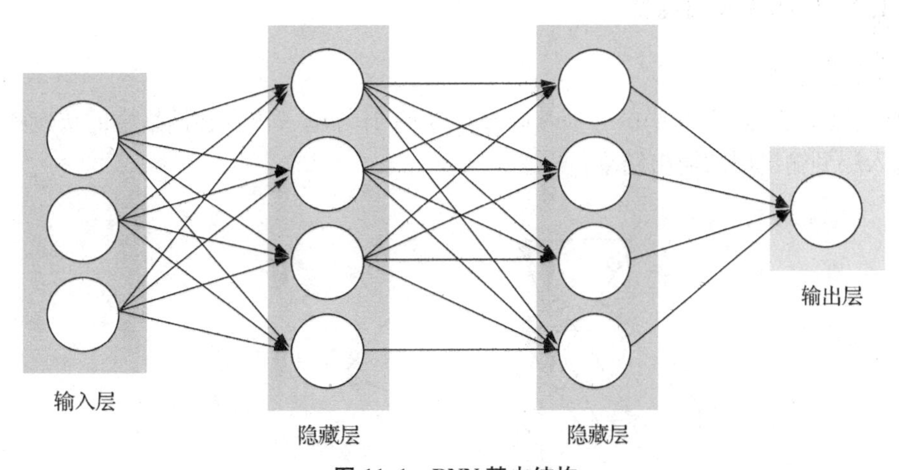

图 11.1　DNN 基本结构

神经网络的层数是指不计入输入层的情况下，从隐藏层开始一直到输出层的总层数。例如，如果一个神经网络包含一个输入层、一个隐藏层和一个输出层，那么这个神经网络是一个两层的神经网络，图 11.1 就是一个三层的神经网络。DNN 的各层之间是全连接的，层与层之间的神经元相互连接，而且上一层神经元连接下一层所有的神经元。虽然 DNN 看起来很复杂，但从网络局部来看，每一层和感知机一样，仍是一个线性关系 $z=\sum \boldsymbol{W}_i\boldsymbol{x}_i+\boldsymbol{b}$ 经过激活函数进行非线性变换，得到输出。

1）线性关系系数 $\boldsymbol{W}$ 的作用

DNN 中线性关系系数 $\boldsymbol{W}$ 是指连接网络中神经元之间的权重。每个神经元都有一组与之连接的权重，每个权重决定了前一层神经元的输出如何影响后一层神经元。通常用 w_{jk}^{l} 表示第 $l-1$ 层的第 k 个神经元到第 l 层的第 j 个神经元的权重。例如，在图 11.1 所示的 DNN 中，w_{13}^{2} 表示第 1 层的第 3 个神经元到第 2 层的第 1 个神经元的权重。

需要强调的是，输入层没有 $\boldsymbol{W}$ 参数，线性关系系数 $\boldsymbol{W}$ 仅在隐藏层和输出层之间存在，它在神经网络中起着至关重要的作用，决定了神经元之间的连接强度，影响了输入数据在网络中的传播和变换过程。权重的调整使得神经网络能够适应不同的任务，并从数据中学习到有效的特征表示和模式。

2）偏置 $\boldsymbol{b}$ 的作用

DNN 中的偏置是一种调整神经元激活阈值的参数，它与权重一起影响神经元的输出。偏置可以理解为神经元的激活阈值。在激活函数中，当加权和超过某个阈值时，神经元被激活。偏置的引入可以调整这个阈值，从而影响神经元是否会被激活。有时，单纯的加权和可能无法捕捉复杂的模式。偏置的引入允许神经元在没有明显输入信号时也能够被激活，从而使神经网络能够进行更加复杂的非线性变换。在图 11.1 所示的 DNN 中，b_2^3 的上标 3 代表偏置 $\boldsymbol{b}$ 所在层数，下标 2 表示第 3 层中第 2 个神经元的偏置值。需要强调的是，由于输出层的神经元产生最终的预测结果，而预测结果的计算仅依赖于前一隐藏层的输出，故输出层不需要引入偏置参数。

11.1.2 DNN 前向传播算法

1）数学原理

前向传播算法是 DNN 中的一项基础操作，用于计算输入数据在网络中的传递和变换过程，从输入层到输出层的输出结果。

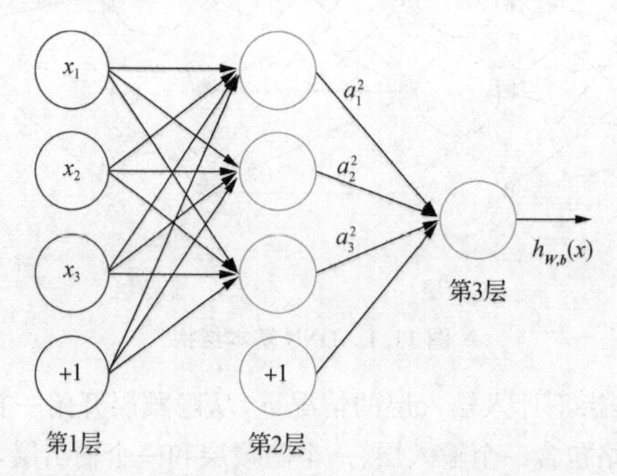

假设第 $l-1$ 层共有 m 个神经元，对于第 l 层的第 j 个神经元的输出 a_j^l，σ 为激活函数，则有

$$a_j^l = \sigma\Big(\sum_{k=1}^{m} w_{jk}^l a_k^{l-1} + b_j^l\Big) \tag{11.1}$$

特别地，输入层的 x_k 为 a_k^{l-1}，根据公式 (11.1)可以得到各层的输出，例如第 2 层的输出为

$$a_1^2 = \sigma(w_{11}^2 x_1 + w_{12}^2 x_2 + w_{13}^2 x_3 + b_1^2)$$
$$a_2^2 = \sigma(w_{21}^2 x_1 + w_{22}^2 x_2 + w_{23}^2 x_3 + b_2^2)$$
$$a_3^2 = \sigma(w_{31}^2 x_1 + w_{32}^2 x_2 + w_{33}^2 x_3 + b_3^2)$$

2) DNN 前向传播算法过程

DNN 的前向传播算法利用公式(11.1)进行一系列运算，从输入层开始逐层向后计算，直到得到输出结果。具体步骤如下：

(1) 输入层：将原始输入向量 $\boldsymbol{x}$ 传递到网络的输入层，每个输入特征与输入层中的一个神经元相对应。

(2) 隐藏层：对每个神经元的加权和，加上神经元的偏置后应用激活函数，将结果转换为非线性输出。常见的激活函数包括 sigmoid、ReLU、tanh 等。将经过激活函数的输出传递到下一层作为输入。

(3) 输出层：对于输出层，对最后一个隐藏层的输出重复步骤(2)，得到输出层的输出，它是神经网络对输入的预测结果或相应的特征表示。

前向传播算法的目的是计算网络在给定输入下的预测输出。这个过程不涉及参数更新，只是根据当前网络的权重和偏置来计算输出。

11.1.3　DNN 反向传播算法

DNN 的反向传播算法是训练网络的核心，它通过计算网络中权重和偏置对损失函数的梯度，从而实现参数的更新和优化。在运行 DNN 的反向传播算法之前，需要选择一个损失函数来度量训练样本计算出的输出与实际输出之间的差异，即损失。均方差损失函数是 DNN 中常用的损失函数之一，其数学表达式如式(11.2)所示：

$$L = \frac{1}{2}\sum(\boldsymbol{y}_i - \hat{\boldsymbol{y}}_i)^2 \tag{11.2}$$

其中，N 是样本数量，$\boldsymbol{y}_i$ 是样本的实际数据，$\hat{\boldsymbol{y}}_i$ 是模型的预测值。从输出层开始，计算每个参数对损失的梯度，这是通过应用链式法则来完成的。假设，$\boldsymbol{x}$ 为输入数据，$\boldsymbol{a}^l$ 为第 l 层的激活值，$\boldsymbol{z}^l$ 为第 l 层的输入加权和，$\boldsymbol{W}^l$ 表示 l 层到第 $l+1$ 层的权重，$\boldsymbol{\delta}^{l+1}$ 为第 $l+1$ 层的误差，根据上节内容很容易可以计算出每一层的激活值 $\boldsymbol{a}^l$ 与输入加权和 $\boldsymbol{z}^l$，然后根据式(11.3)计算出输出层的误差项：

$$\boldsymbol{\delta}^l = (\hat{\boldsymbol{y}} - \boldsymbol{y}) \odot \sigma'(\boldsymbol{z}^l) \tag{11.3}$$

其中，σ'是输出层的激活函数的导数，$\odot$ 表示元素级别的乘法。接下来根据式(11.4)计算隐藏层的误差项以及对权重和偏置的梯度：

$$\begin{aligned}&\boldsymbol{\delta}^l=(\boldsymbol{W}^{l+1})^{\mathrm{T}}\cdot\boldsymbol{\delta}^{l+1}\odot\sigma'(\boldsymbol{z}^l)\\&\mathrm{d}\boldsymbol{W}^l=\boldsymbol{\delta}^l\cdot\boldsymbol{a}^{l-1}\\&\mathrm{d}\boldsymbol{b}^l=\boldsymbol{\delta}^l\end{aligned}\tag{11.4}$$

其中，$(\boldsymbol{W}^{l+1})^{\mathrm{T}}$ 是从下一层传回的权重，σ'是隐藏层的激活函数的导数。不断重复执行前向传播、计算误差、反向传播和参数更新的过程，直到达到预定的训练迭代次数或满意的损失值。在实际实现中，深度学习框架会自动处理这些计算，使得参数更新更加高效和方便。

DNN 反向传播算法中用批量梯度下降法，每次迭代都使用整个训练集来计算梯度和更新参数。这种方法的优点是收敛稳定，但在大规模数据集上可能导致计算开销较大。如果数据集太大，也可以使用小批量梯度下降法，每次只使用一小部分样本来更新参数。总之，基本的批量梯度下降法是 DNN 反向传播算法的核心。通过反复迭代，网络的参数将根据梯度逐渐调整，以最小化损失函数，从而实现模型的训练和优化。

11.2 深度神经网络模型优化

深度神经网络是强大的机器学习工具，但也存在一些问题和挑战。例如，DNN 在训练数据上可能过度拟合，导致在测试数据上性能下降。DNN 在训练过程中可能陷入局部最优解，而无法找到全局最优解，尤其是在复杂的非凸损失函数中。为此，研究人员和工程师不断努力去应对这些挑战。深度神经网络模型优化涵盖了多个方面，从网络架构、优化算法到数据预处理，都可以对模型的性能产生重要影响。在实际应用中，需要根据具体问题和数据的特点选择合适的优化策略，不断迭代和调整以达到最佳性能。本节重点介绍 DNN 采用的一些优化方法。

11.2.1 交叉熵联合 sigmoid 激活函数改进 DNN 收敛速度

在使用 sigmoid 激活函数时，其导数在输入较大或较小的情况下趋近于零，这可能导致梯度消失问题。但是，交叉熵损失函数对于错误的预测会产生相对较大的梯度，这有助于避免梯度消失问题。交叉熵损失函数与 sigmoid 激活函数的联合在训练 DNN 时能够克服梯度消失问题，加速收敛过程，提高模型的稳定性和性能。这种组合在二分类问题和其他需要使用 sigmoid 的情况下尤为有效。

每个样本的交叉熵损失函数如式(11.5)所示：

$$L(\boldsymbol{y},\hat{\boldsymbol{y}})=-\sum(\boldsymbol{y}_i\cdot\log\hat{\boldsymbol{y}}_i)\tag{11.5}$$

其中，$\boldsymbol{y}$ 是实际数据编码向量，$\hat{\boldsymbol{y}}$ 是模型的输出概率向量。使用了交叉熵损失函数，DNN 输出层 $\boldsymbol{\delta}^l$ 的梯度为

$$\boldsymbol{\delta}^l=\frac{\partial L}{\partial\hat{\boldsymbol{y}}}=\hat{\boldsymbol{y}}-\boldsymbol{y}\tag{11.6}$$

对比公式(11.3)和 (11.6)，可以发现交叉熵损失函数在计算梯度时对预测错误的惩罚更加显著。与均方差损失函数相比，它可以产生更大的梯度，这使得训练过程更快地收敛。另外，交叉熵损失函数通常用于分类问题，而 sigmoid 激活函数在二分类问题中特别常见。

因此，这种联合可以使损失函数和激活函数更加契合，从而提高训练效率。总之，交叉熵损失函数与 sigmoid 激活函数的联合可以使模型更好地逼近实际数据分布，提高模型的性能和泛化能力。

11.2.2　梯度爆炸优化

梯度爆炸是深度神经网络中的一个常见问题，指的是在反向传播过程中，梯度值变得异常的大，导致权重更新过大，训练过程不稳定甚至无法收敛。为了解决梯度爆炸问题，调整 DNN 模型中的初始化参数是一种常用且有效的方法，保证了网络训练的稳定性和收敛性。合适的初始化策略有助于提高深度神经网络的性能和泛化能力。具体而言，常用的初始化方法有以下几种：

(1) 权重初始化：权重初始化在深度神经网络的训练中起着重要的作用，可以帮助降低梯度爆炸的风险，以及其他训练过程中可能出现的问题，如梯度消失。Xavier 初始化(Glorot 初始化)和 He 初始化是两种常用的权重初始化方法。Xavier 初始化是针对 sigmoid 和 tanh 等激活函数设计的。它基于输入和输出神经元数量的均匀分布特性，将权重初始化到一个适当的范围，避免梯度爆炸和梯度消失问题。He 初始化是针对 ReLU 及其变体(如 Leaky ReLU)等激活函数设计的。因为 ReLU 在正区域没有梯度消失问题，所以可以使用更大的初始化范围。这些初始化方法可以在训练初始阶段保持梯度的适当范围，从而避免梯度爆炸问题。然而，根据网络结构、激活函数和问题的特点，有时可能需要根据实际情况调整初始化方法。选择合适的初始化方法有助于更好地初始化权重，为深度神经网络的训练提供更稳定的起点。

(2) 梯度裁剪：梯度裁剪是一种常见的初始化方法，用于控制深度神经网络中梯度的大小，防止梯度爆炸问题的出现。梯度裁剪通过设置一个阈值，当梯度的范数超过该阈值时，将梯度进行缩放，使其范数不超过阈值，从而避免梯度变得过大，影响训练过程的稳定性。

但是需要注意的是，梯度裁剪可能影响网络的收敛速度，因为梯度被缩放了。因此，在应用梯度裁剪时，需要适当地设置阈值，以平衡梯度大小和收敛速度之间的关系。通常情况下，梯度裁剪是与其他方法(如合适的权重初始化、适当的学习率等)一起使用的，以提高训练的稳定性和效果。

(3) 批量归一化：批量归一化是一种正则化方法，它可以减少梯度爆炸问题的发生。它通过规范化每个层的输入，使得网络更稳定，从而降低了梯度爆炸的风险。批量归一化的步骤如下：

① 对于每个小批量的输入数据，计算其均值和标准差；

② 使用计算得到的均值和标准差对当前批量的输入进行归一化，使得输入的均值为 0，标准差为 1；

③ 对归一化后的数据进行缩放和平移，使用可学习的参数进行调整，使网络可以根据需要学习适合的均值和标准差；

④ 将归一化后的数据传递给激活函数进行后续的计算。

总之，批量归一化是一个有效的技术，可以帮助深度神经网络更稳定地训练，并改善梯度爆炸等问题。它通常被应用在神经网络的隐藏层之间，对于各种网络结构都具有普适性。

(4) 逐层训练：逐层训练是将大的网络分成多个较小的子网络，逐个训练这些子网络。通过逐个训练子网络，每个子网络的梯度范围相对较小，从而减小整体网络的梯度，降低梯度爆炸的可能性。逐层训练还可以提高整个网络的稳定性，因为每个子网络的训练都是在前面子网络的基础上进行的，减少了整个网络的初始不稳定性。

然而，逐层训练也存在一些挑战，例如需要额外的训练时间、容易引入局部最优解等。此外，现代的优化算法和正则化技术通常已经可以在大型神经网络中有效地解决梯度爆炸问题，因此逐层训练并不常用。在实际应用中，权重初始化、梯度裁剪、批量归一化等方法更常见且更易于实施。

11.2.3 DNN 的正则化

深度神经网络的正则化技术是一种用于减少过拟合、提高模型泛化能力的方法。过拟合指的是模型在训练数据上表现很好，但在未见过的数据上表现较差的情况。解决过拟合问题的主要方法包括：

(1) 在训练数据上应用随机的变换，如旋转、翻转、平移、缩放、添加噪声等，可以增加数据的多样性，从而减少模型对特定数据的过度适应。

(2) 采用正则化技术可以限制模型的复杂性，避免过多拟合训练数据。L1 正则化、L2 正则化和 dropout 都是常见的用于解决深度神经网络过拟合问题的正则化方法。它们分别通过不同的机制来限制模型的复杂性，从而提高模型的泛化能力。下面具体介绍如何用 L2 正则化技术和 dropout 正则化技术解决过拟合的问题。

1) L2 正则化

L2 正则化是通过在损失函数中添加权重的平方和作为正则化项来进行正则化。与 L1 正则化不同，L2 正则化会使权重都变得较小，但不会将其完全置为零。这有助于减少权重的幅度，避免特定权重对模型造成过度影响，从而减少过拟合。L2 正则化的损失函数计算实际上就是在原始的损失函数(例如交叉熵、均方误差等)上添加 L2 正则化项。对于神经网络的权重矩阵 $\boldsymbol{W}$，L2 正则化的损失函数可以表示为

$$L_2=L+\lambda\cdot\|\boldsymbol{W}\|^2 \tag{11.7}$$

其中，L 表示原始损失函数，如交叉熵损失、均方误差等；λ 是正则化系数，用来控制正则化项的影响程度；$\|\boldsymbol{W}\|^2$ 是权重矩阵 $\boldsymbol{W}$ 的平方范数(L2 范数)，即所有权重的平方和。

由式(11.7)可以看到，L2 正则化的损失函数计算考虑了权重矩阵的平方范数，从而限制了权重的大小，减少了过拟合的风险。

采用 L2 正则化的反向传播算法的流程与没有正则化的情况完全一样，唯一的区别在于权重 $\boldsymbol{W}$ 的梯度更新公式。L2 正则化的梯度计算涉及损失函数关于权重的梯度以及正则化项关于权重的梯度。对于 L2 正则化，正则化项是权重的平方和，其梯度可以直接计算。在进行梯度下降法的更新时，更新公式如式(11.8)所示：

$$\frac{\partial L_2}{\partial \boldsymbol{W}}=\frac{\partial L}{\partial \boldsymbol{W}}+2\lambda\cdot\boldsymbol{W} \tag{11.8}$$

在优化过程中，可以使用这个梯度来更新权重矩阵 $\boldsymbol{W}$，以最小化带有 L2 正则化的总损失函数。式(11.8)的第一项是原始的梯度下降法的更新部分，可以保证模型朝着损失减小的方向前进；第二项是 L2 正则化项，通过 λ 对权重进行惩罚，使得权重保持较小的值，从而防止过拟合的发生。

需要注意的是，正则化系数 λ 对梯度计算和权重更新都有影响。较大的 λ 值将增加正则化项在梯度计算中的影响，使得权重更加趋向于较小的值；较小的 λ 值则相对减少正则化项的影响，权重可能会保持更大的幅度。在实际应用中应根据问题的性质，选择合适的正则化系数 λ。

2）dropout 正则化

dropout 是一种在训练过程中随机将一部分神经元的输出置为零的技术。具体来说，每个神经元都有一定的概率被“丢弃”，从而使得模型在每个迭代步骤中都是在不同的“残缺 DNN”上进行训练。这样做可以强制模型学习多个互相独立的子模型，减少神经元之间的协同作用，从而降低过拟合的风险。在推理过程中，通常需要对权重进行调整以考虑“丢弃”的部分。图 11.2 为去掉了一半的隐藏层神经元的 dropout 正则化示意图。具体来说，dropout 正则化的过程如下：

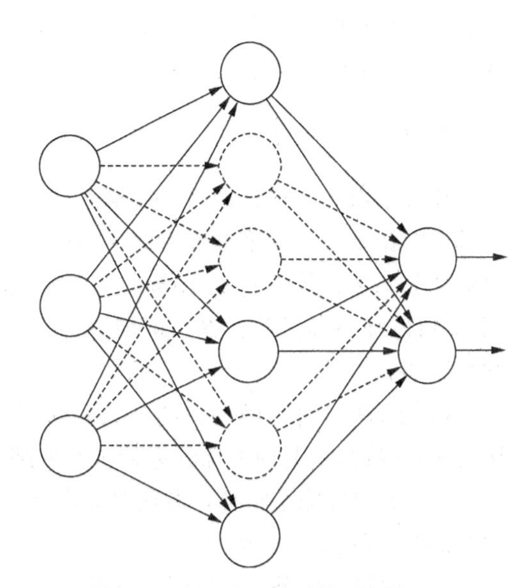

图 11.2　dropout 正则化示意图

(1) 对于每个训练样本，以一定的概率 p（称为 dropout 概率）随机选择一些神经元，然后将它们的输出置为零。

(2) 在训练时，将这些被置零的神经元在前向传播中的输出也置为零。通常，对于每个样本，被置零的神经元都是独立随机选择的。

(3) 在反向传播时，只有那些没有被置零的神经元才会接受梯度更新。

在测试或推理阶段，dropout 不再起作用，而是对所有神经元的输出乘以 $(1-p)$因子，以保持输出的期望值不变。dropout 的有效性在很大程度上依赖于训练数据的大小，如果训练数据较小，可能会导致模型欠拟合。因此在应用 dropout 时，建议使用较大的训练数据集以获得更好的泛化能力。

11.2.4　交叉验证

交叉验证是一种常用的评估和选择机器学习模型的方法，有助于更准确地估计模型在未见过的数据上的性能，并帮助选择最佳的超参数配置。在深度神经网络中应用交叉验证的一种常见方式是 K 折交叉验证(K-Fold Cross-Validation)。K 折交叉验证的基本步骤如下：

(1) 数据集划分：将原始数据集分成 K 个互不重叠的子集，称为“折”。

(2) 循环训练和验证：对于每个折，将其中一个折作为验证集，剩下的 $K-1$ 个折作为训练集。在每次循环中，使用训练集进行模型训练，然后使用验证集进行模型验证。

(3) 性能评估：在每次循环中，使用验证集来评估模型的性能，通常使用一些性能指标(如准确率、精确度、召回率等)来衡量模型的效果。

(4) 重复循环：重复步骤(2)和步骤(3)，直到每个折都充当一次验证集为止。

(5) 性能汇总：对每次循环的性能指标进行汇总，例如计算平均性能或标准差，从而得到一个更准确的模型性能估计。

需要注意的是，由于深度神经网络通常具有更多的参数和更长的训练时间，交叉验证可能变得更加耗时。因此，当数据集较大或计算资源有限时，可以考虑使用更小的 K 值，如 5 或 10，以减少计算开销。

11.2.5 迁移学习

迁移学习是一种将在一个领域或任务中训练好的模型的知识迁移到另一个相关领域或任务中的技术。在深度神经网络中，迁移学习可以显著提高模型训练效率和性能，尤其是当目标任务的数据较少时。迁移学习的基本思想是：通过利用一个已经训练好的模型的特征表示，可以在目标任务上更快地训练一个新的模型。深度神经网络中迁移学习的常见方法和步骤如下：

(1) 选择预训练模型：选择与目标任务相似的领域或任务中预训练好的模型，如在 ImageNet 数据集上预训练的卷积神经网络。

(2) 提取并冻结特征：将预训练模型的部分或全部层的权重设置为不可训练的，以便保留它们学到的特征表示。

(3) 适应新任务：在目标任务的数据集上，针对剩余的不可训练层进行训练。这些层会适应目标任务的数据特点，使模型能够更好地进行特征提取。

(4) 微调：在一些情况下，可以解冻一些不可训练的层，并允许它们在目标任务上微调。这有助于使模型更适应目标任务的数据分布。

(5) 调整超参数：进行必要的超参数调整，如学习率、批大小等，以适应目标任务的训练过程。

迁移学习的优势是它可以在有限的数据集上取得良好的性能，因为预训练模型已经学到了在大规模数据上的有用特征表示。此外，迁移学习还可以帮助解决少样本问题，即在目标任务中数据较少的情况下仍能获得较好的结果。

但是，预训练模型的选择和特征提取策略可能会受到任务特点的影响。在一些情况下，可以将预训练模型直接用作特征提取器，然后添加一些适合目标任务的额外层。在其他情况下，则可以对整个网络进行微调。最终的选择取决于问题的复杂性、可用数据量和计算资源等。

11.3　基于深度神经网络模型的手写数字识别的 MATLAB 实现

11.3.1　数据选择

通过构建 DNN 深度自编码模型，对手写数字图像进行降维编码和还原，进行 DNN 模型的分析。这里选择小型手写数字数据集 DigitDataset 进行实验，该数据集如图 11.3 所示。

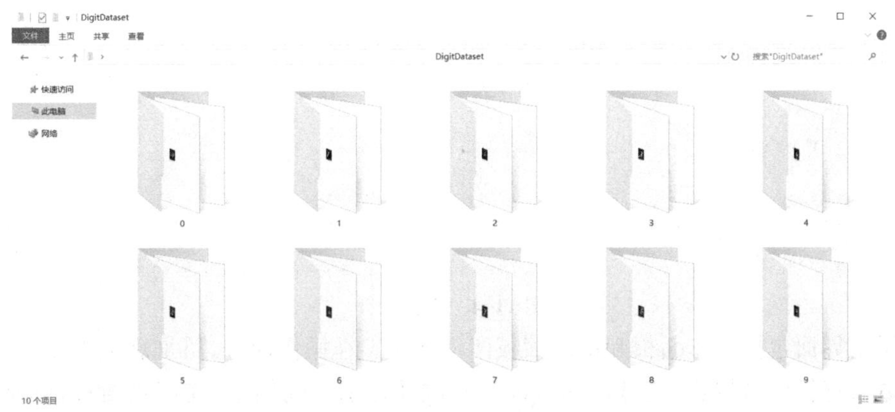

图 11.3　小型手写数字数据集 DigitDataset

对实验对象 DigitDataset，按照 70%作为训练集、30%作为测试集的比例进行随机拆分，将图像数据统一读取存储到 cell 数组，关键代码如下所示：

```
% 数据集
    db=imageDatastore('./DigitDataset', ...
        'IncludeSubfolders',true,'LabelSource','foldernames');
    % 拆分训练集和验证集
    [imdsTrain,imdsValidation]=splitEachLabel(db,0.7,'randomize');
    % 重组数据
    XTrain=[]; XTest=[];
    for i=1 : length(imdsTrain.Files)
        imi=mat2gray(imread(imdsTrain.Files{i}));
        XTrain{i}=imi;
    end
    for i=1 : length(imdsValidation.Files)
        imi=mat2gray(imread(imdsValidation.Files{i}));
        XTest{i}=imi;
    end
```

由此可加载数据集，按照 7：3 的比例拆分训练集和测试集，并遍历读取数据进行归一化处理后存储为元组 XTrain、XTest。

11.3.2　界面设计

为了更好地集成对比不同步骤的处理效果，贯通整体的处理流程，本案例开发了一个 GUI 界面，集成加载数据、模型构建和模型测试等关键步骤，并显示处理过程中产生的中间结果。集成应用的主界面设计如图 11.4 所示。

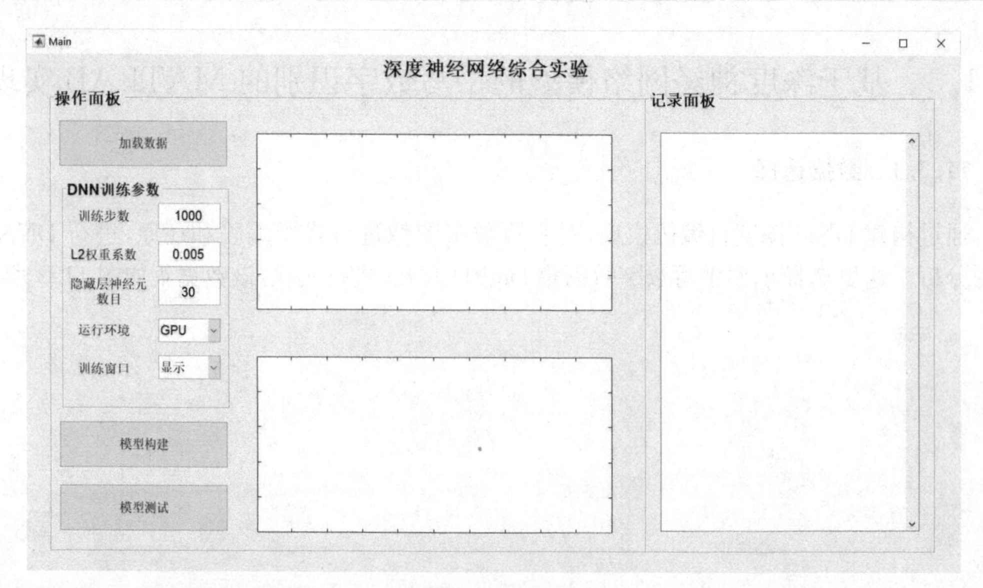

图 11.4　界面设计

应用主界面包括操作面板和记录面板两个区域。在操作面板，可加载数据集，设置相关网络参数后进行模型构建，还可以进行模型测试并显示中间结果；在记录面板，可显示处理过程的中间输出信息，便于对比分析。

11.3.3　模型训练和评测

1）模型训练

加载手写数字图像数据集对象后，设置 DNN 自编码模型的网络参数，生成模型并进行训练，关键代码如下所示：

```
% 训练参数
MaxEpochs=round(str2num(get(handles.edit1, 'String')));
L2WeightRegularization=str2num(get(handles.edit2, 'String'));
hiddenSize=round(str2num(get(handles.edit3, 'String')));
% 设置训练环境
v_env=get(handles.popupmenu1, 'Value');
if v_env==1
    ExecutionEnvironment=true;
end
if v_env==2
    ExecutionEnvironment=false;
end
% 是否显示训练窗口
v_display=get(handles.popupmenu2, 'Value');
if v_display==1
    ShowProgressWindow=true;
else
    ShowProgressWindow=false;
end
dnn_autoencode_model=trainAutoencoder(handles.XTrain,hiddenSize,...
```

```
        'MaxEpochs',MaxEpochs,...
        'L2WeightRegularization',L2WeightRegularization,...
        'SparsityRegularization',4,...
        'SparsityProportion',0.15,...
    'UseGPU', ExecutionEnvironment,...
        'ShowProgressWindow', ShowProgressWindow);
```

运行后，可得到 DNN 深度自编码模型，如图 11.5 所示。

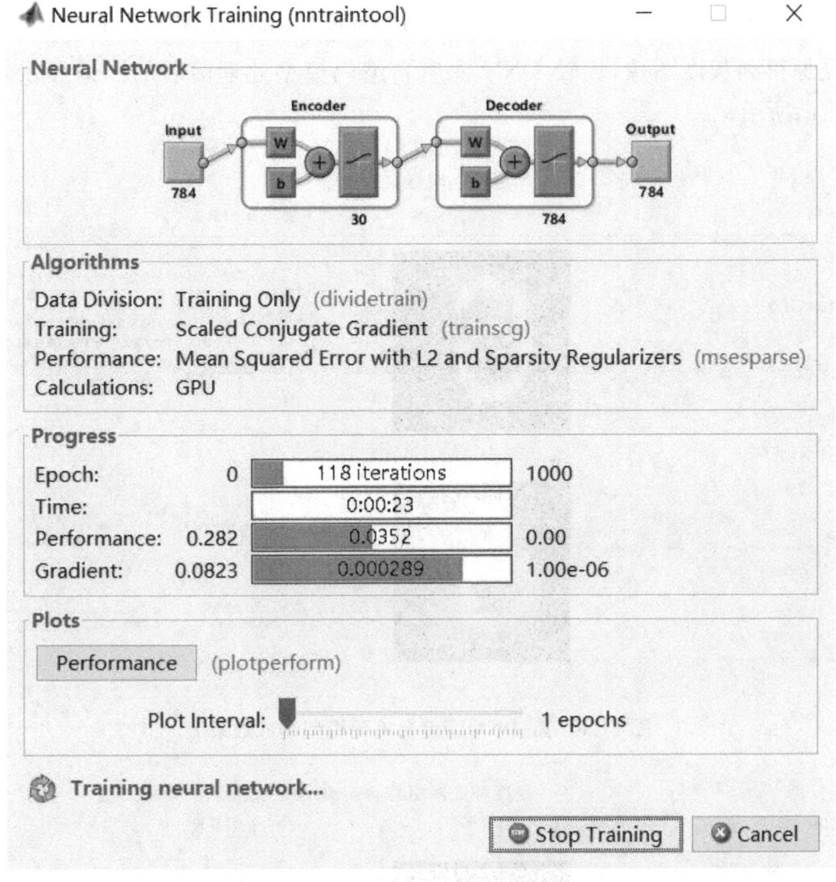

图 11.5　DNN 深度自编码模型训练过程

2）模型评测

模型训练后得到 DNN 深度自编码模型，将 28×28 的灰度图像编码为预设维度的向量，以达到数据降维压缩的目的；同时，编码向量也可以通过此模型被还原，得到 28×28 的灰度图像。模型评测的关键代码如下所示：

```
% 加载待测图像
x = mat2gray(imread(filePath));
% 编码
z = encode(handles.dnn_autoencode_model,x(:,:,1));
% 解码
y = decode(handles.dnn_autoencode_model,z);
% 编码向量转换为字符串
```

```
z2 = '';
for i = 1 : length(z)
    if i = = 1
        z2 = sprintf('% s% .2f', z2, z(i));
    else
        z2= sprintf('% s,% .2f', z2, z(i));
    end
end
```

本实验的模型评测部分可选择对手写数字图像进行编码，并显示中间生成的编码向量，然后将其还原得到灰度图像，比较 DNN 深度自编码模型处理前后的图像显示效果，如图 11.6(a)～(c)所示。

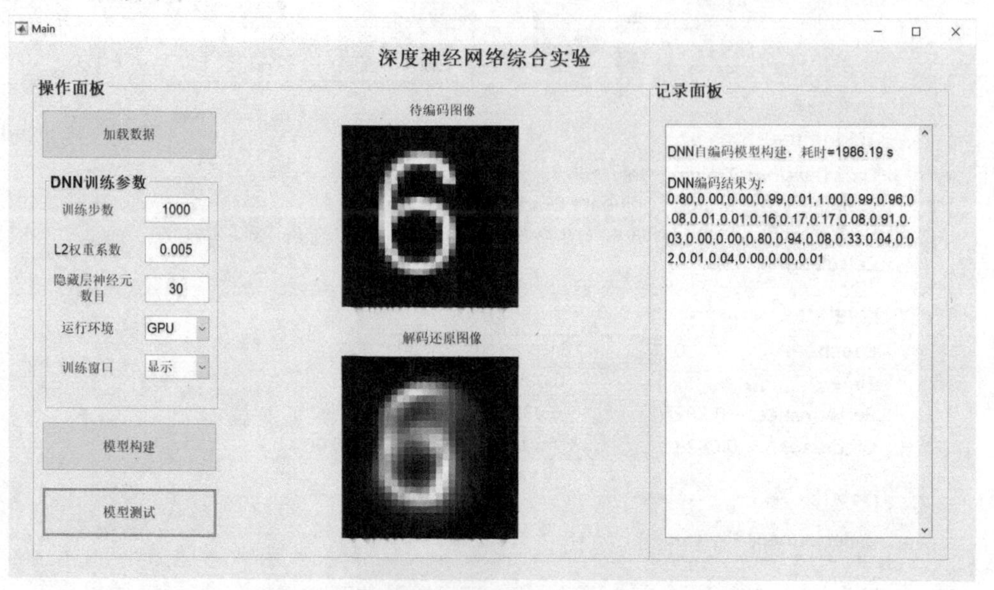

图 11.6(a)　DNN 深度自编码模型测试效果 1

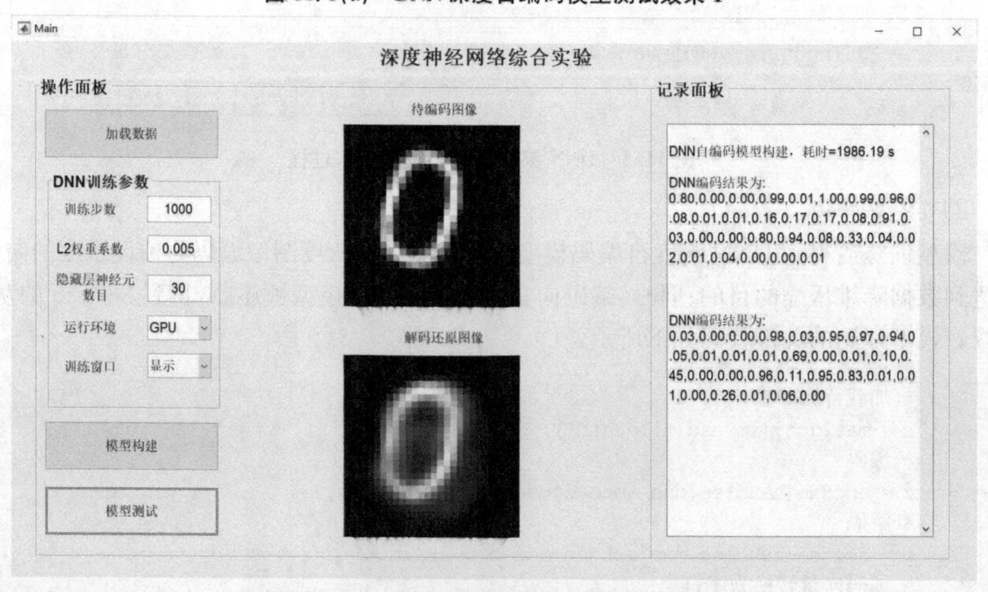

图 11.6(b)　DNN 深度自编码模型测试效果 2

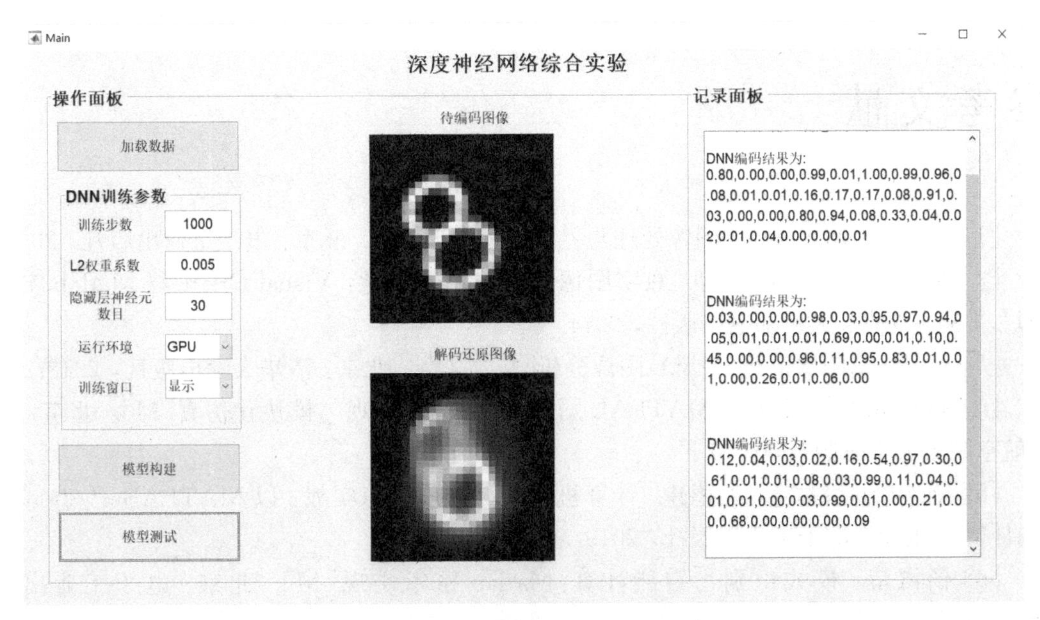

图 11.6(c)　DNN 深度自编码模型测试效果 3

由图 11.6(a)～(c)可见，输入图像经 DNN 深度自编码模型编码后得到 1×30 的数值向量，将该向量解码还原后得到的图像能反映出原图像的整体轮廓。虽然还原结果存在一定的模糊，但这不影响自编码模型在信息抽象方面的表现，有利于将 DNN 应用于数据降维、信息压缩和计算加速等方面。

11.4　小结

本章主要介绍了典型深度神经网络的相关知识，并介绍了这些网络的结构、学习算法以及 MATLAB 的实现方法。

参考文献

［1］秦襄培. MATLAB 图像处理与界面编程宝典［M］. 北京：电子工业出版社，2009.

［2］张铮，徐超，任淑霞，等. 数字图像处理与机器视觉：Visual C＋＋与 Matlab 实现［M］. 2 版. 北京：人民邮电出版社，2014.

［3］章毓晋. 图像工程（中册）：图像分析［M］. 4 版. 北京：清华大学出版社，2018.

［4］赵小川. 学以致用·MATLAB 图像处理：程序实现与模块化仿真［M］. 北京：北京航空航天大学出版社，2014.

［5］刘衍琦，詹福宇，王德建. 计算机视觉与深度学习实战：以 MATLAB、Python 为工具［M］. 北京：电子工业出版社，2019.

［6］杨淑莹. 模式识别与智能计算：Matlab 技术实现［M］. 北京：电子工业出版社，2008.

［7］喻俨，莫瑜. 深度学习原理与 TensorFlow 实践［M］. 北京：电子工业出版社，2017.

［8］He K M，Zhang X Y，Ren S Q，et al. Deep residual learning for image recognition［C］//2016 IEEE Conference on Computer Vision and Pattern Recognition (CVPR). June 27—30，2016，Las Vegas，NV，USA. IEEE，2016：770 - 778.

［9］邱锡鹏. 神经网络与深度学习［M］. 北京：机械工业出版社，2020.

［10］Pascanu R，Mikolov T，Bengio Y. On the difficulty of training recurrent neural networks［C］// International Conference on Machine Learning 2013：1310 - 1318.

［11］王继仙，桂坤，陈炳宪，等. 基于卷积神经网络的病理活检胃癌诊断模型［J］. 协和医学杂志，2022，13(4)：597 - 604.